PABLO MARCOS RODRÍGUEZ

Historia de los mosasaurios

Cuando el océano se rindió a los reptiles

GUADALMAZÁN

Primera edición: junio de 2025

Guadalmazán • Colección Divulgación científica
Director editorial: Antonio Cuesta
Edición de Ana Cabello

www.editorialguadalmazan.com
info@almuzaralibros.com

Talenbook, s.l.
C/ Cervantes, 26 • 28014 • Madrid

Imprime: Liberdúplex
ISBN: 978-84-19414-74-8
Depósito Legal: M-12223-2025
Hecho e impreso en España - *Made and printed in Spain*

A todos los que me han ayudado a llegar hasta aquí, tanto desde el ámbito familiar y personal como desde sus casas, apoyando mis proyectos

Índice

Prólogo

Año 1764. En los alrededores de la pequeña ciudad de Maastricht, en el sur de los actuales Países Bajos, unos trabajadores hacen un hallazgo excepcional en una cantera de roca caliza. Entre losas y bloques de piedra, como queriendo salir de la propia tierra, amenazante, se asomaba al exterior el cráneo de una criatura ya olvidada. Tenía una gran cantidad de dientes, un aspecto algo alargado y grandes cuencas oculares, aunque lo que más llamaba la atención de aquella inusual calavera no era ninguno de estos curiosos atributos, sino su talla. Cualquiera se estremecería al imaginarse el verdadero tamaño de aquel animal, pues solamente su cabeza ya era más grande que muchos de los canteros que habían dado con ella.

Aquel hallazgo rápidamente llamó la atención de muchos miembros de la por aquel entonces aún algo primitiva comunidad científica, aunque el interés por saber qué pudo haber sido aquella excelsa criatura no llegaría a su cénit hasta unos pocos años más tarde. En 1780, ante la atónita mirada de los capataces de aquella explotación pétrea de Maastricht, otros trabajadores extrajeron un nuevo cráneo de entre la roca caliza. Aquello ya no podía tratarse de un simple descubrimiento casual…

Incontables naturalistas viajaron hasta el sur de los Países Bajos para admirar los restos de aquel magnífico animal y, de paso, muchos aprovecharon para hacer un rápido diagnóstico sobre qué podía ser aquella bestia. Algunos apuntaban a que se trataba de una ballena, mientras que otros, por el contrario, se decantaban por un cocodrilo de ciclópeas dimensiones. No obstante, hoy sabemos que ninguno de ellos tenía razón. Haría falta que el caprichoso destino se cruzase en el camino del que ya se conocía como *le grande animal de Maastricht* para que alguien diese cuenta de su auténtica naturaleza.

Descubrimiento del primer cráneo de *Mosasaurus hoffmannii* en las canteras de Maastricht.

La historia siguió su curso y, unos pocos años después, estalló la Revolución francesa. Tras la decapitación del rey Luis XVI y la formación del nuevo Gobierno de París, varias potencias europeas de índole absolutista rápidamente crearon una coalición contra los galos revolucionarios. Infinidad de guerras se sucederían durante los próximos lustros en el Viejo Continente y, dentro de este contexto de revuelo, incursiones y agitación, en 1794 se dio un asalto sobre Maastricht. Las tropas francesas del nuevo régimen capturaron esta plaza neerlandesa e, inevitablemente, se hicieron con los dos enormes cráneos fósiles. Generalmente cuando este tipo de hallazgos se ven envueltos en guerras e invasiones suelen terminar hechos añicos, tal y como ocurrió durante los bombardeos de la Segunda Guerra Mundial, pero este caso, por suerte, fue una de las excepciones. En 1795 la segunda de aquellas misteriosas calaveras fue llevada a París, donde estuvo a disposición de algunos de los mejores científicos del momento. Por aquel entonces, de entre todas las brillantes mentes que deambulaban por la capital de Francia, había una que destacaba: Georges Cuvier, conocido hoy en día como el padre de la paleontología y de la anatomía comparada.

Cuvier examinó el cráneo fósil en 1808 y llegó a la conclusión de que no se trataba de una ballena ni de un cocodrilo, sino de una misteriosa criatura muy cercanamente emparentada con los varanos. Sin embargo, el diagnóstico del naturalista francés no se redujo únicamente a esto, sino que también aseguró que el animal al que pertenecían aquellos restos ya no existía en la Tierra, es decir, que se había extinguido. Puede que esto último a muchos nos pueda parecer obvio y lógico, pero debemos ponernos en la mente de un hombre de principios del siglo XIX. Aún no existían conceptos como *especiación* o *evolución*, pues Charles Darwin todavía ni siquiera había nacido. La corriente de pensamiento más aceptada en aquel momento era que las especies animales y vegetales eran entes estáticos, es decir, que ni cambiaban ni desaparecían. Muchos científicos y pensadores de la época se aferraban a la idea de que la propia naturaleza jamás dejaría que un animal se extinguiese, y que, por tanto, criaturas como *le grande animal de Maastricht* seguían existiendo sobre la faz de la Tierra. A su criterio, si se exploraban a fondo los profundos océanos, las intransitables selvas amazónicas o las amplias sabanas africanas, acabarían encontrándose aquellas enormes bestias. Cuvier, no obstante, no pensaba así, pues él creía férreamente que las especies de plantas y animales que habitaban la Tierra no habían sido siempre las mismas, y que, en consecuencia, muchas de ellas habrían tenido que extinguirse en algún momento. Para su desgracia, aquellas ideas no encajaban en la mente de buena parte de los científicos de su época, pues no cuadraban del todo con las explicaciones bíblicas. Sin embargo, descubrimientos como los cráneos fósiles de Maastricht terminarían por darle la razón a Georges Cuvier.

Unas décadas después de las guerras revolucionarias, la gigantesca bestia procedente de aquella cantera neerlandesa ya al fin recibiría un nombre oficial: *Mosasaurus hoffmannii*. Además, pronto nuevos restos muy similares comenzaron a aparecer por otros lugares del globo, por lo que se acuñó el término *mosasaurio* para referirse a todos ellos. Este sustantivo, aunque hoy en día ya parezca haber trascendido su significado, aún sigue haciendo referencia directa a aquel primer hallazgo casual en la Europa de la segunda mitad del siglo XVIII, pues literalmente quiere decir *lagarto del Mosa*, el río que atraviesa la pintoresca localidad de Maastricht.

Saliéndonos ya de nuestra pequeña introducción histórica, la visión que tenemos en la actualidad acerca de estos grandes reptiles marinos dista mucho de la de hace un par de siglos. Hoy sabemos que estas majestuosas criaturas vivieron a finales del período Cretácico, hace entre unos 100 y 66 millones de años, y que conformaron uno de los linajes de depredadores marinos más exitosos de todos los tiempos. A lo largo de este libro recorreremos poco a poco la historia de estos magníficos reptiles marinos y descubriremos en el camino cómo fueron, de qué se alimentaron, cómo vivieron o con qué otros animales compartieron ecosistemas. Nos sumergiremos en unos mares muy distintos a los de la actualidad, infestados de bestias de leyenda y de criaturas que parecen salidas de un mito, y descubriremos cuáles fueron las claves que llevaron al auge de los mosasaurios, a su rápida y exitosa diversificación y, en última instancia, a su extinción. Y es que Cuvier tenía razón, pues estos enormes saurios emparentados con los varanos desaparecieron de la faz de la Tierra hace mucho mucho tiempo, aunque es imposible negar que incluso en la actualidad su legado aún perdura. Hoy sabemos que no vamos a encontrarnos a ninguno de estos temibles lagartos durante una escapada a la playa, pero eso no impide que miremos hacia el pasado con asombro y fascinación, preguntándonos cómo serían aquellos mares arcaicos con bestias de porte tan majestuoso. Quédate con nosotros para descubrir la increíble historia de los mosasaurios…

¿Qué es un mosasaurio?

Si ahora mismo te pusiesen delante varios cráneos fósiles, ¿podrías decir cuál de ellos pertenece a un mosasaurio? ¿Serías capaz de distinguirlo de, por ejemplo, el cráneo de un cetáceo? Esta cuestión, aunque pueda parecer un mero lance taxonómico, algo que requeriría de la inspección en varias guías de campo o de la comparación entre muchas imágenes de restos fósiles, es, sin embargo, muy simple de abordar. Además, resolviendo este pequeño acertijo, poniéndonos por un instante en la piel de los naturalistas de finales del siglo XVIII y principios del siglo XIX, podremos descubrir entre otras cosas qué caracteriza a los mosasaurios, qué los hace distintos de otros grandes depredadores del pasado. Gracias a esto podremos además responder a una pregunta que buena parte de la gente de a pie a buen seguro contestaría de manera equivocada: ¿son los mosasaurios dinosaurios?

Antes de entrar en materia y resolver todas estas cuestiones, debemos hacer una muy breve introducción a la taxonomía y cladística moderna. Hoy en día, para clasificar a los seres vivos, utilizamos el concepto de *clado.* ¿Y qué es un clado? Pues muy sencillo: un clado simplemente es una agrupación de seres vivos con un ancestro común. Dentro de este clado deben estar necesariamente todos los descendientes de ese ancestro primigenio, absolutamente todos, ya que de lo contrario estaríamos ante lo que se conoce como una *agrupación parafilética*. Tan solo teniendo en cuenta esta simple definición de clado ya podemos comprender qué fueron los mosasaurios y, en cierto modo, caracterizarlos. No obstante, para poder definir clados en paleontología, dado que encontrar a ese ancestro primigenio suele resultar no ya difícil, sino generalmente imposible, se utilizan lo que se conoce como sinapomorfías. De nuevo, su definición es muy simple: una *sinapomorfía* es una característica que define un clado, es decir, que deben poseer o haber poseído tanto el ancestro común del clado como todos sus descendientes.

Únicamente con las ideas de clado y sinapomorfía ya podemos entender bastante bien el registro fósil, aunque claro, antes de avanzar un poco más, ilustremos estos dos conceptos tan esenciales con algún ejemplo. Todos los mamíferos tenemos un ancestro común, por lo que constituimos de por sí un clado. No obstante, para encontrar cuáles son las posibles sinapomorfías que nos diferencian de otros grupos de animales, no nos basta con elegir cualquier característica que compartamos todos los mamíferos. Por ejemplo, los mamíferos tenemos columna vertebral, pero eso no nos distingue de otros seres vivos, pues tiburones, serpientes, aves o cocodrilos también la presentan. La columna vertebral, por tanto, es una sinapomorfía del clado de los vertebrados, ya que sí que nos diferencia de otros animales como moluscos, artrópodos o gusanos, pero no es un carácter exclusivo de los mamíferos. ¿Y cuál podría ser una buena sinapomorfía de los mamíferos? Pues, por ejemplo, la presencia de pelo sobre nuestra piel o la distribución de los huesos del oído medio, es decir, del martillo, el yunque y el estribo. En el mundo científico, evidentemente, los análisis que se realizan para clasificar a los seres vivos con base en sinapomorfías no son tan simples como este esquemático ejemplo, ya que se ponen en juego decenas, cientos o incluso miles de caracteres para comparar. No obstante, de manera conceptual, se trabaja de modo análogo a como hemos hecho nosotros para distinguir al clado de los mamíferos de otros animales.

Una vez esto queda claro, volvamos sobre nuestros protagonistas. Los mosasaurios son lo que se conoce como amniotas acuáticos, al igual que los cetáceos, las tortugas marinas o muchos otros grupos ya extintos de animales. Pero ¿qué es un *amniota*? Para explicar esto, retrotraigámonos durante unos instantes aún más en el pasado, a una época muy anterior a los dinosaurios o los propios mosasaurios.

Los primeros vertebrados que salieron del agua para vivir en tierra firme, ya hace más de 350 millones de años, aún estaban muy vinculados al medio acuático. Estos animales, que serían muy similares a los actuales anfibios, tendrían que poner sus huevos necesariamente en el agua, pues de lo contrario estos se desecarían y sus embriones morirían antes de nacer. Un paso evolutivo muy importante para estos pioneros del mundo terrestre fue el desarrollo del que se conoce como *huevo amniótico*, el cual incorporaba una cutícula impermeable que impedía que su interior se secase, aunque estuviese en un medio con baja humedad. Gracias a ello, los vertebrados al fin pudimos abandonar las charcas, pantanos y humedales para colonizar nuevos ambientes que, hasta aquel momento, nos eran totalmente inaccesibles. Todos los descendientes de aquellos primeros animales en desarrollar huevos amnióticos, es decir, en desvincular su reproducción ya de manera definitiva del medio acuático, estamos incluidos en el clado Amniota. Exceptuando a peces y anfibios, todos los vertebrados que podemos encontrarnos hoy en día son amniotas o, en otras palabras, somos amniotas los mamíferos, son amniotas las serpientes, los lagartos y los cocodrilos, y también son amniotas los dinosaurios. A lo largo de miles de años de especiación, adaptaciones y evolución, algunos hemos perdido esa sinapomorfía del clado, es decir, ese huevo amniótico, y en su lugar ahora damos a luz directamente a crías vivas, pero, tal y como hemos comentado previamente, eso no nos hace dejar de ser amniotas, ya que seguimos compartiendo ese ancestro común. Volviendo una vez más sobre los mosasaurios, decimos que son amniotas acuáticos porque descienden de animales terrestres que, en algún momento de su historia evolutiva, decidieron volver a adaptarse al ecosistema acuático. Estos amniotas acuáticos, aunque volviesen a lanzarse sobre los dominios de peces y anfibios, no pueden escapar de su origen y, por ejemplo, necesitan salir a la superficie para respirar, ya que no poseen branquias. Por mucho que ballenas, delfines, tortugas marinas o mosasaurios insistan en llevar una vida marina, aún necesitan sacar la cabeza fuera del agua de vez en cuando para poder llevar aire fresco a sus pulmones.

Está bien, ahora que ya sabemos que los mosasaurios fueron amniotas acuáticos y que volvieron al mar una vez estuvieron adaptados completamente al mundo terrestre, ya podemos contestar a nuestra pregunta: ¿son los mosasaurios dinosaurios?

La respuesta es un rotundo no. Existe la tendencia de llamar *dinosaurio* a cualquier ser extinto de grandes dimensiones, pero esta idea es errónea. Los dinosaurios son un clado en el que se incluyen desde titánicas bestias del pasado, como saurópodos titanosaurios o terópodos tiranosaurios, hasta gorriones y colibríes, pero entre sus integrantes no se encuentran los mosasaurios. Esto lo podemos entender muy bien fijándonos en cráneos de animales de estos dos grupos, pues, sin llevar a cabo un análisis excesivamente riguroso, enseguida podremos comprender cuáles son las principales diferencias que existen entre ambos.

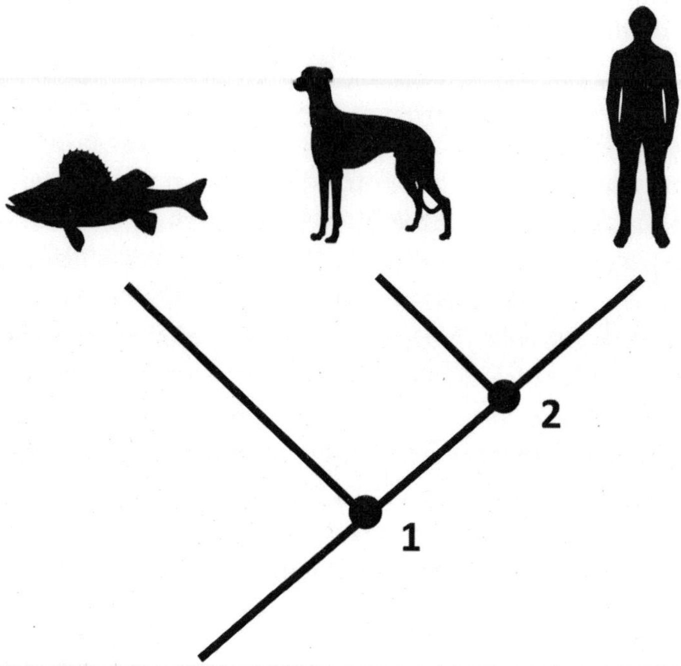

Imagen 2: Gracias a las sinapomorfías podemos construir unos esquemas conocidos como *cladogramas*, en los que se muestran las distintas ramificaciones evolutivas de una cierta porción del árbol de la vida. Los ancestros comunes de cada clado están simbolizados por el *nodo* de su base. En el cladograma de la imagen podemos definir dos clados, es decir, dos grupos en los que se incluye toda la descendencia de un ancestro común:

1- Clado Vertebrata. Sinapomorfías: columna vertebral.

2- Clado Mammalia. Sinapomorfías: las de Vertebrata + las de Mammalia (huesecillos del oído medio, pelo…).

Si creásemos un grupo constituido por el pez y el perro, o el pez y el humano, este no sería un clado, sería un grupo parafilético, pues parte de la descendencia del ancestro común ya no estaría incluida en el clado.

Si nos fijamos en el cráneo del dinosaurio, justo delante de sus cuencas oculares aparece una especie de pequeño agujero. Este se conoce como *fenestra anteorbital*, y es una de las sinapomorfías más claras y simples de identificar de los arcosaurios, un clado en el que están incluidos tanto los dinosaurios como algunos de sus parientes más cercanos, como cocodrilos y pterosaurios. Los mosasaurios, por el contrario, no son *arcosaurios*, sino que pertenecen a otro gran clado en el que están contenidos la mayoría de los que comúnmente denominamos *lagartos* y *serpientes*. Estos últimos se conocen como *lepidosaurios* y no presentan aquella fenestra anteorbital en sus cráneos. De este modo, muchas veces basta con ser un poco observador para distinguir a arcosaurios y lepidosaurios y, en última instancia, a dinosaurios y mosasaurios.

No obstante, existen otras muchas características que nos permiten diferenciar de un vistazo a mosasaurios de mamíferos u otros reptiles marinos. El cráneo de los mosasaurios, al igual que el de las serpientes, fue asombrosamente móvil, y esto es principalmente debido a un par de articulaciones. Por un lado, podemos observar que la mandíbula inferior se encuentra seccionada en dos mitades por la que se conoce como *articulación intramandibular*. Gracias a ella, mosasaurios y serpientes son capaces de abrir sus fauces mucho más de lo que tal vez *a priori* podría parecer. Por otro lado, si observamos el cráneo de un mosasaurio de frente, rápidamente nos daremos cuenta de que sus mandíbulas inferior izquierda y derecha no se encuentran fusionadas, es decir, que no hay nada que las una. Esta separación se conoce como *articulación intermandibular* y permite abrir ambas mandíbulas inferiores para obtener una apertura de fauces aún mayor y poder así engullir presas de gran tamaño. Esto una vez más lo podemos observar también en las serpientes, pues cuando tragan objetos que aparentemente son mucho más grandes que sus cráneos, como por ejemplo un huevo, están haciendo uso de las articulaciones intramandibular e intermandibular para poder abrir la boca lo suficiente.

Aunque aún hay otra característica que permite distinguir rápidamente los cráneos de los mosasaurios de los de otros grandes animales. Resulta que estos antiguos reptiles marinos no solo tuvieron dientes en sus mandíbulas, es decir, sobre los huesos dentario, premaxilar y maxilar, sino que también tuvieron dientes en el paladar. Esto se conoce como *dentición del hueso pterigoideo* y es una característica que presentan ciertos grupos de lepidosaurios, como los mosasaurios o las serpientes. Llegados hasta aquí, queda bastante claro que no solo los varanos, sino también las serpientes actuales parecen estar muy cercanamente emparentadas con los antiguos mosasaurios.

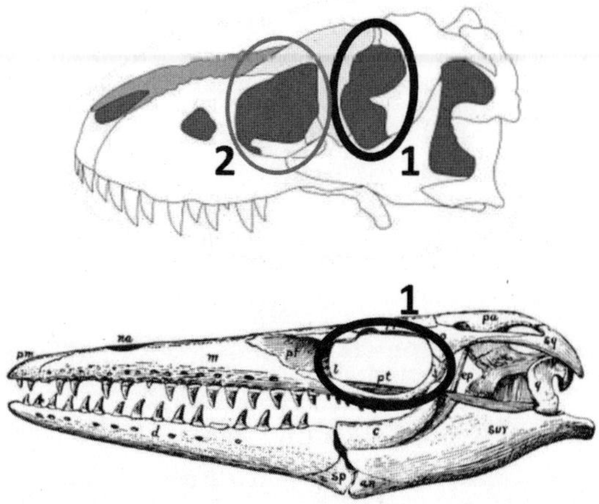

Imágenes 3 y 4: En la imagen superior podemos ver un cráneo de un *dinosaurio* (arriba) comparado con el de un *mosasaurio* (abajo). Aquí el 1 designa las *cuencas oculares* y el 2 la *fenestra anteorbital*. Esta última es una sinapomorfía de los arcosaurios, por lo que aparece en el dinosaurio, pero no en el mosasaurio. En la imagen inferior podemos ver un cráneo de mosasaurio en el que se muestran la *articulación intermadibular* (1) y la *articulación intramandibular* (2).

De hecho, las relaciones filogenéticas más basales del clado Mosasauroidea con otros lepidosaurios no están excesivamente claras ni siquiera a día de hoy. Ya Cuvier apuntó en 1808 que, aunque él consideraba que el cráneo de Maastricht perteneció a una criatura muy cercana a los varanos, bien podría ser que aquella bestia también estuviese emparentada con otros lepidosaurios, como, por ejemplo, las iguanas. Actualmente se cree que otro grupo diferente de lepidosaurios, las serpientes, son los animales no extintos más próximos a los mosasaurios, aunque, de cualquier modo, los varanos siguen siendo unos de sus primos más cercanos. Es muy difícil llegar a este tipo de conclusiones basándose únicamente en el registro fósil disponible, pues, tal y como veremos en los próximos capítulos, en el momento en el que aparecieron los mosasaurios también estaban comenzando a originarse las primeras serpientes. Independientemente de cuál sea la relación filogenética más exacta, la apuesta de Georges Cuvier fue realmente pionera para su época y logró desestimar las propuestas de otros naturalistas, que creían estar ante la calavera de una ballena o un cocodrilo. Al contrario de lo que muchos podrían pensar, el descubrimiento de *le grande animal de Maastricht* no impulsó la propagación de mitos, leyendas o historias bíblicas, sino que dio rienda suelta a una ciencia que aún estaba comenzando a tomar forma: la paleontología. Los mosasaurios, estos sorprendentes amniotas acuáticos que pronto descubriremos en detalle, fueron la piedra angular de esta apasionante disciplina. Posiblemente ni siquiera el propio Cuvier llegase a imaginar que aquellos hallazgos fortuitos y casuales en una cantera neerlandesa sacarían a la luz una de las mayores dinastías de bestias marinas de todos los tiempos.

Sin embargo, para poder seguirle el rastro a estos titanes del pasado, para poder entender su historia y repercusión, debemos introducir debidamente la franja de tiempo por la que nos vamos a mover. Estaremos ubicados en el Mesozoico, en la era secundaria, más conocida como *la era de los dinosaurios*. No obstante, a diferencia de estos últimos o de otros reptiles marinos como los plesiosaurios o ictiosaurios, cuyos linajes se extendieron por prácticamente todo el Mesozoico, la historia evolutiva de los mosasaurios es bastante corta. De los tres períodos de la era secundaria, Triásico, Jurásico y Cretácico, *le grande animal de Maastrich* y sus parientes más cercanos tan solo estuvieron presentes en el último de estos. Y no solo eso, sino que incluso dentro del propio Cretácico los mosasaurios no aparecieron hasta ya bien avanzado el período, de modo que toda su historia puede encuadrarse dentro de lo que se conoce como Cretácico superior. Por lo tanto, para poder analizar con un mínimo de detalle la crónica de estos gigantes marinos necesitamos introducir divisiones temporales más finas.

El Cretácico superior, que transcurrió aproximadamente entre hace 100 y 66 millones de años, puede dividirse en los pisos Cenomaniense, Turoniense, Coniaciense, Santoniense, Campaniense y Maastrichtiense. Cronológicamente, el Cenomaniense dio inicio al propio Cretácico superior, y el Maastrichtiense no solo marcó su final, sino que también puso fin a la era secundaria. No te dejes abrumar por todos estos nuevos términos, pues iremos recorriendo cada uno de estos seis pisos poco a poco a lo largo de las páginas de este libro.

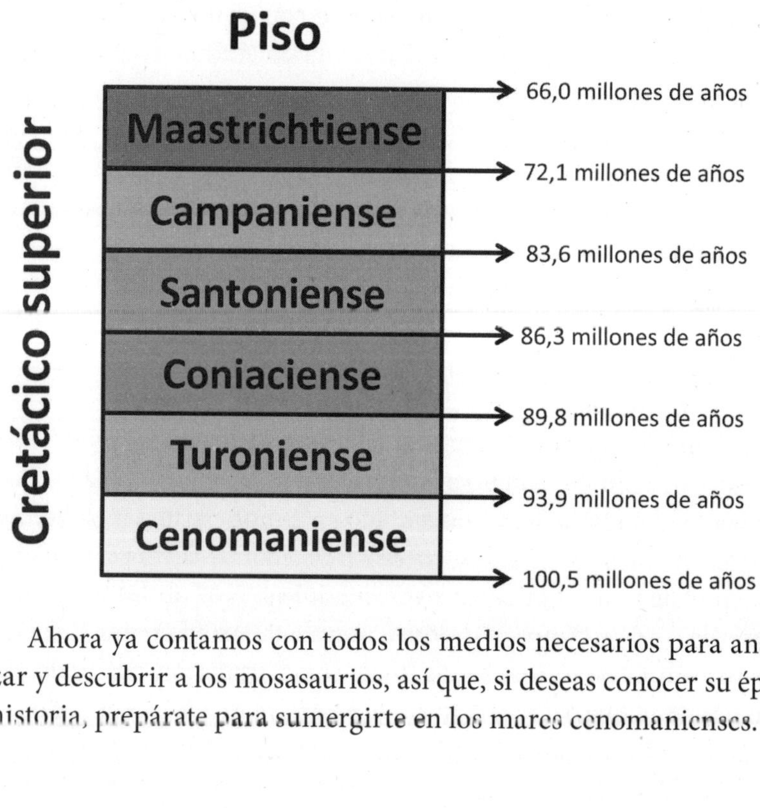

Ahora ya contamos con todos los medios necesarios para analizar y descubrir a los mosasaurios, así que, si deseas conocer su épica historia, prepárate para sumergirte en los mares cenomanienses.

Carrera hacia el mar

Imaginémonos una Tierra sobrecalentada, con temperaturas medias muy superiores a las actuales y vastos mares someros que cubren las plataformas continentales. Aquí no es que se estén derritiendo los glaciares de los polos, no; es que, con la excepción quizá de las nieves de alguna que otra cadena montañosa, toda el agua del planeta está en fase líquida o gaseosa. No hay hielo en las latitudes altas, toda el agua que hoy en día está retenida en la Antártida, Groenlandia o el Ártico congelado se encuentra en los océanos. Evidentemente, en un mundo así el nivel del mar sería muy alto, quizá hasta unos 250 metros superior al actual, por lo que buena parte de las zonas bajas del planeta se encontrarían sumergidas bajo cálidos o, más bien, asfixiantes mares poco profundos. Todo esto parece una visión apocalíptica y catastrofista de la Tierra, una auténtica hecatombe climática, pero nada más lejos de la realidad: se trata del mundo de principios del Cretácico superior.

Aunque parezca mentira, durante el piso Cenomaniense la Tierra era el sofocante horno del que tanto nos advierten los ecologistas en la actualidad. Prácticamente habrían desaparecido los gradientes térmicos entre distintas regiones, y un clima que hoy definiríamos como tropical se habría instalado en buena parte del globo. Al final de este piso, por ejemplo, sabemos mediante diversas técnicas de análisis isotópico que la temperatura de la superficie del mar cerca del Ecuador pudo ser quizá incluso superior a los 35 grados Celsius. Pero es que en las proximidades de los polos, allí donde hoy en día el agua roza muchas veces el punto de congelación, la temperatura en superficie rondaría unos impactantes 20 grados. Un mundo así sería sin duda la pesadilla de muchos o, tal vez, un paraíso vacacional para otros de no ser por la fauna de por aquel entonces. En tierra firme, los dinosaurios aún mantenían el control absoluto de los ecosistemas y podíamos encontrar tanto a gigantescos saurópodos de pesos superiores a las 60 toneladas como a temibles terópodos de más de 10 metros de longitud. Sin duda no era un buen momento para ir de safari; sin embargo, los amantes del *snorkel* y el submarinismo tampoco estarían exentos de peligro. Entonces, ¿qué se escondía en los asfixiantes mares cenomanienses?

En las cálidas aguas de principios del Cretácico superior ya estaban presentes algunos animales con los que estamos familiarizados, como, por ejemplo, los tiburones. Estos peces cartilaginosos ya habían aparecido hacía decenas de millones de años y, a grandes rasgos, apenas cambiarían sus morfologías más básicas hasta la actualidad. Millones de escualos surcarían los mares cenomanienses, pero no estarían solos. Junto a ellos teníamos también a dos importantes clados de reptiles marinos ya hoy desaparecidos que, en muchos casos, han llegado incluso a ser mitificados en la cultura popular.

El primero de estos grupos son los *plesiosaurios*, un diverso y exitoso linaje de amniotas acuáticos cuyos orígenes se remontan hasta el período Triásico, más de 100 millones de años antes de nuestro escenario. Entre estos animales podemos encontrar a los pliosaurios, enormes cazadores de cuello corto y grandes fauces, a los elasmosaurios, gigantescas bestias de cabeza pequeña y cuellos excepcionalmente largos, y a otros grupos de dimensiones modestas y morfologías más dispares, como los leptocléididos. Por otro lado, el otro gran clado de reptiles de los mares cenomanienses fue el de los *ictiosaurios*, una dinastía de amniotas acuáticos que estuvo presente en la Tierra desde aún antes que los propios plesiosaurios. Después de una larga y compleja historia evolutiva, estos reptiles habían adoptado una forma óptima para la vida en mar abierto, con extremidades perfectamente adaptadas para maniobrar en el medio acuático y una cola terminada en una amplia aleta caudal para propulsarse. Además, sus cuerpos hidrodinámicos les permitirían alcanzar grandes velocidades para perseguir a sus potenciales presas. No cabe duda de que tanto plesiosaurios como ictiosaurios habían logrado adaptarse a la vida acuática de manera sorprendente, pero no eran los únicos reptiles en estas aguas, pues, por ejemplo, las tortugas marinas ya estaban presentes desde hacía unos pocos millones de años.

Los peces óseos también gozaron de una amplia diversidad en el Cenomaniense, llegando ciertas especies de algunos clados a alcanzar dimensiones más que notables y a ocupar posiciones muy altas dentro de las redes tróficas de muchos ecosistemas. En este ámbito destacaron los *ictiodéctidos*, entre los que podemos encontrar a géneros como *Xiphactinus*, un voraz pez depredador que bien podría superar los 3 o 4 metros de longitud. También tuvieron una gran importancia los *saurodóntidos*, otro grupo de peces óseos de grandes dimensiones muy cercanamente emparentado con los propios ictiodéctidos. De todos estos animales, tanto de los peces óseos como de los reptiles marinos, hablaremos más adelante de modo más detallado.

Imagen 5: En esta ilustración, un plesiosaurio elasmosáurido del género *Styxosaurus* nada junto a tres grandes peces ictiodéctidos del género *Xiphactinus*.

Sin embargo, aún hay algo que quizá echemos en falta en los mares cretácicos. Hemos visto que los roles de depredador estuvieron repartidos entre tiburones, algunos interesantes linajes de reptiles marinos y peces óseos, pero ¿qué hay de los grandes filtradores? Hoy en día estos nichos ecológicos están ocupados principalmente por dos grupos de animales muy distintos: por un lado, los condrictios o peces cartilaginosos y, por otro, las ballenas barbadas. Sabemos que los primeros cetáceos con capacidad para tamizar el agua en busca de zooplancton no aparecerían hasta finales del Oligoceno o principios del Mioceno, hace apenas 25 millones de años. En esa misma línea, los grandes condrictios filtradores, como los tiburones ballena, los tiburones de boca ancha, los tiburones peregrinos o las mantarrayas, no tendrían un rol importante hasta bien entrada la era terciaria, ya después del Cretácico superior. Se ha propuesto que quizá algunos de estos peces cartilaginosos pudiesen haber aparecido ya durante los últimos instantes del propio Cretácico, aunque, de cualquier modo, su impacto en los ecosistemas no pareció ser demasiado importante. Pero, entonces, ¿quiénes fueron los grandes filtradores del Cretácico? ¿Acaso no había ningún animal que ocupase este nicho por aquel entonces?

La respuesta a esto probablemente esté en un exitoso y enigmático grupo de peces óseos conocido como *paquicormiformes*. Dentro de este clado encontramos a grandes depredadores, como el género *Protosphyraena*, que tendría una apariencia externa similar a un pez espada, pero también tenemos a un interesante clan de enormes bestias desdentadas. Estas últimas estuvieron ya presentes en los mares jurásicos, tal y como nos demuestra la gigantesca especie *Leedsichthys problematicus*, de más de 10 metros de longitud, y al parecer tuvieron también una representación importante en las aguas del Cretácico superior. Durante el Cenomaniense tenemos constancia por ejemplo del género *Rhinconichthys*, en el cual se incluyen especies de entre 2 y casi 5 metros de longitud. Al parecer, el papel que hoy en día desempeñan rorcuales y tiburones ballena en los océanos estuvo en manos de enormes peces óseos como estos durante el Cretácico.

Sin embargo, estas no son las únicas diferencias entre los mares actuales y los de hace 95 millones de años, pues el mundo de los invertebrados también nos depara alguna que otra sorpresa. Ya teníamos a gambas, cangrejos y calamares surcando las cálidas aguas cenomanienses, pero igualmente había otros grupos de moluscos y crustáceos que hoy en día han desaparecido. El caso más conocido es sin duda el de los *amonites*, unos cefalópodos con conchas generalmente en espiral que fueron clave en las redes tróficas durante todo el Mesozoico. Actualmente, lo más parecido que tenemos en nuestros océanos son las especies del género *Nautilus*, representantes del clado de los *nautiloideos*, los cuales, aunque de modo más discreto que sus parientes amonites, también estuvieron presentes en los mares cretácicos. Siguiendo con los invertebrados ya extintos, entre los moluscos bivalvos destaca el caso de los *rudistas*, que con sus conchas de morfologías dispares e irregulares suplantaron a los corales en lo que a la formación de grandes arrecifes se refiere. Una vez más, a lo largo de este libro trataremos a estos animales con un mayor detalle que en esta simple introducción.

En resumen, en el piso Cenomaniense teníamos un nivel del mar mucho más alto que en la actualidad y, en consecuencia, buena parte de las tierras bajas estuvieron cubiertas por aguas cálidas y poco profundas. Si nos sumergiésemos en estos mares podríamos encontrar a diversos grupos de reptiles marinos, como ictiosaurios o plesiosaurios, pero también seríamos capaces de ver grandes peces óseos depredadores e incluso filtradores. Sin duda llamaría nuestra atención la gran cantidad de amonites presente, pero también lo harían a buen seguro otros invertebrados ya extintos, como los bivalvos rudistas. Será justamente en estos mares sobrecalentados por el efecto invernadero donde comenzará nuestra historia. A pesar de los muchos peligros que ocultaban las aguas someras del momento, unos pocos grupos de lepidosaurios estaban deseando iniciar su propia aventura marina…

Mosasaurios y serpientes están muy cercanamente emparentados, algo que es más que evidente si uno echa un vistazo al registro fósil. En el Cenomaniense ambos grupos aún estaban comenzando a diversificarse y, a la hora de elegir un entorno en el que empezar una nueva vida, los dos optaron por el mar. Durante este piso tres importantes grupos de lepidosaurios, claves para entender el origen tanto de los mosasaurios como de las serpientes, dejaron atrás las comodidades que la tierra firme les ofrecía para lanzarse a unos ecosistemas radicalmente distintos. Por un lado teníamos a los *simoliófidos*, conocidos popularmente como las serpientes con patas, y por otro lado estaban *dolicosaurios* y *aigialosaurios*, otros dos grupos de reptiles de morfología casi anguiliforme. Para encontrar a buena parte de estos pioneros del mundo acuático tendremos que ir al mar de

Tetis, una antigua región geográfica que comprendía lo que posteriormente llegará a ser el mar Mediterráneo y el mar Rojo. Debemos tener en cuenta que por aquel entonces África no estaba aún en su posición actual, y el sur de Europa, lejos de la cohesión continental a la que nos tiene acostumbrados, no era más que un gigantesco archipiélago de grandes islas.

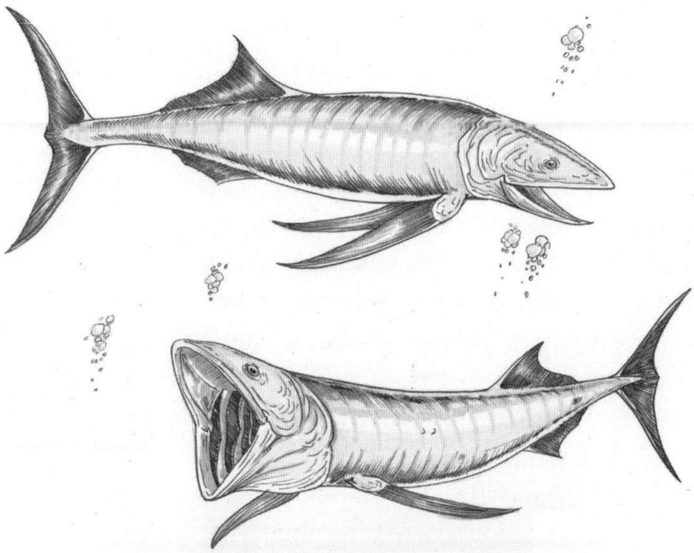

Imágenes 6 y 7: Arribatenemos a dos peces filtradores paquicormiformes del género *Bonnerichthys*, que bien podrían haber superado los 5 metros en los mares del Cretácico superior. Sobre estas líneas tenemos a un nautilo actual, perteneciente a la especie *Nautilus pompilius*, uno de los parientes más cercanos de los amonites.

El mar de Tetis fue un lugar idílico para aquellos animales terrestres que deseaban iniciarse en el mundo acuático. A lo largo de sus infinitas costas, allí donde a día de hoy estarían las transitadas playas de España, Italia o Grecia, se extenderían enormes plataformas calcáreas, grandes extensiones de aguas cálidas y poco profundas en las que abundaría la vida. Desde la costa, tal y como hemos introducido, tres importantes grupos de lepidosaurios observaban el suave romper de las olas con una mezcla de anhelo y ambición. Solo uno de ellos terminaría logrando un puesto definitivo en aquellas aguas: acababa de comenzar la carrera hacia el mar.

El primero de estos grupos, los simoliófidos, tal vez sea el que a primera vista más llame nuestra atención. A todas luces parecen serpientes normales, con cuerpos largos y estilizados, pero si vamos avanzando desde la cabeza hasta la cola de estos animales llegará un momento en el que nos llevemos una importante sorpresa: ¡tienen patas traseras! Y no estamos hablando aquí de un simple huesecillo vestigial allí donde deberían estar sus extremidades inferiores, no, pues los simoliófidos poseyeron auténticas piernecillas en miniatura. Tal vez la especie más conocida de este extraño grupo sea *Pachyrhachys problematicus*, un lepidosaurio de aproximadamente 1 metro de longitud procedente de la actual Palestina. Este ejemplar perfectamente puede servirnos de patrón para entender cómo se cree que fueron los simoliófidos: tamaños moderados, pequeñas patas traseras y, tal vez, un cuerpo algo aplanado lateralmente. Esto último denotaría lo bien adaptados que estuvieron estos extraños lepidosaurios a la vida marina, pues les permitiría nadar ondulando su cuerpo, al igual que hacen por ejemplo las anguilas de hoy en día.

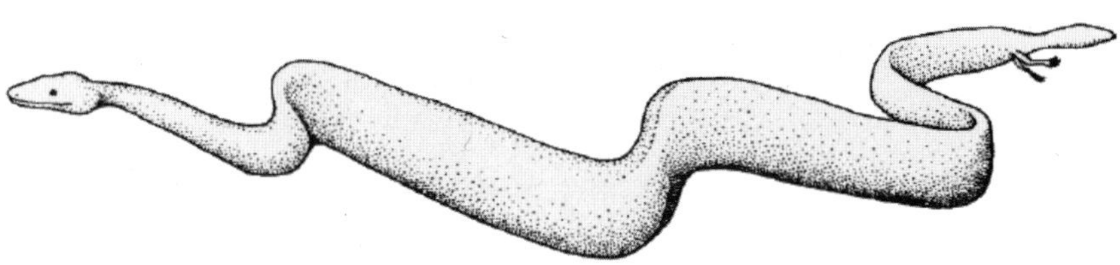

Imagen 8: Reconstrucción del simoliófido *Eupodophis descouensi.*

No obstante, los simoliófidos incorporaron también otras adaptaciones claves para poder disfrutar de una vida acuática. La especie *Pachyophis woodwardi*, del Cenomaniense de Bosnia, tuvo vértebras y costillas mucho más gruesas que las serpientes terrestres actuales, y esto, aunque no lo parezca, es básico para poder vivir en el mar. Pensemos por un instante en qué ocurre cuando nos bañamos en cualquier playa del litoral. Resulta que, dado que la densidad del agua salada es mayor a la de nuestro propio cuerpo, flotamos o, en otras palabras, no nos hundimos. Para evitar esto, es decir, para poder sumergirse, los buzos modernos llevan consigo varias pesas de metal, y esto mismo, en cierto modo, es lo que hicieron los simoliófidos al engrosar algunos de sus huesos. Gracias a todo el tejido óseo adicional que incorporaron, estas antiguas serpientes consiguieron alcanzar una densidad corporal ya muy similar a la del agua marina, con lo que pudieron bucear o salir a la superficie a respirar sin realizar ningún tipo de sobreesfuerzo. A este engrosamiento de ciertos huesos, como vértebras o costillas, se lo conoce como *paquiostosis.*

No obstante, muchos amniotas marinos, tanto actuales como pasados, han terminado optando por una estrategia quizá algo más discreta a la hora de aumentar su densidad: la *osteosclerosis.* Este mecanismo consiste en rellenar algunos de los huecos presentes en los huesos, haciéndolos así mucho más densos, pero no más grandes, como en el caso de la paquiostosis. Al igual que las serpientes con patas, los mosasaurios primitivos también debieron recurrir a alguna de estas estrategias para pesar más y no flotar.

Los simoliófidos fueron uno de los primeros grupos de serpientes en aparecer sobre la faz de la Tierra y llegaron a estar presentes en algunos de los ecosistemas más emblemáticos a nivel paleontológico. Por ejemplo, la especie *Simoliophis rochebrunei* aparece en la famosa formación Bahariya, la misma en la que se reportaron por primera vez los restos del conocido dinosaurio *Spinosaurus aegyptiacus*, sin duda uno de los carnívoros más grandes que ha pisado tierra firme. No obstante, la historia de las serpientes con patas, analizada desde una perspectiva geológica, no fue más que un fracaso. Su efímero reinado en las costas del mar de Tetis rápidamente se desvaneció según fue avanzando el Cretácico, de modo que, al final del Cenomaniense, su linaje ya había caído en el olvido.

Otro de los grupos de lepidosaurios que se lanzaron ansiosos al mar fueron los dolicosaurios. Estos animales tuvieron cuerpos muy alargados, en cierto modo similares a los de las propias serpientes, pero ya sí que poseyeron cuatro extremidades funcionales. A grandes rasgos, los dolicosaurios parecen ser algo a medio camino entre los lagartos terrestres y los propios simoliófidos y, de hecho, en el pasado algunas de sus especies han sido consideradas serpientes primitivas. Una vez más sus restos se han reportado en el mar de Tetis, donde aparecen géneros como *Mesoleptos* o *Pontosaurus* en yacimientos como los de la isla croata de Hvar. No obstante, a diferencia de como ocurría con los simoliófidos, los dolicosaurios ya no parecen estar confinados al antiguo germen del mar Mediterráneo. Al otro lado del charco, en el continente americano, el género *Coniasaurus* logró diversificarse y sobrevivir hasta el piso Santoniense, diez millones de años más allá de la frontera del Cenomaniense. Sin embargo, estos lepidosaurios, ya bastante más duraderos que las serpientes con patas, tampoco fueron los que dieron origen a los posteriores mosasaurios. Ese honor recae directamente en el último de nuestros grupos: los aigialosaurios.

Los aigialosaurios son a todas luces mosasaurios primitivos y resulta sencillo llegar a esta conclusión simplemente comparando el cráneo de alguno de ellos con el de algún mosasaurio tardío. A primera vista, ¿logras ver alguna diferencia entre ambos? De nuevo estos animales tuvieron un cuerpo estilizado, aunque tal vez no llegasen a alcanzar morfologías tan alargadas como los simoliófidos o dolicosaurios. La isla de Hvar, en Croacia, vuelve a ser uno de los puntos más importantes para estudiar a estos curiosos lepidosaurios, pues de aquí procede por ejemplo la especie *Aigialosaurus dalmaticus*, quizá una de las mejor conocidas del grupo. En la apresurada carrera hacia los mares cenomanienses, sin duda los aigialosaurios fueron los que lograron hacerse con la victoria, ya que sobre sus hombros descansa la que quizá sea la dinastía más exitosa de reptiles marinos cretácicos. Mientras que la errada incursión temprana de las serpientes en el mar o la lenta agonía de los últimos dolicosaurios apenas ocupan unas líneas en los libros de historia natural, el linaje de los aigialosaurios bien merece extenderse por varios tomos.

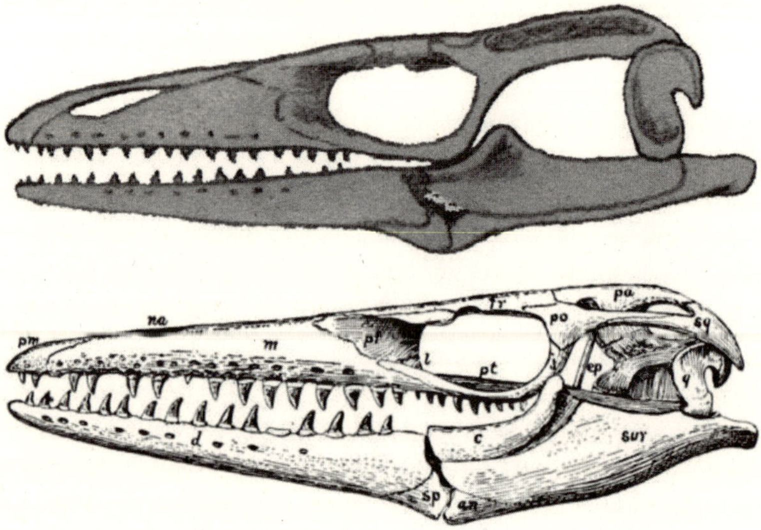

Imagen 9: Cráneo esquemático de un aigialosaurio (arriba) comparado con el de un mosasaurio (abajo).

Sin embargo, antes de seguir viendo cómo fueron esos primeros mosasaurios que lograron imponerse en la carrera hacia el mar, merece la pena detenerse unos minutos para descubrir qué ocurrió en los océanos del final del Cenomaniense. En estos momentos en muchos mares de la Tierra se depositaron gruesas capas de esquistos negros, fácilmente diferenciables de los estratos de su alrededor. Estos curiosos sedimentos, tal y como quizá hayas podido intuir, no estaban detrás de nada bueno, pues dan fe de lo que sin lugar a duda hoy en día caracterizaríamos como una catástrofe ecológica de carácter global. ¿Qué pasaría si la concentración de oxígeno en el agua del mar cayese de repente a niveles muy bajos? Algo como esto ya ha ocurrido muchas veces en la actualidad, aunque siempre con un impacto local y acotado. Pero ¿qué pasaría si esta caída en los niveles de oxígeno se diese a escala global, en todos los mares del planeta? Esto fue justamente lo que ocurrió al final del Cenomaniense y, en términos geológicos, se conoce como un *evento anóxico oceánico* (OAE, por sus siglas en inglés, *oceanic anoxic event*). Las altísimas temperaturas medias de estos momentos harían que eventos de este estilo, que hoy tildaríamos casi de apocalípticos, no fuesen demasiado extraños. De hecho, el evento anóxico del final del Cenomaniense se conoce como OAE2, pues unos pocos millones de años antes tuvo lugar otro de estos períodos de anoxia.

Evidentemente esto tendría consecuencias trágicas para muchos integrantes de los ecosistemas marinos, que verían cómo las cálidas aguas en las que vivían se volvían casi irrespirables. Estos eventos, por suerte, no serían geológicamente muy extensos, aunque, a pesar de ello, quedarían bastante lejos de las escalas temporales que estamos acostumbrados a manejar en nuestro día a día. Por ejemplo, el evento anóxico del final del Cenomaniense se estima que duró unos 800.000 años, algo ridículo en comparación con muchos períodos geológicos, pero prácticamente inconmensurable en nuestra medida habitual del tiempo. Para hacernos una idea, toda la historia reciente de la humanidad, desde la invención de la escritura en la antigua Mesopotamia hasta nuestros días, cabría más de cien veces dentro de uno de estos «cortos» eventos geológicos. El OAE2, además, coincidiría con el conocido como *máximo térmico del Cenomaniense-Turoniense*, durante el que se alcanzó el tope de temperaturas medias a nivel global y una concentración atmosférica de CO_2 cuatro veces superior a la actual. Ya fuese en la tierra o en el agua, cualquier ser vivo del momento tendría que sobrevivir en un ambiente sofocante. El fin del piso Cenomaniense, por lo tanto, fue una época difícil para muchas especies marinas y trajo consigo una importante reestructuración de los ecosistemas oceánicos. Por suerte, durante el resto del Cretácico superior las temperaturas medias ya comenzarían a descender, lenta pero progresivamente, aunque en todo momento se mantuvieron muy superiores a las actuales. Tras este asfixiante evento anóxico la fauna marina al fin podría respirar tranquila, aunque, por desgracia, muchos de sus icónicos representantes se habían perdido en el camino.

Uno de los linajes que no logró sobrevivir hasta el Turoniense fue el de los ictiosaurios, esos reptiles con forma de delfín que llevaban ya decenas de millones de años surcando los océanos. El final de su historia evolutiva, no obstante, aún no parece estar muy claro, y durante décadas se pensó simplemente que su dinastía estaba muriendo lenta pero agónicamente según avanzaba el Cretácico. Nada más lejos de la realidad; aunque es cierto que los ictiosaurios de estos momentos tuvieron una diversidad baja comparada con la de su período de mayor éxito, hasta mediados del Cretácico no parecían ser un grupo condenado a desaparecer.

Imagen 10: Dos ejemplares de la especie de ictiosaurio tardío *Platypterygius kiprjianovi.*

Durante el piso Albiense, el anterior al Cenomaniense, los reptiles con forma de delfín aún podían dividirse en tres grandes grupos ecológicos. Por un lado, había grandes ictiosaurios superdepredadores, como algunas de las especies tradicionalmente atribuidas al género *Platypterygius*; por otro, ictiosaurios con una alimentación más generalista, como las especies del género *Sisteronia*; y, por último, géneros más especializados en la captura de presas blandas, como los últimos oftalmosaurinos[1]. No obstante, si comparamos esta situación con la existente tan solo unos pocos millones de años

1 Subfamilia Ophtalmosaurinae.

después, ya bien entrado el Cenomaniense, descubriremos que por aquel entonces ya solo quedaban ictiosaurios pertenecientes al grupo de los superdepredadores, como el ruso *Pervushovisaurus bannovkensis*. Algo ocurrió a principios del Cenomaniense, mucho antes de que llegara el propio evento anóxico, y al parecer golpeó duramente a la moderada diversidad de la que disfrutaban estos ictiosaurios tardíos. Aún queda mucho por investigar en lo que a estas extinciones respecta, pues sabemos, por ejemplo, de la existencia de otros eventos que también reestructuraron los ecosistemas marinos, como el *evento del Cenomaniense medio* (MCE, *middle Cenomanian event*), pero aún debemos comprenderlos en mayor profundidad para tratar de evaluar el impacto que pudieron haber tenido sobre este grupo de reptiles. Además, el hecho de que tradicionalmente se atribuyesen a *Platypterygius* los restos de cualquier ictiosaurio procedente de los pisos Albiense y Cenomaniense complica en gran medida el trabajo de determinar las posibles causas de su extinción final. Aún queda mucho por hacer en este campo, pero todo apunta a que, debilitados e incapaces de diversificarse, los últimos ictiosaurios sucumbieron durante la crisis marina asociada al evento anóxico del final del Cenomaniense. Mientras los primeros mosasaurios se lanzaban al mar, los últimos representantes de uno de los linajes de reptiles marinos más conocidos y exitosos desaparecían en las asfixiantes aguas de principios del Cretácico superior. Unos van y otros vienen, y no hay nada que podamos hacer para remediarlo…

El origen de una dinastía

Mientras el antiquísimo linaje de los ictiosaurios iba poco a poco desapareciendo, el mar de Tetis bullía en diversidad de lepidosaurios. Ya hemos visto que principalmente fueron tres grupos los que se lanzaron a la conquista de los mares[2], pero que tan solo uno de ellos conseguiría hacerse un hueco en las intrincadas redes tróficas de los océanos del Cretácico superior. Fueron los aigialosaurios los que lograron sobreponerse a las adversidades y los que, tras millones de años, terminarían por dar origen a los exitosos mosasaurios. No obstante, no siempre es sencillo diferenciar los ejemplares de muchos de estos lepidosaurios semiacuáticos, con lo que en ocasiones se ha nombrado a aigialosaurios como dolicosaurios, a aigialosaurios como mosasaurios primitivos o viceversa. Y realmente el problema aquí es mucho más profundo de lo que parece, pues a día de hoy no hay un consenso claro de cómo son las relaciones filogenéticas entre muchos de estos grupos. Sin embargo, nosotros no nos preocuparemos por esto, pues supondremos simplemente a los dolicosaurios como parientes cercanos de los aigialosaurios y, a estos últimos, los trataremos como mosasasauroideos primitivos. En otras palabras, para nosotros los aigialosaurios serán los reptiles semiacuáticos de los que descendieron los mosasaurios tardíos.

Pero dejémonos de divagaciones taxonómicas y volvamos a las cálidas aguas cenomanienses del mar de Tetis. Uno de los lugares más importantes para entender el origen de los mosasaurios es sin duda el actual mar Adriático, la estrecha franja de agua que separa la costa oriental de Italia de los Balcanes. Un poco más al norte del

2 Simoliófidos, dolicosaurios y aigialosaurios (véase capítulo anterior).

litoral croata, de allí donde se hallaron los restos de *Aigialosaurus dalmaticus*, podemos encontrar un yacimiento clave para comprender cómo fueron los mosasaurios más primitivos. Estamos hablando de las calizas de Komen, en Eslovenia, de donde han salido dos de los aigialosaurios más conocidos e importantes: *Komensaurus carrolli* y *Carsosaurus marchesettii*. Por el momento no nos detendremos más en este par de pequeños lepidosaurios que, posiblemente, llegasen incluso a convivir en los mismos paleoecosistemas, aunque sí debemos hacer hincapié en su gran importancia. De hecho, sobre el segundo de ellos volveremos más adelante en este libro, pues en su interior oculta uno de los hallazgos más impresionantes del mundo de la paleontología.

Para hacernos una idea de cómo fueron estos aigialosaurios y de cómo terminaron dando pie a las bestias marinas que hoy conocemos como mosasaurios, deberemos ir a otro yacimiento distinto que, una vez más, se encuentra en el mar Adriático. Frente a las costas croatas, aunque esta vez en la isla de Dugi Otok, nos encontramos con la especie *Portunatasaurus krambergeri*. Esta es lo que muchas veces se suele llamar un *eslabón intermedio*, un punto evolutivo por el que los pequeños lepidosaurios cenomanienses debieron pasar antes de dar origen a los posteriores mosasaurios. Los aigialosaurios poseyeron extremidades aún adaptadas para desplazarse en tierra firme, es decir, que, aunque se aventurasen a menudo en el medio acuático, posiblemente aún pasarían bastante tiempo fuera del mar. En este sentido, *Portunatasaurus* no fue una excepción, pero ya podía verse en sus piernas y brazos una clara tendencia, algo nuevo, un cambio de morfología…

No obstante, para comprender esto antes debemos introducir un par de conceptos. En función de cómo fueron sus extremidades, dividimos a los mosasaurios en dos grandes grupos: por un lado, tenemos a los *mosasaurios plesiopedálicos*, aquellos cuyas piernas y brazos aún estaban adaptados para moverse en tierra firme, y, por otro, a los *mosasaurios hidropedálicos*, en los que sus extremidades ya se habían convertido funcionalmente en aletas. Para diferenciar ambos grupos de un modo cuantitativo, se suele utilizar una sencilla regla: si el húmero, el radio y el cúbito aún suman más de la mitad de la longitud total del brazo, se considera al mosasaurio como plesiopedálico, pero, si los huesos de la muñeca y las falanges de los dedos ya suponen más de la mitad de la longitud de la extremidad, en ese caso se supone que el mosasaurio es hidropedálico y que ya posee aletas funcionales.

Si ahora observamos los huesos del brazo de *Portunatasaurus*, rápidamente nos daremos cuenta de que aún fue plesiopedálico, pero también comprobaremos que su morfología fue diferente a la de otros aigialosaurios como *Carsosaurus*. El húmero, el radio y el cúbito, aunque seguían siendo relativamente largos, ya se habían acortado bastante en comparación con los de otros lepidosaurios cenomanienses. *Portunatasaurus* aún sería capaz de volver a tierra firme, pero sus extremidades ya parecían estar orientadas hacia una vida marina. Según avanzase el Cretácico y fuesen apareciendo mosasaurios más adaptados para el medio acuático, húmero, cúbito y radio se irían poco a poco acortando más y más, hasta llegar a ser casi tan anchos como largos. Las falanges y los huesos de la muñeca, por otro lado, llegarían a ocupar casi toda la extremidad, conformando ya unas auténticas aletas, como las de los cetáceos o los antiguos ictiosaurios.

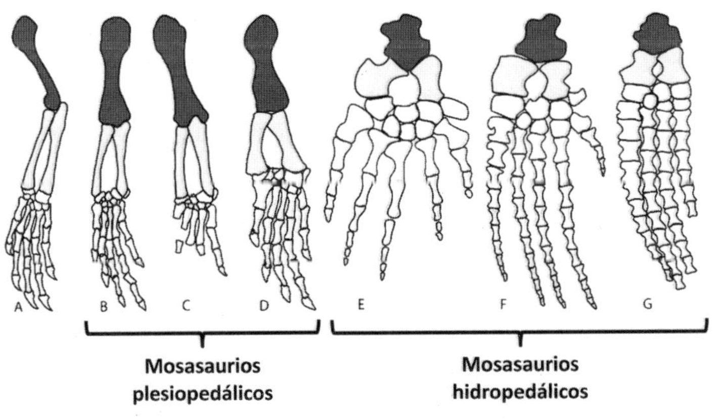

Imagen 11: Aquí podemos ver las extremidades anteriores de varios lepidosaurios. Se ha destacado en negro el húmero y en gris el cúbito y radio. Los huesos de la muñeca (carpales y metacarpales), al igual que las falanges, se han dejado en blanco. Los lepidosaurios representados corresponden a los siguientes géneros: A-*Varanus* (varano actual), B-*Aigialosaurus*, C-*Carsosaurus*, D-*Portunatasaurus*, E-*Clidastes*, F-*Mosasaurus* y G-*Plotosaurus*.

No obstante, llegados hasta aquí puede que te hayas hecho la siguiente pregunta: ¿qué pasa con las extremidades posteriores, es decir, con el equivalente a nuestras piernas? ¿También se transformaron en aletas? ¿No se utilizan para ver qué mosasaurios fueron plesiopedálicos? Para la división plesiopedálico/hidropedálico las extremidades posteriores suelen tener una menor importancia, aunque sí que están muy relacionadas con otra importante segmentación en grupos que también nos permite ver qué mosasaurios estuvieron bien adaptados para una vida marina. Para entender esta nueva división, tan solo debemos hacernos una nueva pregunta: ¿con qué huesos articulan nuestras piernas?

Resulta que las patas traseras de los amniotas terrestres articulan con la pelvis; esto no debería ser una sorpresa, aunque en los amniotas que se han lanzado a la conquista del mundo acuático esta unión muchas veces ya no ocurre. La principal utilidad de la conexión entre piernas y cadera es soportar nuestro peso en tierra firme, es decir, mantenernos erguidos y aguantar nuestra masa en contra de la gravedad. No obstante, en el agua todo esto cambia, pues debido justamente a que los cuerpos flotan, este anclaje entre pelvis y extremidades posteriores deja de ser útil, deja de tener sentido, pasa a ser superfluo. Evolutivamente, los caracteres innecesarios tienden muchas veces a perderse con el paso de las generaciones, y esto justamente fue lo que les ocurrió a los mosasaurios, pero también a los ictiosaurios o a los antiguos cetáceos. Si observamos el esqueleto de cualquiera de estos animales podremos ver que sus aletas posteriores, en lugar de articular firmemente con la cadera, simplemente «flotarían» en un mar de músculos y tendones, muchas veces sin estar fijas a ningún hueso.

Este tipo de adaptaciones al mundo acuático están detrás, por ejemplo, de los problemas de las ballenas varadas. Tras millones de años de evolución, el esqueleto de estas bestias marinas se ha adaptado a un entorno en el que el agua les ayuda a sustentar su propio peso, reduciendo en gran medida la robustez de los huesos que sostienen sus tejidos. De este modo, en tierra firme son completamente incapaces no ya de maniobrar, sino en muchos casos incluso de soportar su propia masa, de enfrentarse a la fuerza de la gravedad sin la ayuda que les brinda el agua, y sus cuerpos simplemente colapsan bajo su propio peso. Fuera del mar las ballenas se asfixian, no pueden respirar porque sus esqueletos están adaptados para un medio muy distinto y, en consecuencia, su enorme masa termina aplastando sus pulmones. Todo esto pone de manifiesto una gran verdad, una condena con la que buena parte de los amniotas acuáticos debe vivir: una vez te adaptas definitivamente al mar, ya no puedes regresar a la tierra.

Volviendo sobre los mosasaurios, estos reptiles cretácicos se suelen dividir también en *plesiopélvicos* e *hidropélvicos*, dependiendo de si sus caderas son capaces de sostener su peso en tierra firme o no. Evidentemente, un animal que tenga débilmente anclada la pelvis a sus extremidades, es decir, en el que los huesos de sus patas traseras apenas estén conectados con la cadera, será necesariamente hidropélvico. Hasta ahora, todos los mosasauroideos que hemos tratado han sido tanto plesiopedálicos como plesiopélvicos, pero, en cuanto avancemos un poco en el Cretácico, nos encontraremos con que ya todos o casi todos los mosasaurios van a ser tanto hidropedálicos como hidropélvicos[3], es decir, que ya estarán condenados a no salir de los ecosistemas marinos.

Otro de los aigialosaurios más típicos del antiguo mar de Tetis fue la especie *Carentonosaurus mineaui*, procedente esta vez ya de yacimientos más occidentales, principalmente de Francia y España. Este mosasauroideo primitivo nos muestra claras evidencias de otra adaptación al medio marino que ya hemos tratado en el capítulo anterior. Para tener una densidad similar a la del agua salada y no flotar, este animal hizo uso de la paquiostosis, es decir, engrosó algunos de sus huesos, pero también experimentó osteosclerosis o, en otras palabras, a mayores compactó sus huesos para volverlos más densos. La combinación de estos dos mecanismos también es bastante común en muchos clados de amniotas acuáticos y suele conocerse por el nombre de *paquiosteosclerosis* (que resulta de unir ambas palabras). No obstante, quizá lo más interesante de este otro aigialosaurio no sea esta adaptación para no flotar, sino uno de los lugares donde apareció…

3 La división en plesio/hidropedálicos y plesio/hidropélvicos únicamente obedece a caracteres morfológicos muy concretos y no tiene por qué estar relacionada con auténticos clados.

En Pinilla del Valle, una pequeña localidad a apenas unos kilómetros de Madrid, aparecieron los restos de este mosasauroideo primitivo en una cueva. Si esto ya te resulta extraño, sin duda te sorprenderá el hecho de que sus fósiles se encontraran asociados a huesos de hienas de las cavernas y utillaje neandertal. ¿Cómo puede ser esto posible? Para decepción de los amantes de la ciencia ficción, no, estos aigialosaurios no convivieron con neandertales ni sobrevivieron hasta hace unos pocos miles de años, sino que todo se trata de una desafortunada mezcla. Resulta que estas cuevas atraviesan estratos del Cretácico superior, de modo que, casualmente, los restos fósiles de *Carentonosaurus* simplemente acabaron en el suelo de las galerías junto a herramientas y huesos mucho más modernos. El hallazgo, no obstante, más allá de mostrar la curiosa convivencia de restos de edad muy distinta, no parece presentar una importancia excesiva. Sin embargo, sí que pone en evidencia que, para evitar posibles confusiones, es crucial llevar a cabo un estudio geológico en todos los yacimientos.

Ya hemos visto que los aigialosaurios tuvieron una amplia distribución y gozaron de un gran éxito en las cálidas aguas del mar de Tetis, pero ¿estuvieron presentes en otros lugares del globo? Pues la respuesta es afirmativa. Al igual que ocurría con los dolicosaurios, los aigialosaurios también cruzaron en algún momento el Atlántico y llegaron hasta América. En el propio piso Cenomaniense aparece la especie *Vallecillosaurus donrobertoi*, de nuevo un mosasauroideo de cerca de 1 metro de longitud aún capaz de regresar a tierra firme. Este lepidosaurio fue nombrado gracias a un ejemplar excepcionalmente bien preservado del norte de México, en el cual aparecieron incluso restos de sus escamas romboidales.

Imagen 12: Reconstrucción del mosasaurio primitivo *Dallasaurus turneri*.

Pero, antes de continuar con estos mosasauroideos primitivos, merece la pena dedicarle unos instantes a entender cómo fue Norteamérica a principios del Cretácico superior. Recordemos que por estos momentos el nivel del mar era muy superior al actual y, en consecuencia, una porción importante de los continentes se encontraba sumergida bajo mares someros. Uno de estos mares fue el conocido como Western Interior Sea (o mar Interior Norteamericano), que seccionó América del Norte literalmente en dos durante buena parte del final del Cretácico. Más adelante, estas aguas poco profundas serán claves para entender la diversidad de los mosasaurios.

No obstante, ya es hora de que avancemos un poco en el tiempo, de que dejemos atrás a los aigialosaurios del Cenomaniense y nos sumerjamos en el siguiente piso del Cretácico superior: el Turoniense. Ya hemos pasado el severo evento anóxico, el intenso máximo térmico y la extinción de los ictiosaurios, por lo que ahora nos toca adentrarnos en unos mares renovados con nuevos linajes pujando por diversificarse, el caldo de cultivo perfecto para aquellos que buscan una oportunidad para ascender al trono… En estos momentos, al sur del Western Interior Sea podemos encontrarnos a la especie *Dallasaurus turneri*. A grandes rasgos su morfología general parece ser la de un simple aigialosaurio, como *Portunatasaurus* o *Carsosaurus*, pero realmente este pequeño animal de apenas 1 metro de longitud ya estuvo bastante más restringido al medio acuático que estos otros lepidosaurios. Aún fue plesiopedálico, es decir, sus extremidades no eran aletas, pero su cadera ya no le permitía regresar cómodamente a tierra firme. *Dallasaurus turneri* ya fue un mosasaurio hidropélvico, aunque sería tan solo el primero de muchos.

Más al sur, en el Turoniense de la actual Sudamérica, otro nuevo grupo de mosasaurios consiguió ya alcanzar tamaños considerables. En esta zona del planeta, al igual que ocurría en Norteamérica, también podemos encontrar mares someros que parecen introducirse en el interior de los continentes. Allá donde hoy se alza el norte de la cordillera de los Andes, un enorme brazo de agua salada penetró tierra adentro, conformando el que conocemos como mar Transandino. Fue justamente en este lugar donde floreció uno de los primeros mosasaurios de buen tamaño y, aunque aún palidecería en comparación con algunos de los ejemplares tardíos del grupo, ya logró dejar muy atrás la barrera del metro de longitud: estamos hablando del conocido *Yaguarasaurus columbianus*. Este mosasaurio terminaría por dar nombre a su propio grupo, los *yaguarasaurinos*[4], que tendrían un gran éxito en los mares someros turonienses no solo de Sudamérica.

Un poco más al norte, en las aguas cálidas que conformarían lo que hoy llamamos el golfo de México, aparecería también otro de estos animales. En la formación Agua Nueva, cerca de la ciudad de Monterrey, se encontraron los restos de la especie *Yaguarasaurus regiomontanus*, muy similar tanto en aspecto general como en tamaño a su primo colombiano, ya que ambos rondarían los 5 metros de longitud en su edad adulta. Este animal sería ligeramente más antiguo que *Yaguarasaurus columbianus*, pero poseería algunos caracteres que podríamos denominar como *más avanzados*. Pero ¿cómo que más avanzados?

Pues resulta que los últimos estudios parecen sugerir que los yaguarasaurinos no conformaron un clado auténtico, sino que fueron de una de estas agrupaciones parafiléticas de las que hablamos al comienzo de este libro. Estos mosasaurios primitivos no tendrían un ancestro común exclusivo que los diferenciase de otros grupos, sino que serían las sucesivas ramificaciones evolutivas más primerizas de un clado de mosasaurios mucho más grande y con más recorrido: los plioplatecarpinos. Ya hablaremos acerca de estos otros lepidosaurios acuáticos, pero por ahora la idea más importante con la que te debes de quedar es que los yaguarasaurinos estuvieron en la base de un clado mucho más grande y exitoso. Fueron los pioneros de una de las dinastías más poderosas de mosasaurios...

4 La subfamilia Yaguarasaurinae. Como explicamos más adelante, posiblemente no conforme un clado verdadero.

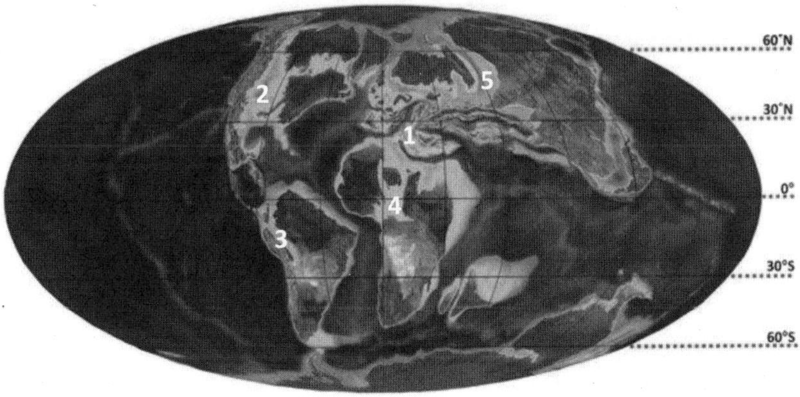

Imagen 13: Reconstrucción de la Tierra a mediados del piso Turoniense, hace unos 90 millones de años. Se han numerado algunos de los mares someros más importantes del momento, que trataremos detenidamente a lo largo de este libro: 1-Mar de Tetis, 2-Western Interior Sea, 3-Mar Trans-andino, 4-Mar Trans-sahariano, 5-Mar de Turgai.

Volviendo de nuevo a Europa, en el mar de Tetis sabemos que los yaguarasaurinos también estuvieron bien representados, tal y como evidencian las especies del género *Romeosaurus*. Estos mosasaurios, nombrados así en honor a la obra de Shakespeare *Romeo y Julieta*, vivirían en las aguas poco profundas del norte de Verona, en Italia. La presencia de estos lepidosaurios en el Viejo Continente nos muestra que, durante los primeros pisos del Cretácico superior, parecía haber importantes intercambios faunísticos entre uno y otro lado del Atlántico. De hecho, si cruzamos de nuevo el charco, descubriremos que en el Western Interior Sea norteamericano hubo más yaguarasaurinos, pues la especie *Russellosaurus coheni* aparece en el sur de este antiguo mar, allí donde hoy encontramos el estado de Texas. Este animal, además, estaría presente en los mismos ecosistemas que el pequeño *Dallasaurus*, del que ya hemos hablado hace apenas unas líneas. Tal y como evidencian los yaguarasaurinos, los mosasaurios ya estaban comenzando a diversificarse de manera importante durante este segundo piso del Cretácico superior, aunque probablemente estas bestias aún fuesen muy distintas al estereotipo de mosasaurio que todos tenemos en la cabeza.

Lejos de ser los gigantescos lagartos con aletas que nos podríamos imaginar, los yaguarasaurinos quizá fuesen mucho más similares en hábitos y apariencia a un cocodrilo. No se conocen demasiado bien las extremidades de estos mosasaurios, pero quizá aún fuesen plesiopedálicos y, en ese caso, todavía tendrían un modo de vida semiacuático, a caballo entre la tierra y el agua. Tal vez esto nos resulte extraño, aunque, si lo pensamos bien, desde un punto de vista evolutivo muchos otros amniotas acuáticos también han tenido ancestros morfológicamente similares a caimanes o aligátores. Los propios cetáceos actuales tuvieron antepasados muy parecidos ecológica y funcionalmente a los cocodrilos, como por ejemplo los conocidos como ambulocetos. Al igual que los yaguarasaurinos, estos antiguos parientes de las ballenas también frecuentarían las aguas someras de los litorales costeros, aunque posiblemente no osasen adentrarse en el corazón del mar.

Aunque pueda parecer que el mar de Tetis ya había perdido en el Turoniense la importancia que tuvo durante el piso anterior, lo cierto es que siguió siendo un importantísimo centro de especiación de mosasaurios. Aparte de lepidosaurios primitivos y algunos yaguarasaurinos, en este primitivo mar Mediterráneo también proliferaron otros grupos de mosasaurios, como, por ejemplo, el de los tetisaurinos[5]. Estos animales compartieron ecosistemas con los más extendidos yaguarasaurinos y, al igual que ellos, probablemente también llevaron un modo de vida semiacuático. Por desgracia, todos estos mosasaurios primitivos no duraron demasiado en los mares cretácicos y muchos de ellos se encuentran prácticamente restringidos al piso Turoniense. No obstante, algunas especies de tetisaurinos y yaguarasaurinos sí que lograron sobrevivir unos pocos millones de años más, llegando a convivir ya con los mosasaurios perfectamente adaptados al mar que todos tenemos en mente.

Una de estas especies tardías es *Romeosaurus fumanensis*[6], uno de los yaguarasaurinos italianos. Su holotipo fue descubierto en

5 La subfamilia Tethysaurinae. Es probable que, al igual que ocurría con los yaguarasaurinos, estos también fuesen un grupo parafilético en la base de los posteriores plioplatecarpinos.

6 La otra especie conocida de *Romeosaurus* es *Romeosaurus sorbinii*, de principios o mediados del Turoniense. Posiblemente sería ligeramente más antiguo que su pariente del otro lado del charco *Russellosaurus coheni*, aunque dada la incertidumbre de la datación de este mosasaurio italiano no podemos descartar que ambos fuesen contemporáneos.

facies del Turoniense medio, pero hallazgos posteriores indican que también estuvo presente en el posterior piso Coniaciense y quizá incluso hasta principios del aún más reciente Santoniense. No obstante, el ejemplo típico de mosasaurio plesiopedálico tardío no es esta especie italiana, sino un lepidosaurio húngaro que fue descubierto en un lugar un tanto especial. El propio apellido de esta especie, *Pannoniasaurus inexpectatus*, ya pone en evidencia que ni siquiera aquellos que lo nombraron esperaban encontrarlo allí donde lo hicieron. Y es que hasta ahora hemos hablado de mosasaurios en costas y playas, pero siempre del litoral. Nuestros reptiles hasta el momento siempre han ido de la tierra al mar, siempre se han sumergido en agua salada, pero ¿llegaron a estar presentes en ecosistemas de agua dulce?

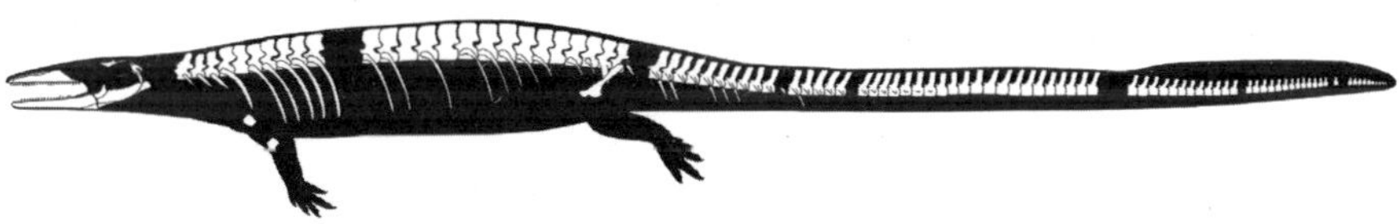

Imagen 14: Restos conocidos de *Pannoniasaurus inexpectatus*.
El ejemplar de la imagen mediría unos 6 metros.

Justamente es *Pannoniasaurus* el que tiene la respuesta a esta pregunta, pues sus restos fueron hallados ni más ni menos que en una llanura aluvial. Este tetisaurino al parecer tuvo un cráneo algo aplanado verticalmente y un cuerpo bastante alargado, de hasta 6 metros de longitud. Sus extremidades, al igual que las del resto de mosasaurios de su grupo, aún seguían siendo patas funcionales, y su pelvis además fue bastante robusta, perfectamente capaz de sostenerlo en tierra firme. Sin embargo, tal y como hemos adelantado, lo más destacado de este animal no es su morfología, ni el hecho de que fuese un mosasaurio plesiopedálico tardío del piso Santoniense, sino dónde se encontró. En la misma formación en la que se descubrió también aparecen fósiles de plantas, anfibios, lagartos, cocodrilos, pterosaurios e incluso hasta dinosaurios. Junto a *Pannoniasaurus*, se han encontrado restos, por ejemplo, del anquilosaurio *Hungarosaurus* o del ceratópsido *Ajkaceratops*. Y es que al parecer este mosasaurio sería el depredador de mayor tamaño de su ecosistema terrestre, donde adoptaría un modo de vida prácticamente idéntico al de los cocodrilos de hoy en día. Cada vez que un dinosaurio se acercase a beber al río, debería andarse con cuidado, pues escondido entre las verdosas aguas del lugar un letal cazador lo estaría acechando... Y no se trataba de un cocodrilo, no, sino de un mosasaurio. No obstante, por desgracia con *Pannoniasaurus inexpectatus* ya se termina nuestra historia acerca de los mosasaurios plesiopedálicos. El plan de estos animales para conquistar la tierra firme tan solo había sido una quimera, aunque mar adentro, ya en ambientes muy diferentes a estos lagos, ríos y marismas, su suerte sería muy distinta...

Ya hemos visto que con la llegada del Turoniense muchos mosasaurios adquirieron tamaños importantes y que, contra todo pronóstico, algunos de ellos incluso trataron de desplazar a los cocodrilos y sus parientes de pantanos y lagunas. Sin embargo, lejos de la costa, ya fuera del alcance de estos animales semiacuáticos, a los mosasaurios de repente se les brindó una oportunidad inigualable. Los mayores depredadores del océano, los últimos herederos de una antigua dinastía de reptiles acuáticos, estaban a punto de desvanecerse. Puede parecer que estamos hablando una vez más de los ictiosaurios, de aquellos amniotas con forma de delfín que se extinguieron allá por finales del Cenomaniense, pero no, estamos refiriéndonos ahora a otros reptiles muy distintos. Un linaje con decenas de millones de años de vida volverá a desaparecer de los mares, las aguas del globo perderán de nuevo a uno de sus más típicos representantes. La historia, una vez más, vuelve a repetirse, solo que ahora son otros los condenados a caer en el olvido.

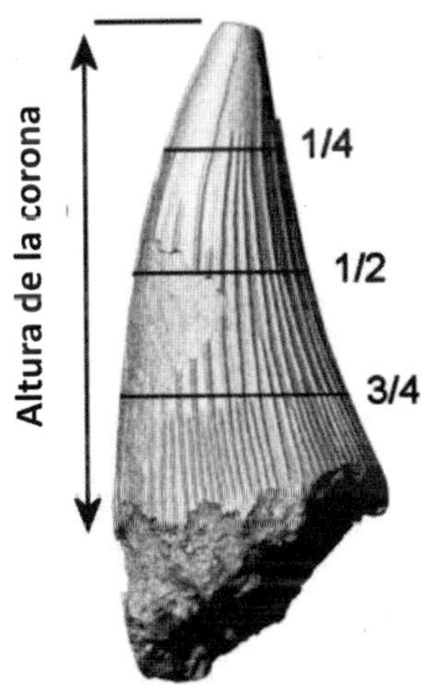

Imágenes 15 y 16: Arriba podemos observar a un pliosaurio bracauquenino de la especie *Brachauchenius lucasi* persiguiendo a un ave marina. Debajo tenemos un diente del bracauquenino *Polyptychodon interruptus*, en el cual podemos ver cómo se distribuyen las crestas apicobasales a lo largo de la corona dental.

El piso Cenomaniense supuso el fin de los exitosos ictiosaurios y a lo largo del posterior Turoniense los *pliosaurios* correrán su misma suerte. Estos habían sido hasta hacía unos pocos millones de años los incuestionables dueños del mundo marino: no había reptil, pez o tiburón que osase poner en duda su posición en lo más alto de las redes tróficas. No obstante, durante el principio del Cretácico superior entrarían en un declive que los terminaría llevando a la extinción. A principios del piso Turoniense, tras el severo evento anóxico y el asfixiante máximo térmico, tan solo unos pocos del *otrora* exitoso linaje de los pliosaurios sobrevivían, todos ellos miembros del clado de los *bracauqueninos*[7].

Pero, antes de descubrir a los últimos pliosaurios, tratemos de entender cómo fueron estos reptiles. A diferencia de mosasaurios, ictiosaurios, peces o cetáceos, estos amniotas no se desplazaron por el agua ondulando sus cuerpos o sus colas, sino de un modo muy distinto. Los pliosaurios pertenecen al clado de los plesiosaurios, un grupo de reptiles que desarrolló un modo de natación poco usual y muy distinto al de casi todos los vertebrados marinos. En lugar de ondular su cuerpo para producir empuje y avanzar bajo el agua, estos animales movieron de manera coordinada sus cuatro extremidades convertidas en robustas aletas. Si te paras a pensar, los únicos amniotas acuáticos que nadan de modo similar son las tortugas marinas, pues tanto manatíes como delfines, ballenas, serpientes, ictiosaurios o cocodrilos ondulan su cuerpo para desplazarse por el agua[8]. De este modo, se dice que tanto los antiguos plesiosaurios como las tortugas marinas son *nadadores apendiculares*, mientras que el resto de los amniotas acuáticos son *nadadores axiales*.

Los pliosaurios desarrollaron un modo de natación bastante particular, pero también compartieron algunas características importantes con otros amniotas acuáticos. Una de las quizá menos evidentes a simple vista pero más interesantes de inspeccionar se encuentra en sus dientes, en una especie de curiosos salientes conocidos como *crestas apicobasales*. Estos son un tipo de rebordes que parten de la corona dental y se extienden verticalmente hacia la punta, aunque no se deben confundir con otros salientes similares como las carinas. A diferencia de estas, las crestas apicobasales no son cortantes y suelen ser numerosas y estrechas. Aunque lo curioso de estos rebordes no es su morfología, sino el hecho de que aparecen única-

7 Subfamilia Brachaucheninae.

8 Muchos de estos animales también presentan aletas, pero las utilizan para maniobrar en el ecosistema acuático y no para producir empuje de manera activa.

mente en amniotas acuáticos o semiacuáticos, pero nunca en vertebrados puramente terrestres. Están presentes en ciertos cocodrilos, ictiosaurios, focas, cetáceos, mosasaurios tardíos e incluso hasta en terópodos espinosáuridos, pero, por ejemplo, no hay rastro de ellas en lagartos terrestres, félidos, úrsidos, cánidos ni otros dinosaurios. Esto nos indica que sin duda deben estar relacionadas con alguna necesidad especial de la alimentación en entornos acuáticos, con alguna dificultad o inconveniente con la que los animales terrestres no tenemos que lidiar.

Ser un letal cazador en un medio acuático es muy distinto a serlo en tierra firme, y uno de los principales problemas aquí vuelve a ser la flotabilidad. Para poder despedazar a su presa abatida, un animal acuático debe muchas veces agitar la cabeza hacia los lados decididamente, ya que no puede «ayudarse de la gravedad» o sujetar el cadáver para ello. No obstante, todos estos movimientos ocasionan importantes esfuerzos sobre los dientes, y las crestas apicobasales tal vez podrían ser de gran ayuda para contrarrestarlos y evitar que se rompan. A mayores, morder repetidamente un trozo de carne no es fácil si estás rodeado por un medio denso, como el agua, pues la succión complica el simple movimiento de sacar los dientes de la carne para volver a morder. ¿Nunca te has fijado en que, si metes tu pierna en un charco de lodo muy profundo, luego hay que hacer mucha fuerza para sacarla? Pues aquí sucede más o menos lo mismo. Por suerte, las pequeñas crestas apicobasales hacen que la superficie del diente sea más irregular y menos lisa, y con esto ayudan al depredador a extraer sus dientes de la presa una vez propiciado el primer mordisco, reduciendo apreciablemente el esfuerzo necesario para ello. En resumen, estos curiosos bordes dentales, que fácilmente podrían pasar desapercibidos, realmente fueron claves a la hora de reforzar los dientes de ciertos depredadores acuáticos, así como de facilitarles la manipulación y el procesamiento de sus presas abatidas.

No obstante, volvamos de nuevo sobre los mares turonienses. Dos de las últimas especies de pliosaurios bracauqueninos vivieron en el Western Interior Sea, en aquel mar somero que bisectaba Norteamérica de norte a sur. Una de ellas, *Brachauchenius lucasi*, alcanzó tallas de unos 4 metros de longitud, y la otra, *Megacephalosaurus eulerti*, llegó incluso a doblar estas dimensiones. Sin embargo, estos dos letales superdepredadores no fueron los únicos pliosaurios del momento, pues en las costas de Inglaterra se conoce la especie *Polyptychodon interruptus*, a la cual se le estiman también cerca de 7 metros en su estado adulto. Con este género, no obstante, ocurre algo parecido a lo que pasaba con el ictiosaurio *Platypterygius*. Infinidad de restos de plesiosaurios de la época se han atribuido con los años a *Polyptychodon*, muchas veces sin un debido análisis morfológico de por medio, y esto ha hecho que muchos de los fósiles que se le han asignado realmente no estén correctamente catalogados y pertenezcan a otros géneros. De nuevo, esto impide que a día de hoy tengamos una visión correcta de cuándo y cómo desaparecieron los últimos pliosaurios exactamente, pues hay infinidad de restos muy dudosos atribuidos a *Polyptychodon* de épocas posteriores a su presunta extinción. En términos científicos se dice que tanto *Polyptychodon* como *Platypterygius* son *taxones cajón de sastre*[9], lo que implica que muchos de los restos que llevan estas etiquetas deben ser revisados antes de extraer conclusiones de ellos.

Brachauchenius, *Megacephalosaurus* y *Polyptychodon*. Estas tres bestias marinas fueron los últimos de su dinastía, una dinastía cuya presencia en los mares poco a poco se fue disipando a lo largo del Turoniense. Muchos mosasaurios del momento se encontraban cerca de playas y litorales, lejos quizá de estos últimos pliosaurios, aunque algunos de ellos ya les habían echado el ojo a las aguas someras más distanciadas de la costa. De hecho, en el propio piso Turoniense algunos de estos mosasaurios ya se habían desentendido por completo del medio terrestre: mientras sus primos insistían en llevar vidas de cocodrilo, ellos comenzaban la conquista los mares. Ahora, con la caída de los pliosaurios, el océano entero quedaba a su disposición…

9 Un *taxón cajón de sastre* es un grupo filogenético al que se asocian de manera indiscriminada gran cantidad de restos de naturaleza dudosa o sin un debido análisis científico. Por desgracia, los taxones cajón de sastre son muy comunes en paleontología (nos encontraremos con más a lo largo de este libro).

Supremacía

La extinción de los pliosaurios supuso un gran cambio en los paleoecosistemas del final del Cretácico, eso es algo innegable. No obstante, la gran dinastía que estos titanes abanderaban no desapareció con ellos, pues algunos de sus parientes más próximos seguirían dando guerra por muchos millones de años... Podríamos pensar que ya tan solo teníamos a los mosasaurios, que ellos eran ya los únicos grandes reptiles marinos que quedaban, los últimos y verdaderos protagonistas de los océanos, pero esta visión se alejaría completamente de la realidad. Existieron muchos otros grandes reptiles marinos en las aguas cretácicas, todos ellos dignos de mención, y muchos imprescindibles para entender la historia y el contexto paleoambiental de los propios mosasaurios. La caída de los pliosaurios fue decisiva, pero muchos de sus primos más cercanos aún seguían surcando los vastos mares tras su desaparición. Recordemos que los pliosaurios no eran más que uno de los muchos linajes de un clado mayor, Plesiosauria, y este grupo de reptiles marinos continuó teniendo una importante presencia en los mares cretácicos hasta el final del período. Además, justamente en torno al Turoniense, en el momento en el que la dinastía de los letales pliosaurios desaparecía, otro grupo de estos plesiosaurios estaba en pleno auge. Sus representantes eran más pequeños y discretos, pero gozaron de una diversidad muy importante durante los primeros compases del Cretácico superior: demos la bienvenida a los policotílidos[10].

Los *policotílidos* fueron uno de los últimos grandes clados de plesiosaurios en aparecer en los mares mesozoicos, haciendo acto de

10 Familia Polycotylidae.

presencia no mucho antes que los primeros ancestros de los mosasaurios. Aunque tal vez pueda haber restos algo más antiguos, la primera evidencia sólida de ejemplares de este grupo proviene del piso Albiense, justamente el intervalo temporal previo al comienzo del Cretácico superior. Estos animales, al igual que los pliosaurios y el resto de los plesiosaurios, fueron nadadores apendiculares, es decir, no ondularon su cuerpo para avanzar por el agua, sino que hicieron uso de sus potentes aletas. No obstante, los policotílidos no serían letales superdepredadores como los pliosaurios, a pesar de que algunos de ellos se acercasen a tallas del orden de los 4 o 5 metros, similares a las del bracauquenino *Brachauchenius lucasi*. Estos animales, en su lugar, parecieron estar adaptados al consumo de presas de pequeño y medio tamaño, como peces o calamares. Pero claro, ¿cómo fueron estos animales? Para entender esto deberemos inspeccionar brevemente qué aspecto tuvieron no ya los policotílidos, sino los propios representantes del clado Plesiosauria.

Los plesiosaurios suelen presentar dos morfotipos fácilmente diferenciables con base en el tamaño relativo de su cabeza y cuello. Si poseen cráneos grandes y alargados y cuellos cortos se dice que son *pliosauriformes*, pero si, por el contrario, muestran cuellos largos y cabezas proporcionalmente más pequeñas y cortas, en ese caso se dice que son *plesiosaurifomes*[11]. Como veremos a continuación, buena parte de los policotílidos adoptaron morfologías pliosauriformes, de cabezas grandes y cuellos cortos, aunque ciertos linajes de estos animales optaron por seguir otras tendencias.

11 Al igual que ocurría con los morfotipos plesio/hidropedálico y plesio/hidropélvico, la división en plesio/pliosauriforme no tiene por qué estar relacionada con auténticos clados; es decir, son grupos que únicamente se utilizan para diferenciar ciertos aspectos morfológicos importantes, pero nada tienen que ver con la filogenia.

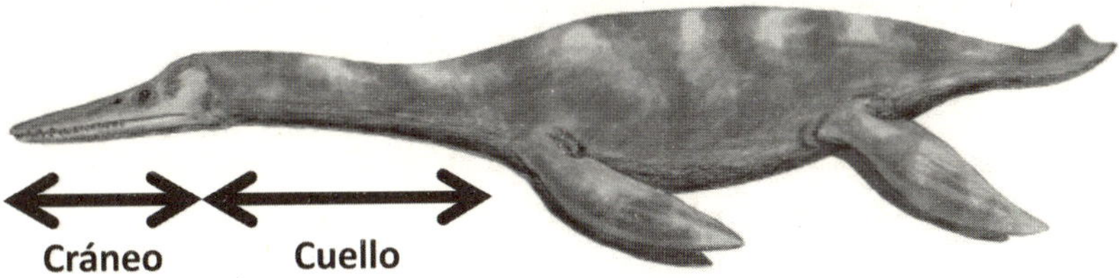

Imagen 17: Reconstrucción de un ejemplar de *Dolychorhynchops osborni*, un exitoso policotílido del Campaniense que muestra la típica morfología pliosauriforme de estos animales. Mediría unos 3 metros de longitud.

Los policotílidos experimentaron una gran diversificación justamente durante el piso Turoniense, más o menos en los mismos momentos en los que aparecían los primeros mosasaurios puramente acuáticos. Para tratar de comprender la disparidad morfológica que alcanzaron estos animales en este piso, podemos llevar a cabo un simple cálculo: si dividimos la longitud de sus cuellos entre la de sus cráneos, obtendremos un número que en cierto modo cuantifica algunos de los aspectos más importantes de los morfotipos plesiosauriforme y pliosauriforme. Se suele considerar que el ancestro común de todos los policotílidos tuvo un valor de en torno a 1,7 para este coeficiente, es decir, que su cuello fue algo más largo que su cabeza, aunque no llegó a doblar su longitud. Resulta que, además, casi todos los policotílidos que se conocen caen dentro del espectro comprendido entre 1 y 1,8 para este número, es decir, que tuvieron cuellos tan solo moderadamente más grandes que sus cráneos. No obstante, tal y como hemos adelantado anteriormente, en el Turoniense estos animales presentaron una auténtica explosión en diversidad y disparidad morfológica.

Justamente en estos momentos aparecen policotílidos tanto por encima como por debajo de los umbrales de este intervalo. Por ejemplo, tenemos a la especie mexicana *Mauriciosaurus fernandezi*, con valores de este coeficiente menores a 1 (cabezas grandes y cuellos cortos), y al otro lado del Atlántico nos encontramos con *Thililua longicollis*, con cerca de un 3,3 (cuellos largos). Pero *Thililua* no se ajustó por completo al morfotipo plesiosauriforme, pues su cráneo, al igual que el del resto de policotílidos, tuvo una morfología bastante alargada. En resumen, durante el Turoniense este grupo de plesiosaurios experimentó con nuevas formas y aspectos, desarrollando grandes cabezas o largos cuellos y saliéndose de los patrones que parecían definir al clado. Sin embargo, esta gran diversidad pronto se desvaneció y para el próximo piso, el Coniaciense, ya prácticamente todos los policotílidos volvieron a ajustarse al modelo pliosauriforme de cuellos moderadamente más largos que sus cráneos. Todo apunta a que solo se trató de una corta fase de experimentación, seguida por una pérdida de diversidad y un estancamiento en torno a un morfotipo concreto.

No obstante, aunque durante el resto del Cretácico los policotílidos pliosauriformes parecieron ser la norma, tal y como nos muestran extendidos géneros como *Polycotylus* o *Dolichorhynchops*, siguió estando presente algún que otro linaje de cuellos largos. Por ejemplo, a comienzos del piso Maastrichtiense, el último del Cretácico superior, en el Western Interior Sea podíamos encontrar a la especie *Serpetisuchops pfisterae*, que presentó un cuello claramente lejos del espectro pliosauriforme, muy similar al del muy anterior *Thililua longicollis*. Además, este animal pareció poseer una musculatura muy fuerte en la base de su cuello, lo que le permitiría moverlo hacia los lados para capturar peces y otras pequeñas presas. Este policotílido tardío, que pareció salirse una vez más de la norma morfológica preestablecida, convivió con grandes mosasaurios y otros plesiosaurios de cuello aún mucho más largo que el suyo propio. Aunque bueno, no adelantemos acontecimientos…

Si has estado atento/a durante las últimas páginas, tal vez intuitivamente ya hayas relacionado dos eventos clave: mientras los policotílidos experimentan un auge en diversidad, la impronta de los pliosaurios comienza a desvanecerse… ¿No es mucha casualidad que ambas cosas ocurran prácticamente a la vez? Muchas veces se habla en paleontología de una *radiación adaptativa* posterior a la extinción de un grupo; es decir, que en cuanto un clado desaparece, otro rápidamente experimenta un auge en diversidad para intentar ocupar todos los nichos ecológicos que este último dejó vacíos. ¿Fue esto lo que ocurrió en los mares turonienses? ¿Se aprovecharon los policotílidos de la crisis terminal de los pliosaurios para engrandecer su linaje?

Pues realmente es bastante difícil poder asegurar o desmentir algo así con base únicamente en un registro fósil, aunque en este caso todo apunta a que esto no fue lo que ocurrió. Antes de que los pliosaurios desapareciesen, los linajes de los policotílidos con morfologías dispares ya parecían haberse diferenciado. Además, muchos de los morfotipos con los que «experimentaron» en estos momentos, como el de cuellos largos, no parecen estar en absoluto asociados a los nichos ecológicos de grandes cazadores marinos que dejaron vacantes los pliosaurios. Por lo tanto, *a priori* parece que extinción y radiación adaptativa aquí no están relacionadas. Pero ¿y qué hay de los ictiosaurios? ¿Pudo estar el auge de los policotílidos propiciado por la desaparición de estos otros reptiles marinos al final del Cenomaniense? Pues una vez más la respuesta posiblemente sea negativa, porque, aunque las fechas de diversificación de los policotílidos encajan bastante mejor con este otro evento, volvemos a encontrarnos con que los últimos ictiosaurios, como el ruso *Pervushovisaurus bannovkensis*, fueron superdepredadores adaptados al consumo de presas importantes. No obstante, los policotílidos tal vez sí que podrían haberse aprovechado de la pérdida en diversidad que sufrieron los ictiosaurios anteriormente, al principio del propio Cenomaniense.

Pero claro, aún nos falta por incluir a un importantísimo grupo de lepidosaurios en nuestra ecuación, a un clado sin el cual nos sería imposible comprender las complejas redes tróficas marinas del Cretácico superior: los mosasaurios. Ya habíamos argumentado que estos se encontraban todavía poco adaptados al medio acuático cuando los ictiosaurios se extinguieron, por lo que no pudieron ser ni los causantes de su desaparición ni posiblemente tampoco pudieron haberse beneficiado de ella. No obstante, si avanzamos un poco más en el tiempo y ponemos el objetivo en la extinción de los pliosaurios, ya las cosas cambian…

Bien entrado el piso Turoniense ya teníamos a mosasaurios completamente adaptados al medio marino, totalmente desvinculados de la tierra firme, tal y como evidencian restos de México o el extremo oriental de Rusia. Estamos hablando ya de mosasaurios completamente hidropélvicos e hidropedálicos, de bestias de tamaños ya más que considerables, contemporáneas a sus parientes semiacuáticos del Western Interior Sea, el mar Trans-andino o el mar de Tetis, del auténtico germen de la mayor dinastía de reptiles marinos de finales del Cretácico. Es seguro que ciertos policotílidos, varios pliosaurios y estos mosasaurios completamente hechos a la vida acuática compitieron por algunas mismas presas, así que ¿pudo la competencia de estos últimos llevar a los pliosaurios a la extinción? Una vez más, esto es muy difícil de intuir a partir de un registro fósil, aunque lo que sí parece estar muy claro en este caso es que, tan pronto como los pliosaurios desaparecieron, los mosasaurios se dieron prisa por ocupar su lugar. Ahora ya sí que podemos estar hablando de una radiación adaptativa y posiblemente de una de las más exitosas del final del Mesozoico. Los mares del principio del Cretácico superior sufrieron una compleja reestructuración e, independientemente del rol que los mosasaurios tuviesen en ella, lo cierto es que fueron los principales beneficiados.

Imagen 18: Reconstrucción de *Angolasaurus bocagei*.

Estos nuevos mosasaurios turonienses y coniacienses ya eran animales completamente marinos, y podemos encontrar evidencias claras de ello no ya solo en su propia morfología, sino también en su distribución. Para comprobar esto podemos viajar hasta el suroeste del continente africano, en donde se descubrió al curioso *Angolasaurus bocagei*. Este animal, de unos cuatro metros de longitud y posiblemente cerca de 200 kilogramos de peso, es la innegable y clara personificación del enorme éxito que tuvieron los mosasaurios en los mares. Sus restos aparecen en la formación Itombe de Angola, aunque no solo aquí se han encontrado fósiles atribuibles a esta especie. Al otro lado del charco, en la cuenca brasileña de Sergipe, se han descubierto dientes prácticamente indistinguibles de los del africano *Angolasaurus*. Y no solo eso, pues un poco más al norte, en el estado de Texas, se han hallado también los restos de este curioso lepidosaurio en estratos turonienses. Este mosasaurio, al parecer, fue uno de los primeros en alcanzar una distribución transoceánica, en aparecer a un lado y otro del Atlántico, y eso pone en evidencia que ya debió estar completamente adaptado a la vida acuática.

No obstante, la incuestionable hazaña de esta antigua especie tiene un pequeño truco, pues hace unos 90 millones de años, cuando presumiblemente sus poblaciones se extendieron por ambos lados del océano, el Atlántico era mucho más estrecho que en la actualidad. En aquel momento la costa de África se encontraba bastante más cerca de la sudamericana de lo que lo está hoy en día, por mucho que el nivel del mar fuese apreciablemente más alto que en nuestros tiempos. De este modo, la travesía transoceánica que algunos de estos mosasaurios completaron para alcanzar su peculiar distribución no fue demasiado extensa. No obstante, sí que debieron necesariamente abandonar la seguridad de las aguas someras del litoral para adentrarse en mar abierto, y eso de por sí ya nos indica que estos animales habían dado el paso definitivo a un modo de vida totalmente acuático.

Hasta ahora ya habíamos visto lepidosaurios semiacuáticos tanto en América como en Europa, pero no habíamos podido determinar quién se había lanzado a cruzar el vasto océano. Teníamos en el Nuevo Mundo a especies como *Yaguarasaurus columbianus* o *Dallasaurus turneri*, y al otro lado del Atlántico a otras como *Tethysaurus nopcsai* o *Romeosaurus fumanensis*. Estaba claro que en algún momento había habido conexiones e intercambios faunísticos entre ambos continentes, pero poco podíamos decir acerca de ellos. No obstante, todo cambia con este mosasaurio completamente acuático del sur de África, pues ahora ya podemos poner nombre y apellido a uno de estos animales que cruzó el océano: *Angolasaurus bocagei*[12].

Angolasaurus ya se parecería mucho más al prototipo de mosasaurio que todos tenemos en la cabeza, a esas enormes bestias marinas con las que ni el más intrépido de los buzos desearía encontrarse. Resulta que, al igual que ocurría con los primitivos aigialosaurios, la clasificación de estos mosasaurios completamente marinos, sobre todo en el ámbito más general, es un tema muy caliente dentro del mundo de la paleontología. De hecho, existe una propuesta que alude a varios grupos de reptiles marinos adaptándose al mundo acuático de manera independiente para dar lugar a lo que entendemos por mosasaurios; es decir, que los mosasaurios totalmente acuáticos no formarían un auténtico clado, sino varios distintos. Independientemente de si esto refleja o no la realidad, lo cierto es que pueden establecerse dos grandes grupos para estos animales: los *mosasaurios ruselosaurinos* y los *mosasaurios mosasaurinos*. Estas divisiones, a pesar de lo controvertido del asunto, parecen ajustarse bastante bien a las muchas filogenias que se han propuesto para los mosasaurios y, además, se basan en algunos caracteres morfológicos fáciles de distinguir, por lo que serán las que utilicemos a lo largo de este libro.

Así que ¿qué distingue a los mosasaurios ruselosaurinos de los mosasaurinos? Pues, entre otras muchas cosas, sus aletas. Los ruselosaurinos hidropedálicos, al parecer, poseyeron unas extremidades poco osificadas, mayormente sustentadas por fuertes cartílagos. Por contra, sus parientes mosasaurinos tuvieron aletas con un grado de osificación muy importante. Sus falanges serían huesos gruesos y resistentes, lo que posiblemente les daría a sus extremidades una mayor rigidez que las de los ruselosaurinos. Ambos grupos eran

12 Ya hemos tratado lepidosaurios semiacuáticos a uno y otro lado del Atlántico, aunque el caso de *Angolasaurus* es muy diferente. Al tratarse ahora de una misma especie a ambos lados del océano, ya no podemos asociar su distribución a una simple dispersión casual y puntual, sino a una conexión transatlántica mucho más profunda.

mosasaurios, ambos llegarían a alcanzar dimensiones de infarto, pero sus aletas no fueron igual de sólidas.

Hasta ahora buena parte de los mosasaurios que hemos introducido, como los yaguarasaurinos, tetisaurinos o el propio *Angolasaurus*, pertenecieron al grupo de los ruselosaurinos, a la división de mosasaurios con aletas poco osificadas. Justamente, además, serán estos animales los que llevarán la voz cantante durante el resto de la primera mitad del Cretácico superior y, hacia el final del piso Coniaciense, serán también ellos los que lograrán alcanzar la supremacía en el medio marino. Se suele llamar *primer evento de diversificación de los mosasaurios* a la explosión en tamaño y diversidad que experimentaron principalmente los ruselosaurinos en estos momentos. Gracias a ella, estos lepidosaurios marinos lograron imponerse sobre muchos otros grupos de peces, reptiles y tiburones para hacerse con la ansiada vacante de superdepredador. Si algo estaba claro, era que estos parientes de las serpientes y los varanos habían llegado para quedarse.

Los ruselosaurinos completamente adaptados al medio marino se dividen a su vez en dos grandes clados: los *tilosaurinos* y los *plioplatecarpinos*[13]. El ya mencionado *Angolasaurus* perteneció al segundo de estos grupos, dentro del cual encontramos a especies de tamaños moderados, típicamente no superiores a los 5 o 6 metros. No obstante, el otro de estos clados, el de los tilosaurinos, no se contentó en absoluto con estas de por sí nada desdeñables dimensiones. Ellos fueron los primeros titanes de los mares cretácicos, los primeros en honrar la antigua era de los grandes pliosaurios con su porte, apetito y ambición. Durante millones de años, los ejemplares más grandes de tilosaurinos simplemente no tendrían rival en los mares del globo, serían los indiscutibles líderes hegemónicos del mundo acuático. Estos animales ya habían aparecido durante el Turoniense, pues existen restos rusos y mexicanos atribuibles a mosasaurios completamente acuáti-

13 Los grupos de ruselosaurinos plesiopedálicos que ya hemos tratado, como los tetisaurinos o los yaguarasaurinos, son basales a los plioplatecarpinos. De hecho, muchos paleontólogos clasifican dentro de estos últimos a géneros tempranos como *Sarabosaurus*, *Yaguarasaurus* o *Russellosaurus*. Para evitar confusiones, siempre que nombremos al grupo de los plioplatecarpinos en este libro, haremos referencia únicamente a los representantes del clado ya completamente hidropedálicos e hidropélvicos.

cos que pertenecieron a algún representante temprano de este linaje. Además, en la propia formación Itombe de Angola aparece ya la especie *Tylosaurus iembeensis*, uno de los primeros miembros de esta dinastía. Pero antes de nada: ¿cómo fueron estos mosasaurios?

Hay una característica crucial que define a los tilosaurinos y que podemos distinguir fácilmente en el cráneo de cualquiera de sus representantes. En la parte anterior de su mandíbula superior, justo en la punta del hocico, estos animales tuvieron una extraña protuberancia ósea, un curioso alargamiento del hueso hacia delante en el que no presentaron dientes. Esta peculiaridad morfológica se conoce como *rostrum premaxilar*, ya que el hueso que muestra una extraña prolongación desdentada es justamente el premaxilar, aquel que conforma la parte anterior del hocico de los amniotas. ¿Y para qué sirvió esta particular característica de sus cráneos? Pues existen muchas teorías, como que tal vez los utilizasen en combates intraespecíficos, es decir, entre ejemplares de la misma especie, o que los usasen para golpear a sus presas, tal y como se ha documentado en ocasiones en ciertas orcas, o para golpear a los tiburones, al igual que hacen muchos delfines, o que tan solo tuviesen una función meramente estética. Realmente no hay un consenso claro a día de hoy acerca de para qué pudieron utilizar los tilosaurinos su curioso *rostrum* premaxilar, aunque, en las próximas páginas, después de adentrarnos en el fascinante mundo de estos titanes, veremos que no todas estas teorías son igual de sólidas y plausibles.

El género más conocido de tilosaurino es, cómo no, el propio *Tylosaurus*, que también da nombre al grupo. De hecho, la palabra *Tylosaurus* literalmente significa *lagarto protuberancia* y hace referencia justamente al peculiar *rostrum* premaxilar que muestran estos mosasaurios. No obstante, *Tylosaurus* no es únicamente el tilosaurino más famoso e importante, sino que además es uno de los mosasaurios de los que se posee una mayor cantidad de restos fósiles relativamente completos. A día de hoy tenemos bastantes especímenes en colecciones y museos de este género, buena parte de ellos procedentes de los antiguos estratos del Western Interior Sea norteamericano, y eso nos permite poder llevar a cabo una serie de estudios que, generalmente, son totalmente inviables para la mayoría de los restos fósiles. Ya no se trata únicamente de caracterizar las antiguas especies de estos animales, sino que ahora podemos ir un paso más allá.

Imágenes 19 y 20: Reconstrucción y cráneo del tilosaurino *Tylosaurus proriger*. Se ha destacado el *rostrum* premaxilar de la punta del hocico del mosasaurio.

En el Western Interior Sea tenemos abundantes restos de tilosaurinos desde bien entrado el Coniaciense, cuando estaba teniendo lugar el primer evento de diversificación de los mosasaurios, hasta prácticamente el final del Cretácico. Poder disponer de un registro casi continuo en el tiempo para un grupo concreto es sin duda el sueño de cualquier paleontólogo, pues permite hacer un análisis muy profundo de estas antiguas especies, permite llevar al registro fósil prácticamente hasta sus límites para obtener de él una cantidad de información verdaderamente sorprendente. Tenemos decenas de ejemplares de distintas especies de *Tylosaurus* procedentes del Western Interior Sea, especialmente del período que comprende desde el Coniaciense final hasta principios del Campaniense. En estos momentos los mosasaurios ruselosaurinos, y en especial los tilosaurinos, eran los claros dominadores de estos ecosistemas marinos. Al poco de asentarse en estas aguas comenzaron a aumentar de tamaño y, partiendo de unas de por sí poco modestas dimensiones de cerca de 6 metros, llegarían a convertirse en una auténtica leyenda. Pero vayamos por partes…

En las calizas de Niobrara, que fueron depositadas aproximadamente entre hace 82 y 87 millones de años en el antiguo Western Interior Sea, tenemos registro de dos especies de *Tylosaurus*. En primer lugar tenemos a *Tylosaurus nepaeolicus*, que aparece de manera temprana ya durante el propio piso Coniaciense. Este animal originalmente tendría unas dimensiones de unos 5 o 6 metros, pero según fue avanzando el Cretácico, durante el posterior piso Santoniense, llegaría a alcanzar tallas algo mayores. Un poco más adelante, ya bien entrado el Santoniense, este mosasaurio desaparece súbitamente del registro fósil y, en su lugar, una nueva especie de *Tylosaurus* lo sustituye: *Tylosaurus proriger*. Una vez más, la tendencia al aumento de tamaño a lo largo del tiempo pareció estar presente en este animal, pues mientras que los primeros especímenes «apenas» alcanzarían los 9 metros, los representantes más tardíos de esta especie fácilmente superarían la barrera de los 11 metros de longitud. Por ejemplo, al esqueleto fósil conocido como Bunker, perteneciente a un ejemplar grande de *Tylosaurus proriger* de principios del piso Campaniense, se le han estimado unas dimensiones de cola a hocico de más de 12 metros. Esta bestia de pesadilla sin duda sería el rey de los antiguos mares norteamericanos.

La tendencia al aumento progresivo de tamaño en un mismo taxón, tal y como podemos ver en *Tylosaurus nepaeolicus* y *Tylosaurus proriger*, no es en absoluto algo nuevo para los paleontólogos, y se conoce como la *ley de Cope*. Según esta, unas mayores dimensiones, siempre y cuando no supongan un impedimento a nivel fisiológico y/o alimenticio, ofrecen importantes ventajas para la supervivencia. Por ejemplo, un *Tylosaurus* más grande podría imponerse sobre el resto de los miembros de su misma especie en la lucha por los recursos, pues tendría una mayor fuerza y sería mucho más peligroso. De este modo, con el paso de cientos y cientos de generaciones, aquellos ejemplares de tallas más grandes irían teniendo unas mayores posibilidades de sobrevivir y tener descendencia. Poco a poco, con el paso de los miles de años, los genes de aquellos tilosaurios de gran tamaño comenzarían a extenderse por las poblaciones de su misma especie y, con el tiempo, esto acabaría llevando a que la talla media fuera haciéndose cada vez más grande, cada vez más imponente. Esto posiblemente fuese lo que ocurrió hace decenas de millones de años en el Western Interior Sea y lo que hizo que unos ya de por sí grandes lagartos marinos se convirtiesen en implacables bestias hegemónicas. No obstante, no hay que entender la ley de Cope como una máxima absoluta, como un axioma, pues evidentemente no todos los taxones de animales aumentan de tamaño con el tiempo. Esta supuesta ley tan solo da cuenta de una tendencia que tiene lugar en ciertas ocasiones y en ciertos grupos de seres vivos, pero no puede aplicarse indiscriminadamente a todos los animales. Pero, ahora que ya hemos visto las increíbles tallas que alcanzaron algunos tilosaurinos tempranos en el Western Interior Sea, ¿qué más podemos decir sobre ellos? ¿Podemos obtener más información, aparte de este progresivo gigantismo, a partir de sus restos fósiles?

Imagen 21: Así sería en vida el enorme ejemplar de *Tylosaurus proriger* conocido como Bunker.

Pues sí, podemos obtener muchísima más información. Gracias a la gran cantidad de ejemplares de *Tylosaurus nepaeolicus* y *Tylosaurus proriger* que hemos encontrado, podemos ver incluso cómo fueron las distintas etapas de la vida de estos mosasaurios, es decir, podemos reconstruir su ontogenia. Generalmente, dado lo restringidos que nos encontramos al trabajar con un registro fósil, nos solemos contentar con atribuir los restos encontrados sobre el terreno a un cierto género, o incluso si hay suerte a una cierta especie. No obstante, si se lleva a cabo un estudio más minucioso, en ocasiones se puede además intuir si el ejemplar fósil ante el que nos encontramos perteneció a una cría, a un animal joven o a un adulto. Para hacer esto último a veces suele utilizarse el tamaño del espécimen, pero claro, tal y como hemos visto con la ley de Cope, las dimensiones de un animal no tienen por qué ser un buen indicador de en qué etapa de su vida se encontraba cuando murió. Si encontrásemos por ejemplo los restos de un *Tylosaurus proriger* de 8 metros a principios del Campaniense en la parte más alta de las calizas de Niobrara, *a priori* no sabríamos si estamos ante un ejemplar joven o ante un adulto anormalmente pequeño. El tamaño, por sí solo, no es fiable a la hora de determinar la edad de un animal: necesitamos algo más.

En muchas especies, los individuos jóvenes y los adultos no solo se diferencian en la talla, sino también en la morfología. Un niño pequeño, por ejemplo, posee una cabeza proporcionalmente mucho más grande respecto a su cuerpo que la de una persona adulta, con lo que, si en el futuro unos paleontólogos inexpertos pretendiesen identificar los esqueletos de un niño y de un adulto únicamente basándose en su tamaño, posiblemente llegasen a conclusiones equivocadas. El esqueleto del niño difiere del adulto no solo en su talla, sino también en otros caracteres, y eso perfectamente podría llevar a que ambos fuesen identificados como especies diferentes bajo un análisis poco minucioso. Evidentemente en el contexto de una excavación arqueológica esto nunca ocurriría, pues es absurdo pensar que los humanos antiguos siempre hubiesen convivido con otra especie similar pero de dimensiones más reducidas. Sin embargo, si echamos la vista atrás decenas de millones de años en el pasado, nos daremos cuenta de que hacer este tipo de distinciones ya no resulta tan obvio. Es decir, un animal de pequeño tamaño y con ciertos caracteres distintos a otro más grande, muchas veces se trata directamente como una especie distinta, porque tener una idea de cómo pudo ser su ontogenia con base en unos pocos restos fósiles no es para nada sencillo. Esto, por ejemplo, ha ocurrido con los tilosaurios del Western Interior Sea, pues los miembros de la especie *Tylosaurus kansasensis*, del Coniaciense final y Santoniense, hoy en día se entienden como simples ejemplares jóvenes del ya tratado *Tylosaurus nepaeolicus*. Si no investigamos con cuidado los restos que encontramos en los yacimientos, puede que identifiquemos especies que realmente no existan, que no sean más que una quimera y, en última instancia, esto nos llevará a tener una idea equivocada acerca de la diversidad de los antiguos paleoecosistemas.

¿Y cómo solventamos esto? Pues muchas veces, si no contamos con los suficientes restos fósiles, es muy difícil diferenciar entre ejemplares jóvenes y miembros de otra especie similar. No obstante, dado que poseemos una gran cantidad de restos de tilosaurios del Western Interior Sea, podemos darle a todo nuestro análisis un enfoque mucho más científico y profesional. ¿Recuerdas qué era una sinapomorfía? Una *sinapomorfía* era un caracter exclusivo de los miembros de un clado y, mediante complejos análisis en los que se tenían en cuenta cientos de estos caracteres, podíamos terminar llegando a una *filogenia*, a una especie de árbol esquemático que nos decía cómo están relacionados ciertos taxones en sí. A este esquema ramificado se lo conoce como *cladograma*. Pues resulta que se puede hacer algo parecido también dentro de una misma especie, es decir, un diagrama en el que podemos ver cómo es su *ontogenia*, qué caracteres va adquiriendo el animal según pasa de la infancia a la juventud y, más tarde, a la madurez. Estos esquemas se denominan *ontogramas*, y las características exclusivas de cada estado de desarrollo de la especie, es decir, el equivalente en cierto modo de las sinapomorfías en los cladogramas, se llaman *sinontomorfías*. Gracias a este tipo de análisis y a que tenemos un registro fósil bastante completo de los tilosaurios del Western Interior Sea, podemos llegar a establecer un ontograma para cada una de las especies de *Tylosaurus* y, con él, ya podemos asegurarnos de no estar identificando especímenes de manera errónea.

De este modo, se han descubierto ni más ni menos que 12 estados de crecimiento para la especie *Tylosaurus napaeolicus*, y para el posterior *Tylosaurus proriger*, 17. Cada uno de estos estados viene definido por la aparición de una nueva sinontomorfía y, como estas se van acumulando según crece el animal, podemos diferenciar perfectamente cuáles son las etapas más tempranas, las atribuibles a crías, y las más tardías, las de los individuos maduros. Y todo esto lo hemos hecho, *a priori*, sin tener en cuenta el tamaño de los animales. Pero este complejo análisis no nos muestra únicamente información acerca de cómo crecían estos mosasaurios, sino que también nos permite indagar mucho más acerca de algunos aspectos de la vida de estos titanes, como, por ejemplo, del uso que le pudieron haber dado a su *rostrum* premaxilar.

En primer lugar, a partir de estos ontogramas podemos ver que el *rostrum* aparece en etapas muy tempranas de la vida de los tilosaurios y que, con el paso del tiempo, simplemente se va engrosando y va adoptando una apariencia menos estilizada. Esto nos indica que el *rostrum* premaxilar no crecería como los cuernos de muchos mamíferos, que comienzan a desarrollarse de manera importante cuando el individuo supera la infancia y son más grandes en los ejemplares más mayores. De este modo, posiblemente los tilosaurios no utilizasen su extraño hocico como una medida de madurez.

Por otro lado, los ontogramas de ambas especies de tilosaurios parecen ser líneas únicas, es decir, no comienzan a ramificarse ni aparecen duplicados, y esto, aunque en un principio pueda parecer poco importante, es crucial. En muchas especies de animales no solo los ejemplares jóvenes son distintos a los adultos, sino que también las hembras son diferentes a los machos. Por ejemplo, los machos de pavo real son de un color azul intenso y poseen un amplio abanico de plumas verdes salpicado de vibrantes círculos oscuros, mientras que las hembras presentan un aspecto mucho menos llamativo. Cuando existen estas diferencias morfológicas entre sexos, que pueden llegar incluso a ser importantes a nivel esquelético, se dice que estamos ante un caso de *dimorfismo sexual*. De nuevo, exactamente igual que ocurría con crías y adultos, un paleontólogo perfectamente podría identificar como especies distintas a los machos y las hembras de una especie que presentase dimorfismo sexual. Para nuestra desgracia, tratar con este tipo de casos generalmente es mucho más difícil que diferenciar crías y adultos, por lo que es posible que muchas especies del registro fósil simplemente sean machos o hembras de otra especie distinta ya descrita.

¿Y qué tiene que ver esto con los ontogramas? Pues muchas veces, cuando el dimorfismo sexual se da en caracteres del esqueleto, este puede detectarse mediante la correcta construcción de un ontograma, de uno de estos esquemas que nos muestran qué caracteres va adquiriendo una especie conforme va pasando por sus distintas etapas de desarrollo. Imaginémonos por un instante que, durante su infancia, ambos sexos de una misma especie son prácticamente idénticos, pero que conforme van alcanzando la juventud y la posterior madurez, cada uno de ellos va adquiriendo ciertos caracteres diferentes. En nuestro ontograma esto se vería reflejado como una línea recta en la base, de la que, en un cierto momento de la juventud, se escinden dos ramas, una para cada sexo, ya que machos y hembras no van desarrollando exactamente los mismos caracteres y, en consecuencia, sus sinontomorfías no serán todas iguales. ¿Y todo esto a qué nos lleva cuando lo aplicamos sobre los tilosaurios?

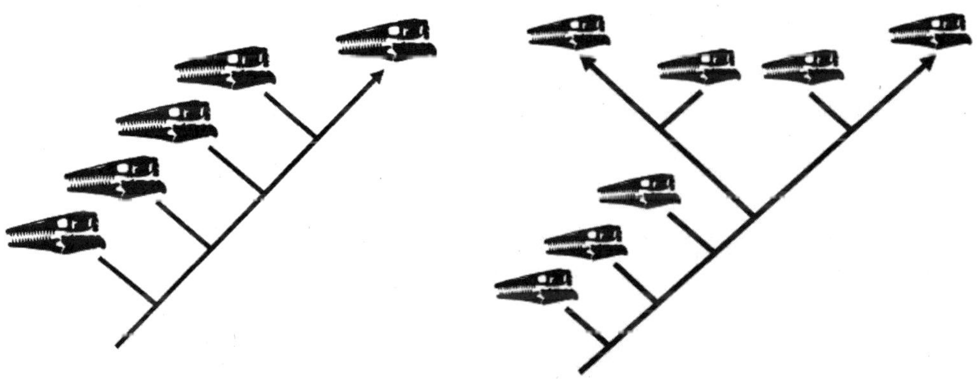

Imagen 22: Aquí tenemos dos ontogramas hipotéticos de tilosaurinos. En el de la izquierda no hay ramificaciones, solo una progresiva acumulación de sinontomorfías según nos acercamos al ejemplar más maduro (el de arriba). En el ontograma de la derecha podemos observar dos ramas que divergen, lo que nos indicaría que estamos ante un probable caso de dimorfismo sexual.

Pues en principio todo parece apuntar a que, al menos en lo que a caracteres esqueléticos se refiere, hembras y machos de tilosaurios fueron iguales, es decir, que no presentaron dimorfismo sexual. No obstante, esta conclusión no es del todo definitiva, ya que, aunque la muestra de restos de *Tylosaurus* del Western Interior Sea es grande, tal vez no sea lo suficientemente extensa como para que estos estudios sean verdaderamente significativos. El hecho de que estos mosasaurios no presentasen un dimorfismo sexual claro tal vez no debería resultarnos sorprendente, aunque quizá sí algo curioso, pues muchos lagartos con los que están cercanamente emparentados sí que muestran fuertes diferencias morfológicas entre sexos. Volviendo sobre el *rostrum* premaxilar, sabemos que tanto hembras como machos los poseyeron, por lo que la hipótesis de que pudieron haber sido utilizados en enfrentamientos de dominancia entre ejemplares masculinos, al igual que hacen hoy en día ciervos o antílopes, pierde bastante fuerza. Con esto no queda totalmente descartada la teoría de los combates intraespecíficos entre tilosaurios, pero sí que se vuelve mucho menos plausible o, como poco, mucho más difícil de comprender e interpretar.

Realizar el análisis de ontogramas no solo nos permite deducir todo lo hasta ahora expuesto, sino que también nos permite comprobar que *Tylosaurus nepaeolicus* y *Tylosaurus proriger* fueron realmente mucho más cercanos y parecidos de lo que podría parecer. De hecho, se dice que ambas especies conformaron una *línea anagenética* de tilosaurios en el Western Interior Sea. Pero ¿qué es eso de una línea anagenética?

A grandes rasgos, existen dos modos de especiación en la naturaleza. Por un lado está la *cladogénesis*, en la cual una población se escinde de la ancestral y termina originando una nueva especie. De este modo, ambas especies terminan coexistiendo en el planeta, quizá incluso en ecosistemas próximos, por lo que la diversidad aumenta. No obstante, también se puede dar que esa población ancestral desarrolle ciertos caracteres novedosos que paulatinamente la conviertan en una nueva especie. Es decir, la especie en sí iría acumulando mutaciones y, a todas luces, evolucionaría como un todo. Este modo de especiación se conoce como *anagénesis* y, tal y como acabamos de ver, se caracteriza principalmente por que las especies inicial y final no llegan a coexistir. De este modo, nuestra línea anagenética de tilosaurios se configuró cuando, a partir de poblaciones de *Tylosaurus napaeolicus*, surgió la especie *Tylosaurus proriger*. Esto además parece tener bastante sentido, pues ambas especies en ningún momento llegan a superponerse en el registro fósil, es decir, apenas coexistieron, si es que acaso lo hicieron. Tan pronto como desaparece una, aparece la otra. Hay paleontólogos que incluso han propuesto que esta línea anagenética del Western Interior Sea fue más extensa y que otras especies de tilosaurios más tardías también derivaron por anagénesis de estas poblaciones. No obstante, extrapolar líneas anagenéticas a partir de un registro fósil es algo que debe hacerse con mucho cuidado, pues es muy difícil distinguir entre una población que evoluciona como un todo y otra que se escinde y rápidamente sustituye a la ancestral.

No obstante, podemos incluso sacar más información de los ontogramas, pues aparte de comprobar si ocurrió esta línea anagenética, se puede también ver cómo ocurrió. Resulta que ciertas fases del crecimiento de *Tylosaurus proriger* son muy similares a las de *Tylosaurus nepaeolicus*, solo que al parecer se extendieron durante más tiempo. Gracias a esto los *Tylosaurus proriger* terminaron alcanzando a lo largo de su vida mayores tamaños, pues simplemente crecían durante un período de tiempo más largo. Es decir, es como si en lugar de aumentar de talla durante cinco años, lo hiciesen durante diez, por lo que, si los ritmos de crecimiento se mantienen más o menos constantes, el ejemplar adulto será evidentemente más grande. Esto es algo que se conoce como *peramorfosis*. Por otro lado, algunos caracteres del cráneo de los *Tylosaurus proriger* adultos son muy similares a los de los *Tylosaurus nepaeolicus* jóvenes, de modo que en ciertos aspectos parece como si los cráneos de los primeros fuesen cráneos de sus ancestros aún sin madurar, sin llegar a los últimos estadios de desarrollo. Tendrían una forma típica de edades jóvenes, pero en la edad adulta. A esta retención de caracteres juveniles en etapas avanzadas de la vida se la conoce como *pedomorfosis* o *neotenia*. La combinación de ciertas posibles neotenias y un prolongado crecimiento parece que fue lo que diferenció a las poblaciones de *Tylosaurus nepaeolicus* y lo que, en última instancia, los convirtió en los letales *Tylosaurus proriger*. A las modificaciones en el crecimiento y desarrollo que pueden dar lugar a la formación de nuevas especies se las conoce como *heterocronías*, y tanto neotenias como peramorfosis son ejemplos típicos de estos fenómenos.

Tal y como acabamos de comprobar, los ontogramas, bien utilizados, son una herramienta muy poderosa. No obstante, dejemos a un lado cómo fue el crecimiento y desarrollo de estos titanes y movámonos a otros asuntos, porque los voraces tilosaurios ¿de qué se alimentaron? ¿Tuvieron enemigos naturales?

Se han encontrado restos de antiguos contenidos estomacales en esqueletos fósiles de *Tylosaurus nepaeolicus* y *Tylosaurus proriger* y, al parecer, no le hicieron ascos a ninguna presa. Cualquier animal que estos antiguos tilosaurinos pudiesen llevarse a la boca estaba dentro de su menú, ya fuese un pez óseo, un tiburón, un amonite, un cadáver a la deriva, un plesiosaurio, una tortuga, un ave marina o incluso otro mosasaurio más pequeño. Estos grandes tilosaurios, de tamaño y porte apreciablemente mayor que la de cualquier otro depredador del Western Interior Sea, parece que no tuvieron preferencia por ningún tipo de presa en particular; cualquier cosa les servía para saciar su apetito: fueron lo que se conoce como *depredadores oportunistas.*

Pero no solo se sabe de su dieta por los restos fósiles preservados de sus estómagos, que dan cuenta de cuál fue la última comida del tilosaurio que murió y terminó fosilizando, sino que también se tiene evidencia de las marcas que dejaron sus dientes en todo tipo de presas. Las huellas de sus mordidas se han encontrado en conchas de amonites, en caparazones de grandes tortugas marinas e incluso en los restos fósiles de antiguos «calamares gigantes»... Pero ¿cómo pueden fosilizar los calamares, si son de cuerpo blando?

Evidentemente la mayoría del cuerpo de los calamares, al estar compuesto por partes blandas, no fosiliza, pero hay una parte dura interna que sí es propensa a conservarse petrificada por millones y millones de años. En el interior del cuerpo de algunos cefalópodos encontramos una estructura que se conoce como *gladius* y que, en cierto modo, es un vestigio evolutivo de la concha ancestral de los moluscos. Suele tener forma de espada; es como una especie de «empuñadura» delgada seguida de una parte más ancha. De hecho, el nombre de *gladius* lo toma de las antiguas espadas de los legionarios romanos, a las que en cierto modo se parece superficialmente. Esta parte dura se encuentra rodeada de un tejido blando conocido como *manto*, de donde brotan las «orejas» con las que los calamares nadan. Es justamente sobre este *gladius* sobre el que se han reportado marcas de dientes de grandes tilosaurios. Aunque claro, ¿cómo fueron estos grandes cefalópodos que atacó *Tylosaurus*? ¿Alcanzaron las gigantescas dimensiones de los calamares gigantes actuales?

Hoy en día en nuestros océanos hay dos tipos de calamares de tallas ciclópeas. Por un lado están los conocidos vulgarmente como *cala-*

mares gigantes, la especie *Architeuthis dux*, que se encuentra extendida por los océanos de casi todo el globo y puede alcanzar tallas de cerca de 10 metros. No obstante, existe también otro gran calamar, el conocido como *calamar colosal*, la especie *Mesonychoteuthis hamiltoni*, que habita las gélidas aguas profundas del océano Antártico y llega también a los 10 metros, siendo su complexión marcadamente más robusta que la del propio calamar gigante. Ambos son auténticos titanes, y posiblemente el primero de ellos inspirara las leyendas del Kraken, pero ¿hubo algo parecido en los mares cretácicos?

Pues en cierto modo sí. Hubo un grupo de cefalópodos que alcanzó dimensiones y posiblemente morfologías muy similares a las de estos calamares gigantes, aunque, a día de hoy, se sabe que están más cercanamente emparentados con los pulpos que con estos últimos: estamos hablando de los *encoteutinos*[14]. Muchos géneros de estos grandes cefalópodos, como *Niobrarateuthis* o *Tusoteuthis*, surcaron las aguas poco profundas del Western Interior Sea a finales del Cretácico y, en alguna que otra ocasión, parece que los voraces tilosaurios decidieron echarles el diente. Aunque cuidado, no debemos asemejar este comportamiento con el de los cachalotes actuales, los cuales se encuentran altamente especializados en la captura de calamares gigantes. Posiblemente, uno de estos inconscientes encoteutinos tan solo se pusiese a tiro de algún insaciable tilosaurio. Se sabe que estos cefalópodos alcanzaron tamaños de varios metros de longitud y se han reportado restos que sugieren tallas por encima incluso de los 6 metros... ¿Decepcionado? Pues no deberías, porque hay que tener en cuenta que el Western Interior Sea fue un mar somero, y que, hoy en día, los calamares gigantes y colosales habitan aguas bastante profundas, típicamente por debajo de los 400 o 500 metros. Es posible que encoteutinos de dimensiones comparables a las de los monstruosos calamares gigantes actuales, o incluso tal vez hasta superiores, surcasen las profundidades cretácicas, pero, dado que nuestro registro fósil se limita a aguas someras, parece que quedaron lejos de nuestro alcance. Además, los ejemplares excepcionalmente grandes de calamares (de más de 7 u 8 metros) son muy raros hoy en día, por lo que estadísticamente es mucho menos probable

14 Subfamilia Enchoteuthinae.

que queden bien preservados como fósiles. Muy posiblemente algo similar ocurriese en el Cretácico, por lo que no debemos descartar que hubiese habido algún que otro encoteutino de tallas enormes.

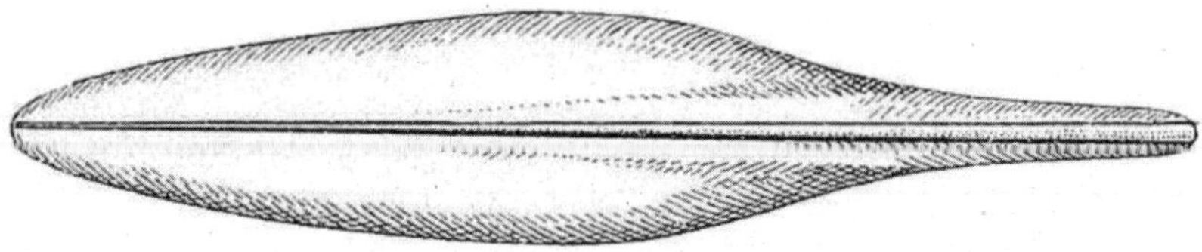

Imagen 23: Dibujo del *gladius* de un calamar actual de la especie *Loliolus sumatrensis*.

Por lo que nos cuenta el registro fósil, ni siquiera los grandes cefalópodos de aguas poco profundas se libraron de las fauces de los tilosaurinos. Cualquier presa que se cruzase en su camino, ya fuese un ave marina, un pez, un calamar u otro mosasaurio, quedaba instantáneamente incluida en su menú. Sin embargo, el poderío físico de los grandes tilosaurinos no les eximía de tener enemigos, pues ni siquiera los reyes del mar estaban seguros en los cálidos mares del Cretácico superior. En ocasiones otros animales atacaron a tilosaurinos y otros mosasaurios del momento y, por lo que parece, estos tuvieron que defenderse, huir y lamerse las heridas. Pero ¿cómo podemos tener constancia de estos ataques fallidos?

Muy sencillo. Cuando un animal ataca a otro y le causa daños en algún hueso, caben dos opciones: en primer lugar, si el defensor muere por el ataque, las heridas no llegan a curarse; pero, si este sobrevive, todos los daños que sufrió durante el combate acuático son paulatinamente reparados, y esto puede verse en el registro fósil. Se han encontrado, por ejemplo, dientes de tiburón incrustados en vértebras de mosasaurio con signos de curación posterior, por lo que el escualo agresor no pudo estar simplemente alimentándose de un cadáver: necesariamente debió atacar al mosasaurio en vida. ¿Y qué tiburones surcaban los mares del Cretácico superior? ¿Alguno era lo suficientemente grande y poderoso como para poder enfrentarse a los tilosaurinos?

Está claro que los ejemplares de más de 10 metros de estos mosasaurios podían respirar tranquilos, posiblemente nadie quisiese interponerse en su camino, pero los individuos jóvenes o de menor tamaño bien podrían ser depredados por algún que otro tiburón. El principal sospechoso de estos ataques es la especie de escualo *Cretoxyrhina mantelli*, un voraz y agresivo cazador que podría alcanzar los 5 o 6 metros de longitud, similar en tamaño al gran tiburón blanco actual y más que suficiente como para abatir a mosasaurios de dimensiones pequeñas o moderadas. Se han reportado por ejemplo fuertes mordiscos, pertenecientes quizá a tiburones de este estilo, en la cola de algunos mosasaurios. Estos ataques serían sin duda muy dolorosos, tanto que el ejemplar herido crearía un *callo óseo* para tratar de curar los huesos de sus vértebras caudales. ¿Y qué es esto? Pues los callos óseos son grandes masas de hueso depositadas de manera desordenada en una cierta zona. Pueden aparecer como subproducto de ciertas patologías, pero también son comúnmente asociados a ataques muy duros. Para tratar de reparar sus tejidos dañados, el mosasaurio agredido fusiona mediante este callo varias de sus vértebras con tejido óseo, lo que sin duda restringe enormemente sus capacidades motrices. Parte de su cola queda convertida en un elemento rígido, pues la movilidad entre todas las vértebras fusionadas se pierde por completo. Tras la creación del callo óseo, el mosasaurio herido quedaría ya prácticamente condenado, marcado de por vida e incapaz de nadar eficientemente, pero al menos podría vivir un día más...

No obstante, aunque los ejemplares más jóvenes y pequeños de estos reptiles marinos podían ser atacados por algunos tiburones, lo cierto es que, desde un punto de vista general, el principal enemigo de los grandes mosasaurios eran otros de su misma especie. Entre los muchos cráneos de *Tylosaurus* que poseemos se han detectado numerosas marcas de dientes, de dientes sin duda atribuibles a otros tilosaurios. Sin embargo, es posible que muchas de estas huellas de dientes y cicatrices tengan una explicación quizá diferente a la imaginada, ya que la gran mayoría de ellas no parecen estar asociadas a ataques mortales ni excesivamente lastimosos. Se sabe que ciertos lagartos llevan a cabo rituales sexuales en los que se muerden unos a otros la cabeza, tratando quizá de asertar dominancia o control. De este modo, es posible que muchas de las marcas de los cráneos de los tilosaurios estén relacionadas con comportamientos similares. No obstante, estas heridas también podrían ser únicamente los restos de ataques intimidatorios, del simple aviso de alguna de estas enormes bestias a otra que se había acercado demasiado a sus dominios. Esto último además pondría en evidencia el hecho de que los grandes mosasaurios fueron animales muy territoriales.

Pero, a pesar de este tipo de marcas, existen casos en los que sin lugar a duda un tilosaurio se lanzó decididamente contra otro con la intención de quitarle la vida, aunque no necesariamente para alimentarse de él. Sabemos que algo así ocurrió en el Coniaciense final del Western Interior Sea, un ataque inesperado que terminó con la vida de un mosasaurio de unos 5 metros[15]. La escena del crimen ha quedado petrificada durante millones de años. La víctima al parecer fue un joven *Tylosaurus nepaeolicus*, y el atacante posiblemente fuese otro ejemplar de su misma especie algo más grande, de unos 7 metros de longitud. Examinando el cráneo fósil del individuo atacado, parece que el agresor se acercó desde debajo y, de repente, le propinó un letal y potente mordisco. La propia fuerza de aquel ataque quebró la mandíbula inferior de su víctima, pues parte de esta aparece aplastada contra el paladar. Posteriormente, al ceder esta parte del cráneo, la cabeza del pobre *Tylosaurus* agredido sucumbió ante el potente par de las fauces de su rival. Incapaz de resistir aquel fuerte envite, toda su cabeza rotó unos 40 grados sobre su cuello, dañando severamente la base de su columna vertebral. Llegados hasta aquel punto, posiblemente la muerte se diese en cuestión de segundos. Este brutal ataque ha quedado registrado por millones de años gracias al registro fósil y da cuenta del agresivo comportamiento que en ocasiones podían mostrar algunos mosasaurios y de que, en el fondo, el peor enemigo de estos antiguos titanes acuáticos eran ellos mismos.

15 Espécimen FHSM VP-2295.

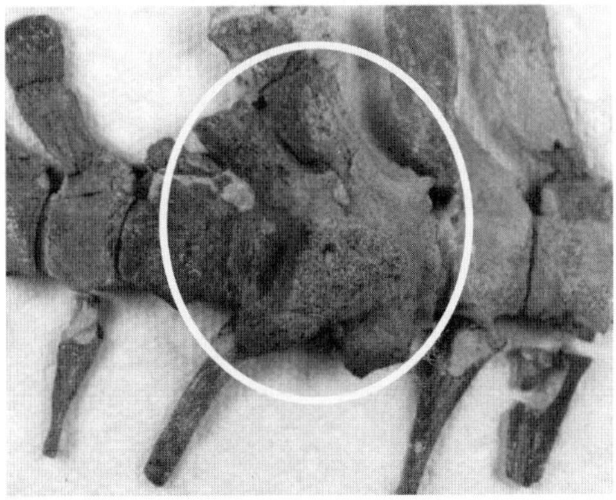

Imágenes 24 y 25: Arriba podemos ver un callo óseo fusionando tres vértebras de la cola de un tilosaurino. Debajo tenemos la representación a nivel craneal del ataque de un tilosaurino sobre un *Tylosaurus nepaeolicus* en el Western Interior Sea. La víctima, de unos 5 metros de longitud, moriría al poco tiempo.

Los tilosaurinos sin duda fueron uno de los grupos de mosasaurios más exitosos y conocidos, en parte esto último debido a las gigantescas tallas que algunos de ellos llegaron a alcanzar. Lograron consolidarse como los indiscutibles superdepredadores de los ecosistemas marinos en unos pocos millones de años, alcanzando sin lugar a duda la supremacía y hegemonía de estos entornos infestados de criaturas peligrosas y agresivas. No obstante, ellos no fueron los únicos mosasaurios que se diversificaron enormemente a finales del Coniaciense y principios del Santoniense, pues el otro clado de ruselosaurinos, los plioplatecarpinos, tampoco se quedó de brazos cruzados en los mares del Cretácico superior. La historia de estos fue igual de intensa y trepidante que la de los tilosaurinos, y además, gracias a ellos, hemos sido capaces de cambiar nuestra visión acerca de los mosasaurios de manera radical. No obstante, esto ya es tema para el próximo capítulo…

Una nueva vida

No todo en la vida es blanco o negro. Cuando estudiamos a un cierto grupo de animales, sobre todo si se trata de un taxón mínimamente exótico, tendemos a fijarnos o bien en sus especies más grandes o bien en las más pequeñas. Parece como si solo los extremos inferior y superior del espectro de tallas fuesen los que despertasen nuestro interés, nuestra curiosidad, nuestras innatas ganas de saber más. No obstante, los animales que se encuentran en el medio, es decir, aquellos que presentan dimensiones que podríamos etiquetar como *moderadas* o *normales*, muchas veces son los más extendidos y los que, en consecuencia, permiten obtener una visión más completa y realista del taxón en cuestión. Los *plioplatecarpinos*, aquel otro gran grupo de mosasaurios ruselosaurinos que explotó en diversidad durante el primer evento de diversificación de los mosasaurios, se adecuó perfectamente a esta descripción. Ninguno de ellos llegó a alcanzar los imponentes tamaños de algunos tilosaurinos, pero entre sus representantes tampoco encontramos a especies de tallas pequeñas. A todas luces fueron lo que podríamos denominar como *mosasaurios de tamaño estándar.* Sin embargo, lejos de ser un grupo poco importante, digno tal vez únicamente de una simple mención, su impacto en la ciencia ha sido enorme. Gracias a ellos entendemos a los mosasaurios del modo en el que lo hacemos hoy en día, por lo que, sin su aporte, buena parte de este libro tal vez no podría ni siquiera escribirse. Fueron la luz que nos guio a través del túnel, el cambio de paradigma que muchas veces es necesario en cualquier disciplina científica, un antes y un después en el mundo de los mosasaurios… Pero, bueno, dejémonos ya de prolegómenos y sumerjámonos una vez más en los mares cretácicos.

Uno de los géneros más conocidos de plioplatecarpino fue *Platecarpus*, el típico mosasaurio ya completamente acuático de entre 4 y 6 metros de longitud. Sus restos han sido encontrados principalmente a lo largo de Norteamérica, una vez más en los estratos procedentes del antiguo Western Interior Sea. Tradicionalmente se le ha supuesto a este género de mosasaurio una distribución temporal muy similar a la de las especies de *Tylosaurus* que ya hemos tratado, es decir, desde el final del Coniaciense hasta bien entrado el Campaniense. No obstante, para aquellos que ya estéis pensando que quizá estemos ante una nueva línea anagenética, la historia aquí parece ser bastante más compleja que para sus parientes tilosaurinos. Resulta que las diferencias existentes entre las supuestas especies de *Platecarpus* del Western Interior Sea, en el fondo, parecen ser bastante importantes, y esto ha llevado a que algunas de ellas se hayan trasladado con los años a otros géneros. De este modo, al final del Coniaciense, durante los primeros compases del primer evento de diversificación de mosasaurios, el Western Interior Sea pareció estar habitado por la especie *Plesioplatecarpus planifrons*. Posteriormente, ya en el Santoniense, es cuando aparece nuestro género original, abanderado por la especie *Platecarpus tympaniticus* y, más adelante, ya a mediados del Campaniense, entrarán en escena *Latoplatecarpus willistoni* y *Latoplatecarpus nichollsae*. Todos estos géneros y especies son relativamente similares y, al parecer, constituyeron un conjunto de ramificaciones sucesivas del árbol de la vida que terminó llevando a los plioplatecarpinos más avanzados del final del Cretácico[16]. Sin embargo, las aportaciones más importantes de estos plioplatecarpinos relativamente tempranos poco tienen que ver con la filogenia, pues son de índole mucho más profunda.

Ya habíamos visto lo que ocurría cuando poseíamos una gran cantidad de ejemplares de una misma especie en distintos grados de desarrollo. Entendimos gracias a los grandes tilosaurinos qué es un ontograma, qué importancia tiene y qué tipo de información podemos sacar a partir de él. Para poder trabajar de este modo había que tener una buena muestra, muchos ejemplares, pero estos no tenían

16 Mientras que entre los tilosaurinos del Western Interior Sea se dio una sucesión de especies por anagénesis, parece que la cladogénesis se impuso entre las especies locales de plioplatecarpinos.

por qué estar excesivamente bien conservados. Sin embargo, ¿qué ocurre cuando sí que contamos con algún espécimen excepcional, con alguna de estas maravillas de la naturaleza y del registro fósil? ¿Qué podemos sacar a partir de unos restos que parecen desafiar las leyes de la preservación y fosilización? En el momento en el que un hallazgo así se estudia, muchas veces, es cuando tiene lugar un cambio de paradigma.

Nuestro ejemplar excepcional en esta ocasión es un *Platecarpus tympaniticus* del Western Interior Sea, procedente del Santoniense tardío o Campaniense temprano de las calizas de Niobrara. El animal en cuestión[17] mediría algo más de 5,5 metros de cola a hocico, aunque, tal y como hemos comentado, las dimensiones de este plioplatecarpino son lo que menos nos interesa. Su fosilización fue tan buena, tan perfecta y calmada, que se preservaron partes que simplemente no deberían haberse conservado. Tenemos incluso rastros e impresiones no únicamente de algún que otro tejido blando, sino hasta de sus vísceras y órganos. Aunque bueno, vayamos por partes.

Imagen 26: Este es el espécimen excepcional (LACM 128319) del que estamos hablando, un ejemplar de *Platecarpus tympaniticus* increíblemente bien conservado. La escala de la cola es de 50 cm.

Si empezamos por la cabeza, este espectacular fósil destaca por una especie de manchitas moradas que posee justo en sus cuencas oculares, allí donde deberían estar sus ojos. *A priori* esto no nos dice nada, pero si observamos la zona con un microscopio podremos ver algo sorprendente: unos pequeños cuerpos de apenas 2 µm de gro-

17 Espécimen LACM 128319.

sor alineados. Los científicos que los analizaron concluyeron que no eran restos de bacterias o algún tipo de contaminación externa, sino que, muy posiblemente, se traten de los melanosomas de la retina del antiguo *Platecarpus*... Simplemente impresionante.

Al descender por el cuello puede apreciarse la impronta del tubo respiratorio, el cual, al igual que ocurre en los cetáceos de hoy en día, fue al parecer muy corto, de modo que la tráquea se bifurcaba en los dos bronquios antes de llegar a las extremidades anteriores. Y esto de que haya evidencia de dos bronquios es importante, porque nos permite concluir que los mosasaurios tuvieron dos pulmones y... vaya chorrada, ¿no? Prácticamente todos los amniotas tenemos dos pulmones; eso es algo que parece radicar en la propia simetría bilateral que heredamos de mucho más atrás en nuestra historia evolutiva. ¿Realmente es algo revelador comprobar que los mosasaurios tuvieron un par de pulmones? Pues, aunque parezca sorprendente, sí lo es. Resulta que unos de los parientes más cercanos de estas antiguas bestias marinas, las serpientes, únicamente tienen un pulmón funcional, y el otro o bien es vestigial, o bien ha desaparecido. Esta peculiaridad se debe al curioso cuerpo alargado de las serpientes, pero, dada la cercanía evolutiva de estas con los mosasaurios, no podemos suponer tan a la ligera que estos últimos no tuvieran un único pulmón. Esto es porque, en un principio, no sabemos en qué momento se produjo la pérdida de uno de estos órganos en la historia evolutiva de esta rama de lepidosaurios. Por lo tanto, comprobar que *Platecarpus* tuvo dos pulmones funcionales no es algo baladí.

Si continuamos bajando por el tronco de este espécimen, nos llevaremos aún alguna que otra sorpresa. En la zona de los alrededores de sus costillas aparece una pigmentación rojiza, como si la propia roca estuviese teñida de un oscuro carmesí. Un análisis de estas manchas da fe de que son ricas en hierro y porfirina, por lo que, muy probablemente, se trate de vestigios de hemoglobina, de los restos en cierto modo «fosilizados» de la antigua sangre del mosasaurio. A mayores, algunas de estas manchas parecen presentar formas identificables con órganos, con las antiguas vísceras de este animal. El riñón, por ejemplo, parece poder distinguirse entre las costillas y, para nuestra sorpresa, se encuentra en una posición muy distinta a la que ocupa en el cuerpo de los varanos, otros de los parientes vivos más próximos de los mosasaurios. Este órgano parece estar muy adelantado dentro de su cuerpo, casi a la altura de las aletas anteriores, y esto de nuevo es algo que podemos ver en las ballenas y los delfines de hoy en día.

La migración de parte de las vísceras a zonas anteriores del cuerpo, es decir, hacia delante, es algo común entre los amniotas completamente adaptados al mundo acuático. Es un rasgo compartido por cetáceos, mosasaurios y, posiblemente, otros antiguos clados como ictiosaurios. Esta peculiaridad responde a una necesidad básica para todo aquel que desee desplazarse bajo el agua: ser hidrodinámico para poder nadar con soltura y rapidez. Al desplazarse la caja torácica y buena parte de los órganos que esta protege hacia posiciones delanteras, se adopta lo que se conoce como una *morfología fusiforme*, una forma del cuerpo muy eficiente a la hora de minimizar el rozamiento con el agua circundante. Lo mejor para moverse por el agua, al parecer, es que tu tronco sea una especie de elipsoide. Realmente, los cuerpos fusiformes han sido desarrollados por muchos grupos de vertebrados de manera completamente independiente, pues, aparte de cetáceos y mosasaurios, tiburones y atunes también presentan este tipo de morfología externa. Tan distintos, pero en el fondo tan parecidos…

Las escamas del cuerpo de *Platecarpus*, además, parecieron también dar fe de una vida ya muy adaptada al mundo acuático. Si las comparamos con las del primitivo *Vallecillosaurus*, aquel pequeño ancestro de los mosasaurios del Cenomaniense de México, enseguida descubriremos que estas están mucho más hechas para un modo de vida marino. Las escamas del plioplatecarpino excepcionalmente conservado, al parecer, fueron mucho más pequeñas y produjeron mucho menos rozamiento con el agua que las del lepidosaurio mexicano. Y esta tendencia, como veremos más adelante, puede verse también en muchos otros grupos de mosasaurios. No obstante, a pesar de que con únicamente lo descrito hasta ahora este ejemplar de *Platecarpus tympaniticus* ya merecería pasar a los libros de historia de la paleontología, aún no hemos tratado su aspecto más revelador. Todavía no hemos comentado nada acerca de la parte de este fósil que supuso un auténtico cambio de paradigma en el mundo de los mosasaurios: su cola.

Si seguimos descendiendo por el esqueleto de este animal, llegará un punto en el que dejemos atrás su pelvis y comencemos a recorrer sus vértebras caudales. Llama la atención al hacer esto que su cola, lejos de ser recta, llega un momento en el que se comba hacia abajo de un modo un tanto peculiar. Esto ocurre porque, al parecer, la parte final de la cola de este mosasaurio sostuvo una aleta de importantes dimensiones. El extremo inferior de esta estaría sustentado por las vértebras caudales que se desvían hacia abajo, pero el extremo posterior posiblemente tan solo tendría una estructura interna de cartílagos. Este tipo de aletas caudales, en las que el lóbulo inferior es más robusto que el superior y, presumiblemente, también más grande, se conocen como *hipocercas.* La presencia de una estructura de este estilo en un mosasaurio relativamente temprano como *Platecarpus* es algo crucial y está detrás de un cambio de visión radical acerca de estas bestias marinas. Pero ¿qué supuso realmente este descubrimiento? ¿Cómo se veía antes a los mosasaurios y cómo se los ve ahora?

Imagen 27: Reconstrucción de un ejemplar de *Platecarpus tympaniticus.* Fíjate en la forma de su aleta caudal: la parte inferior es más robusta, pues está sostenida por las últimas vértebras de la cola, y la superior es más discreta y ligera, pues solo estaría sustentada por cartílagos. Es lo que se conoce como una *aleta caudal hipocerca.*

Para poder entender todo esto, antes debemos introducir brevemente algunos pequeños conceptos. Ya habíamos visto que los amniotas tenían dos grandes modos de desplazarse en el agua, bien moviendo sus extremidades, bien ondulando su cuerpo lateral o verticalmente. A los primeros los habíamos denominado *nadadores apendiculares* y, como ejemplo de ellos, teníamos a las tortugas marinas, a los pliosaurios o a los policotílidos. No obstante, la mayor parte de los amniotas acuáticos caen dentro del otro gran grupo de nadadores, el de los *nadadores axiales.* Todos los cetáceos, así como peces, tiburones o cocodrilos, utilizan este modo de natación para desplazarse por el agua. Para producir empuje, estos animales ondulan sus columnas vertebrales a izquierda y derecha o arriba y abajo. No obstante, salta a la vista que no todos los nadadores axiales son iguales, que no todos ondulan su cuerpo de un mismo modo. Un atún, por ejemplo, se desplaza a través del agua de manera muy distinta a como lo hace una serpiente marina.

Generalmente se suelen distinguir tres grandes grupos de nadadores axiales, dependiendo principalmente de dónde se origina la ondulación natatoria. En primer lugar, tenemos a los *nadadores anguiliformes*, en los que la ondulación comienza en una zona próxima a la cabeza y, posteriormente, va desplazándose a lo largo del cuerpo hasta llegar a la punta de la cola. Este tipo de natación es típico de las serpientes, las morenas o las anguilas, es decir, de animales con cuerpos muy alargados y estilizados. En segundo lugar, tenemos a los *nadadores carangiformes*, en los que la ondulación comienza justo en la base de la cola, tras la cadera en el caso de los amniotas. Este modo de desplazamiento lo utilizan, por ejemplo, tiburones y cocodrilos, y en él, a diferencia de lo que ocurría en los nadadores anguiliformes, la parte anterior del cuerpo permanece casi recta e inmóvil, sin participar apenas en la ondulación[18]. Por último tendríamos ya a los *nadadores tuniformes*, en los que tan solo la parte final de la cola genera y transmite la ondulación hacia atrás, como ocurre, por ejemplo, en atunes y otros peces depredadores. Así que, una vez hemos introducido todo esto, ¿qué tipo de nadadores fueron los mosasaurios?

18 Existe otro modo de natación axial a medio camino entre el anguiliforme y el carangiforme: el conocido como *subcarangiforme*. Este, por ejemplo, es utilizado por los peces salmónidos, que oscilan parte del tronco y, consecuentemente, ladean apreciablemente la región de la cabeza a uno y otro costado al nadar. No obstante, para entender los conceptos básicos de la natación axial, nos basta con comprender los tres grandes modos de natación que se comentan en estas páginas.

Imagen 28: Principales modos de natación axial. La oscilación natatoria comienza en distintos puntos en cada tipo de nadador.

Inicialmente se pensó que los mosasaurios, al igual que las serpientes, fueron nadadores anguiliformes, con lo que ondularían todo su cuerpo para desplazarse por el agua, desde la cabeza hasta la cola. Este modo de natación permite conseguir grandes aceleraciones, pero consume mucha energía si se utiliza para recorrer largas travesías, es decir, es poco eficiente en trayectos extensos. Sin duda, aigialosaurios y mosasaurios primitivos, con sus cuerpos serpentiformes, harían uso de este tipo de natación para desplazarse por el agua, pero ¿qué hay de los mosasaurios más tardíos? ¿Qué hay de las bestias marinas, como *Platecarpus*, que ya parecieron estar completamente adaptadas a una vida acuática? ¿Qué hay de aquellos que ya habían roto lazos por completo con tierra firme? La natación anguiliforme requiere de un cuerpo muy alargado y, como hemos visto, no es muy eficiente en trayectos largos. No obstante, sabemos que ciertos mosasaurios sí se desplazaron en ocasiones lejos del litoral, tal y como evidencia la transoceánica especie *Angolasaurus bocagei*, que también fue un plioplatecarpino. A pesar de que algo parecía no terminar de encajar demasiado bien aquí, de que estos mosasaurios parecían querer decirnos que algo estábamos entendiendo mal, la postura oficial de la comunidad científica seguía siendo que géneros como *Platecarpus* o *Angolasaurus* fueron nadadores anguiliformes. Tuvo que llegar nuestro ejemplar excepcional de *Platecarpus tympaniticus* a demostrarnos a todos que los mosasaurios estuvieron mucho más adaptados al mundo oceánico de lo que creíamos.

La presencia de una aleta caudal hipocerca, tal y como puede deducirse a partir de la cola combada hacia abajo de *Platecarpus*, ya de por sí no encaja en absoluto con la natación anguiliforme. Las anguilas, por ejemplo, pueden presentar aletas en la punta de la cola, pero estas adoptan morfologías muy diferentes, poco extendidas en el plano vertical y simétricas respecto al plano horizontal. Las aletas hipocercas hoy en día no se ven en serpientes y morenas, sino en peces y tiburones, en animales que, como poco, son nadadores carangiformes. No obstante, nuestro ejemplar excepcionalmente preservado aún aporta más evidencias a favor de esta postura, pues la longitud horizontal de las vértebras caudales de *Platecarpus* tampoco pareció coincidir en absoluto con lo que se esperaría de un animal anguiliforme. En la anguila lobo (*Anarrhichthys ocellatus*), por ejemplo, según avanzamos hacia la punta de la cola del animal, las vértebras caudales van volviéndose progresivamente más alargadas. No obstante, si hacemos el mismo recorrido por la cola de *Platecarpus tympaniticus*, veremos que las vértebras primero son bastante largas, luego se acortan en dirección horizontal y, finalmente, vuelven a alargarse. Este tipo de morfología vertebral a todas luces nos divide la cola en tres partes, una con vértebras gruesas, seguida de otra de vértebras estrechas y luego de una de gruesas una vez más. Estas divisiones se conocen respectivamente como *unidad de desplazamiento*, *pedúnculo caudal* y *aleta caudal*, y son típicas de animales que generan ondulaciones justo en la base de sus colas, es decir, de nadadores carangiformes.

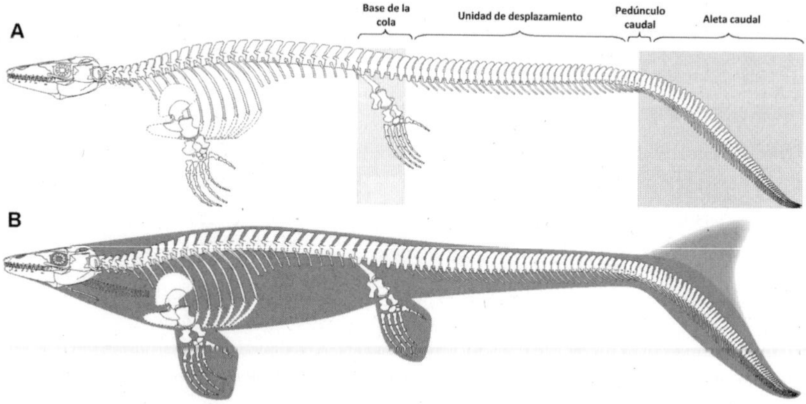

Imagen 29: Esqueleto y contorno aproximado de un *Platecarpus tympaniticus*. Fíjate en que, en función de la longitud de sus vértebras, podemos diferenciar varias regiones en la cola.

De este modo, a día de hoy se considera que los mosasaurios ya completamente adaptados a la vida marina, por norma general y extrapolando todo lo descubierto para *Platecarpus*, fueron nadadores carangiformes. La aleta hipocerca, así como la distribución de las vértebras caudales, muestra que buena parte de estos animales no fueron nadadores anguiliformes, tal y como antaño se pensaba.

Muchas de estas adaptaciones relacionadas con la vida acuática, como la aleta hipocerca o la morfología general fusiforme, han sido desarrolladas a lo largo del tiempo no solo por mosasaurios, sino también por otros grupos de vertebrados, como ciertos peces, tiburones, ictiosaurios o talatosuquios[19]. De este modo, varios grupos de vertebrados muy lejanamente emparentados entre sí han terminado adoptando morfologías muy similares, legándonos uno de los casos de *convergencia evolutiva* más impactantes del mundo animal. Aún hoy podemos evidenciar esto en el claro parecido entre algunos peces y, por ejemplo, los delfines o las marsopas. La adaptación a ambientes y condiciones de vida relativamente parecidas termina

19 Los talatosuquios (Thalattosuchia) fueron un importante clado de cocodrilos que se adaptó a una vida completamente marina. Proliferaron en los mares del Jurásico tardío y Cretácico inferior, pero no lograron sobrevivir hasta el Cretácico superior.

llevando a que animales muy diferentes y dispares, tras millones de años, terminen pareciéndose en la forma de sus cuerpos: evolución en su máxima expresión.

Volviendo sobre los mosasaurios, la evidencia acerca de su modo de natación carangiforme, una vez aclarada gracias al ejemplar excepcional de *Platecarpus tympaniticus* que hemos estudiado, comenzó a aparecer en otros muchos restos fósiles, aunque tal vez de manera algo menos evidente. Por ejemplo, otro modo de ver que los mosasaurios tardíos no fueron anguiliformes es observando su piel, pero no solo sus escamas, sino también lo que hay más abajo…

Para ver esto tendremos que inspeccionar otro de estos ejemplares excepcionalmente conservados[20], también procedente del Western Interior Sea. Estamos hablando aquí de un espécimen del plioplatecarpino *Ectenosaurus clidastoides*, un mosasaurio de tamaño muy similar a nuestro *Platecarpus tympaniticus* (algo más de 5 metros de longitud) que, además, vivió también en las aguas santonienses del mar Interior Norteamericano. No obstante, este animal presenta varias peculiaridades que rápidamente lo diferencian de *Platecarpus*, pues, por ejemplo, su hocico fue relativamente alargado. Los restos fósiles de *Ectenosaurus* son además mucho más raros en las calizas de Niobrara que los de *Platecarpus*, aunque, claro, eso no nos permite asegurar que durante el Cretácico superior uno de estos géneros fuese menos común que el otro. Quizá simplemente *Ectenosaurus* acostumbrase a vivir en aguas más abiertas o en entornos de mayor oleaje, con lo que sus restos tendrían una menor posibilidad de fosilizar. No obstante, no nos desviemos de nuestro tema: este ejemplar quedó preservado no solo con restos de sus escamas, sino también con parte de lo que había debajo de estas.

La *epidermis* de un animal, es decir, la parte más exterior de la piel, puede llegar a fosilizar si las condiciones son muy propicias. Sin embargo, la parte inmediatamente inferior a la epidermis, o sea, la *dermis*, ya casi siempre queda lejos de poder preservarse. En el caso de los mosasaurios, la epidermis estaría compuesta por un gran número de escamas de diferentes tamaños, y la dermis la conformaría una capa de fibras, nervios, vasos sanguíneos y tal vez glándulas.

20 Espécimen FHSM VP-401.

Evidentemente la parte inferior de la piel, la dermis, está compuesta mayormente por tejidos blandos, por estructuras que muy difícilmente llegan a preservarse en el registro fósil. Por eso justamente este ejemplar de *Ectenosaurus* es tan importante, porque nos permite ver cómo era la capa inferior de la piel de los mosasaurios. ¿Y qué nos muestra la dermis de este animal?

Por debajo de sus escamas podemos ver una gran cantidad de hebras dispuestas de una manera un tanto peculiar... Resulta que estas fibras dérmicas fosilizadas están orientadas en ángulos muy agudos respecto al eje del animal, es decir, que son casi paralelas a la línea imaginaria que recorre al mosasaurio desde el hocico hasta la cola. ¿Y esto qué implica? Pues este tipo de disposición de fibras dérmicas es muy típica de animales como tiburones, atunes o delfines, y ayuda a mantener recta la parte anterior del cuerpo durante la natación. Si recuerdas de unas páginas atrás, los nadadores anguiliformes transmitían la ondulación natatoria a través de sus cuerpos desde la zona de la cabeza, pero, por otro lado, tanto nadadores carangiformes como tuniformes mantenían la porción delantera de sus cuerpos recta y firme, y únicamente ondulaban su cola. La presencia de estas fibras dérmicas en *Ectenosaurus* nos muestra claramente que este animal mantuvo rígida la parte anterior de su cuerpo durante la natación, con lo que no pudo haber sido un nadador anguiliforme.

Por otro lado, las escamas exquisitamente preservadas de este ejemplar de *Ectenosaurus clidastoides* también dan fe de lo hechos que estaban ya estos mosasaurios para la vida marina. Las escamas de buena parte de su cuerpo son rombos de aproximadamente unos 2,7 x 2,0 mm y presentan una *quilla* que las recorre de manera longitudinal, es decir, una especie de reborde que las divide en dos mitades iguales. Esto se ha entendido como una adaptación para cortar el agua al nadar de una manera mucho más limpia, es decir, produciendo un rozamiento mucho menor. Además, esta forma es en cierto modo similar a las conocidas *escamas en V* de los tiburones actuales, llamadas *dentículos dérmicos*, que también permiten a los escualos poder moverse con fluidez por el interior del agua. No obstante, los dentículos dérmicos son mucho más pequeños que las escamas de estos mosasaurios, típicamente de alrededor de 0,1 mm de longitud.

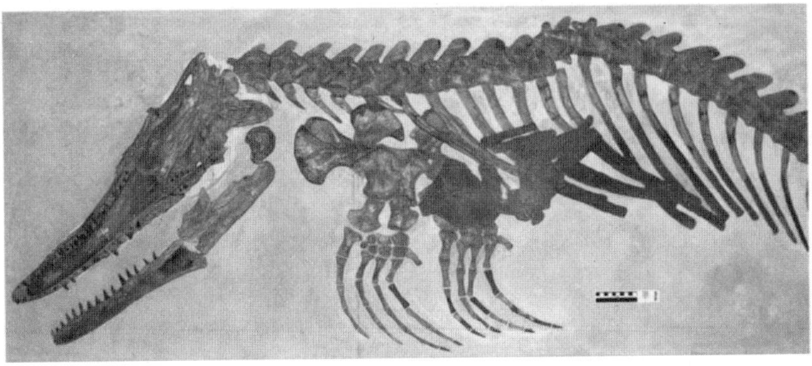

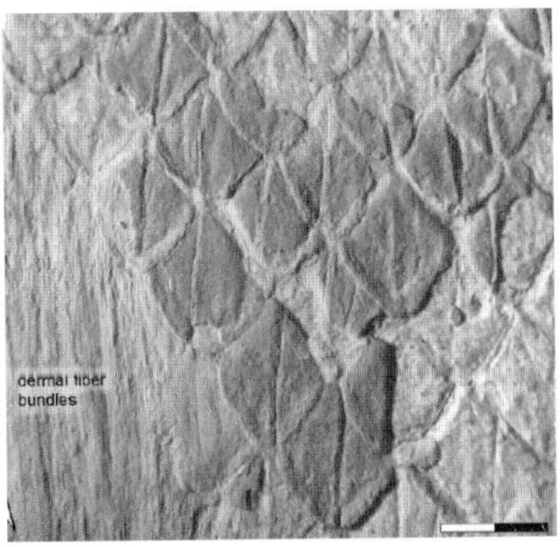

Imágenes 30 y 31: Arriba podemos ver nuestro esqueleto fósil excepcional (FHSM VP-13746) de *Ectenosaurus clidastoides*. Sobre estas líneas tenemos una sección en la que se aprecian perfectamente sus escamas.

Y, hablando de tiburones, tenemos importantes evidencias de las marcas de sus dientes en los restos de otro ejemplar de *Ectenosaurus clidastoides*[21]. Una vez más, el principal sospechoso de las punzadas de hasta 3 cm que pueden verse sobre las vértebras de este mosasaurio es el gran escualo *Cretoxyrhina mantelli*. De hecho, incluso se ha encontrado uno de sus dientes clavado en uno de los restos óseos de *Ectenosaurus*. No obstante, inspeccionando con detenimiento los huesos fósiles de este antiguo lepidosaurio, se aprecia que, a parte de los potentes mordiscos de *Cretoxyrhina*, hay otro tipo de marcas. Estas ya no son incisiones puntuales, sino largos cortes longitu-

21 Espécimen FHSM VP-13746.

dinales, mucho menos profundos pero perfectamente visibles. Esto nos dice que no solo el gran *Cretoxyrhina mantelli* interaccionó con el cuerpo de este *Ectenosaurus*, sino que al parecer había también otro depredador. ¿De quién podría tratarse? Pues, dada la morfología de estas marcas, todo apunta a que estamos ante las mordidas de algún tiburón del género *Squalicorax*. Estos últimos, conocidos como *tiburones cuervo*, son de un tamaño mucho más discreto que *Cretoxyrhina*, de no más de 3 metros de largo, y presentan unos dientes muy diferentes a los de este gran escualo. Sus piezas dentales en forma de dentículos de sierra no están preparadas para clavarse en el tejido de su presa, no eran como grandes punzones, sino que estaban hechas para arrancar trozos de carne limpiamente. Esto es algo radicalmente distinto a lo que podemos ver en *Cretoxyrhina*, y tradicionalmente ha llevado a pensar a muchos paleontólogos que estos tiburones cuervo no fueron depredadores activos, sino unos carroñeros especializados.

Y, claro, todo esto nos lleva a plantearnos otra pregunta: ¿estos tiburones se alimentaron de un *Ectenosaurus* ya muerto o, por el contrario, primero lo mataron y luego se alimentaron de él? Pues, dada la naturaleza del registro fósil, no podemos decantarnos a favor de ninguna de las dos opciones. Lo que sí que podemos asegurar es que el mosasaurio no sobrevivió a los ataques de estos *Cretoxyrhina* y *Squalicorax*, pues las marcas sobre sus huesos no muestran ninguna evidencia de curación posterior.

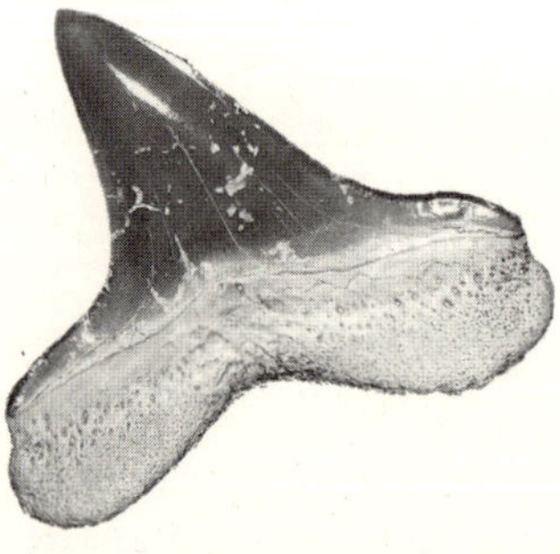

Imagen 32.Diente de escualo *Cretoxyrhina mantelli*, similar en tamaño y apariencia a un tiburón blanco actual.

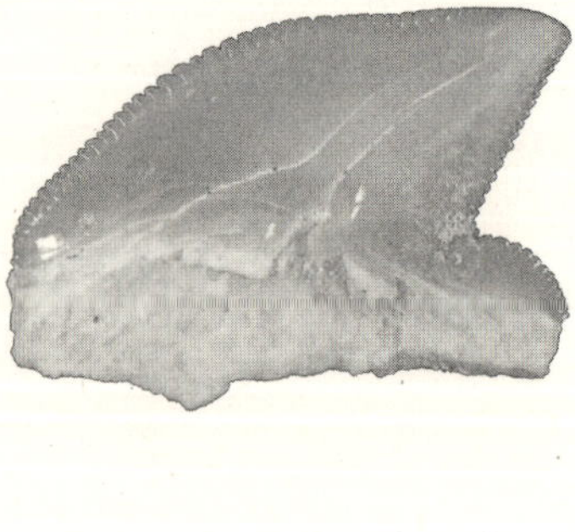

Imagen 33. Diente del tiburón cuervo *Squalicorax kaupi*.

El género *Ectenosaurus* constituyó sin duda una interesante radiación de mosasaurios de hocico largo, pero lo más curioso de este grupo de lepidosaurios marinos es que al parecer fue sorprendentemente diverso. Dentro de las aguas del Western Interior Sea se sabe que vivieron, aparte de *Ectenosaurus clidastoides*, al menos otras tres especies de este peculiar género: *Ectenosaurus everhartorum* (en el Santoniense medio), *Ectenosaurus shannoni* (a finales del Santoniense o principios del Campaniense) y *Ectenosaurus tlemonectes* (en algún momento indefinido entre finales del Coniaciense y el Campaniense temprano). Pero ¿realmente estamos ante un género muy poco común pero sorprendentemente diverso? A fecha de edición de este libro no se conocen más de una decena de especímenes de *Ectenosaurus*, pero sus restos descubiertos parecen pertenecer a, al menos, cuatro especies diferentes. Como comparativa, se conocen cientos de ejemplares de *Platecarpus* o *Tylosaurus* en el mar Interior Norteamericano y, aun así, su diversidad de especies es mucho menor entre estos últimos que en los primeros. Puede que los restos de estos plioplatecarpinos de hocico largo hayan terminado en el fondo del Western Interior Sea por casualidad y que realmente el género *Ectenosaurus* sea originario de otros ecosistemas distintos, tal vez de aguas salobres o quizá incluso de otros mares u océanos cercanos. ¿Nos está ocultando el registro fósil la verdadera naturaleza de este curioso taxón o acaso fue *Ectenosaurus* un sorprendente caso de rareza y diversidad combinadas? Por desgracia, tal vez nunca lo lleguemos a saber.

Tal y como hemos visto, los mosasaurios plioplatecarpinos tuvieron una importancia bastante grande en los mares de mediados del Cretácico superior. Algunos de ellos, además, han logrado preservarse hasta nuestros días de un modo tan excepcional que nos han permitido inspeccionar su antigua biología de manera tal vez impensada. Si a esto le sumamos el profundo legado de los grandes tilosaurinos, con sus líneas anagenéticas en el Western Interior Sea, su desarrollo ontogénico, su insaciable apetito o su feroz territorialidad, obtendremos ya una visión bastante buena de todos estos primeros mosasaurios completamente acuáticos. No obstante, nuestro recorrido a través de las bestias que participaron en el primer evento de diversificación de los mosasaurios aún no está del todo completo. Es cierto que buena parte del protagonismo lo tienen aquí los mosasaurios ruselosaurinos, es decir, tilosaurinos y plioplatecarpinos, pero también hubo otro grupo que alcanzó una gran importancia en los mares del final del Coniaciense y Santoniense. Si recordáis de páginas anteriores, habíamos dividido a los mosasaurios ya completamente marinos en ruselosaurinos y mosasaurinos. Pues resulta que la segunda rama de estos lepidosaurios acuáticos, aunque tuvo un impacto menor, también estuvo presente en estos mares…

El origen de los mosasaurios mosasaurinos aún está envuelto en misterio, pues hoy en día aún no hay un claro consenso sobre cómo son las relaciones filogenéticas más basales de este grupo. Muchos paleontólogos han situado a la temprana especie *Dallasaurus turneri*, del Turoniense del Western Interior Sea, como el miembro más antiguo de este clado. No obstante, de confirmarse esto, podría hacer tambalear incluso el propio concepto de mosasaurio, ya que implicaría que hubo al menos dos grandes líneas de lepidosaurios marinos que, de manera independiente, se adaptaron al medio acuático y que, en su conjunto, conocemos como *mosasaurios*. Por un lado, tendríamos a los ruselosaurinos, en cuya base se encontrarían los ancestros de algunos mosasaurios semiacuáticos ya tratados, como tetisaurinos o yaguarasaurinos, y por otro, tendríamos a los mosasaurinos, que tendrían al aún plesiopedálico *Dallasaurus* como miembro más basal. Ambos linajes con el tiempo darían enormes criaturas completamente marinas, por lo que, de confirmarse esta filogenia, obtendríamos una visión evolutiva de los mosasaurios muy distinta de la que tal vez muchos tengamos en mente. No obstante, tal y como prometimos hacer en el capítulo anterior, nosotros trataremos de abstraernos de todas estas cambiantes filogenias y sus implicaciones, por lo que únicamente nos centraremos en la marcada división entre ruselosaurinos y mosasaurinos.

Ya habíamos visto que, en los mares santonienses, los tilosaurinos fueron los mosasaurios más grandes y los plioplatecarpinos alcanzaron dimensiones moderadas, por lo que ahora nos toca movernos hacia el lado inferior de este espectro. En efecto, los mosasaurinos de estos momentos estuvieron representados por lo que podríamos denominar como *mosasaurios pequeños*. Con unos 3 metros de longitud, el típico representante de este grupo fue la especie *Clidastes propython*, que estuvo muy extendida en el Western Interior Sea, pero, tal y como veremos más adelante en este libro, también alcanzó otros mares muy distintos. *Clidastes* fue un mosasaurio de importancia mayúscula para entender las redes tróficas del antiguo mar Interior Norteamericano, ya que, junto a tilosaurinos y plioplatecarpinos, nos permite obtener ya al fin una imagen completa de estos antiguos lepidosaurios santonienses. Su mera presencia nos permite comprobar que, en época ya del primer evento de diversificación de los mosasaurios, estos estaban representados por animales pequeños, medianos y grandes, en un espectro que iba desde los 3 hasta más de 9 metros. De hecho, los géneros *Clidastes*, *Platecarpus* y *Tylosaurus* conforman la conocida como *terna del Western Interior Sea*. Ellos son de largo los mosasaurios más comunes de mediados del Cretácico superior y, salvo contadas excepciones, casi todos los restos de lepidosaurios acuáticos de las calizas de Niobrara pueden atribuirse a alguno de estos tres géneros. Esta terna de mosasaurios tan conocidos, comunes y estudiados nos permitirá además, tal y como veremos en las próximas páginas, poder extraer conclusiones de su ecología y fisionomía simplemente sorprendentes.

No obstante, no todo ocurrió en el antiguo Western Interior Sea. Por el Santoniense tardío ya teníamos también importantes comunidades de mosasaurios aún más al oeste, es decir, en la costa pacífica de Norteamérica. Aquí tenemos a otro mosasaurino de pequeñas dimensiones cercano a *Clidastes*, *Kourisodon puntledgensis*, que aparece en los yacimientos de la formación Nanaimo, cerca de Vancouver, Canadá. Estos lugares, aislados a todas luces del Western Interior Sea, mostraron unas faunas muy distintas a las del mar interior. Por ejemplo, los policotílidos directamente no aparecen en estos estratos de la costa pacífica, lo que quizá dé fe de su rareza o tal vez incluso de su ausencia en estos ecosistemas. Allí donde ni siquiera estos ágiles plesiosaurios habían logrado prosperar, los mosasaurios ya estaban presentes.

Sin embargo, si lo que pretendemos es seguir obteniendo información acerca de cómo vivieron o qué hábitos tuvieron los mosasaurios de estos momentos, las mayores evidencias hasta la fecha y los estudios más completos se han realizado en el entorno del Western Interior Sea. Aquí deberemos volver una vez más sobre nuestra terna de mosasaurios, los pequeños *Clidastes*, los moderados *Platecarpus* y los enormes *Tylosaurus*. Y es que tener un amplio registro fósil de tres géneros de vertebrados contemporáneos y en una escala progresiva de tamaños es algo poco común, pero, cuando ocurre, nos permite sacar conclusiones insospechadas y extraordinarias. Podemos, por ejemplo, extraer información de cada uno de los tres géneros, compararla e inferir si las diferencias observadas pueden ser debidas al distinto tamaño de estos animales o si, por el contrario, responden a un patrón más profundo y arraigado dentro de la propia esencia del concepto de mosasaurio.

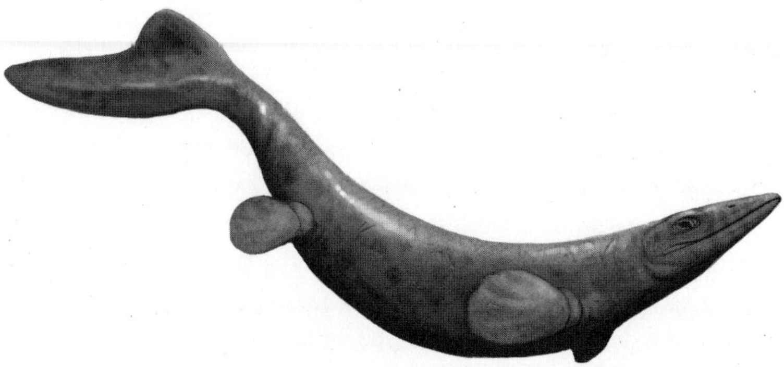

Imagen 34: Reconstrucción del mosasaurio mosasaurino *Kourisodon puntledgensis.*

¿Y por dónde empezaremos nuestro análisis? Pues ni más ni menos que observando los huesos de sus extremidades. No obstante, ahora no trataremos de extraer conclusiones a partir de la morfología externa de estos, sino que haremos un estudio más profundo, más visceral: viajaremos hasta el interior de estos huesos. Ya hemos hablado de las distintas etapas de desarrollo de los mosasaurios al tratar al género *Tylosaurus*, pero lo hemos hecho desde un punto de vista basado en sinontomorfías, es decir, en pequeños cambios estructurales acumulativos. Todo esto nos permitió ver cómo iba cambiando la morfología de un mosasaurio joven según iba acercándose a la madurez, lo cual es algo muy sorprendente, pero tal vez insuficiente… Con este tipo de análisis podemos ver cómo sería una cría de mosasaurio, un ejemplar joven u otro más viejo, pero, claro, ¿qué significa eso de *cría, joven o viejo*? O, en otras palabras, ¿cuántos años debería tener un mosasaurio para considerarse adulto? ¿A qué edad alcanzaban la madurez? ¿Había momentos de su vida en los que crecían y otros en los que no, tal y como ocurre en nuestra especie? Para responder a todas estas preguntas tenemos que recurrir a los huesos fósiles de estos animales, pero no a su aspecto general, sino a su interior.

Según un amniota va creciendo, sus huesos van engrosándose para acompañar este aumento de tamaño, es decir, también crecen. Poco a poco van apareciendo nuevas capas de tejido óseo que, unas tras otras, terminan superponiéndose para hacer que el hueso entero sea más grande y más grueso. Si nos imaginamos, por ejemplo, un cierto hueso largo, como un fémur, podríamos ver a lo largo del tiempo no solo cómo va haciéndose más alargado, sino también cómo va adquiriendo una mayor sección. No obstante, por suerte para los investigadores, estos crecimientos óseos no se producen siempre al mismo ritmo, ni siquiera en aquellos animales que no dejan de crecer a lo largo de toda su vida. Por ejemplo, en latitudes no ecuatoriales, los fríos inviernos suelen traer consigo períodos de crecimiento más lento e incluso a veces este puede llegar a estancarse. Pero en cuanto llega la primavera y vuelve a haber una mayor cantidad de recursos disponibles, estos crecimientos una vez más se aceleran y vuelve a generarse tejido óseo a un ritmo más rápido. Todo esto queda registrado en los huesos y puede verse bastante bien en los cortes de los huesos largos, es decir, en las secciones de huesos casi cilíndricos como el fémur, el cúbito o el húmero. Aquí todos los períodos de crecimiento óseo pueden leerse directamente como si se tratara de los anillos de un árbol. De este modo y de manera muy simplificada, si queremos ver qué edad tenía un animal de crecimiento continuo al morir, basta con «leer» sobre la sección de alguno de sus huesos largos cuántos inviernos ha tenido que sobrevivir.

En el invierno, tal y como hemos comentado, el crecimiento típicamente es más lento, lo que lleva a la deposición de una capa ósea más fina y fácilmente distinguible que se conoce como *annulus*. A veces, en las estaciones frías o en épocas de crisis y carestía, el crecimiento puede llegar incluso a detenerse por completo, y esto queda reflejado en la sección de los huesos largos como una línea más oscura, conocida como *LAG* (*line of arrested growth*). Estos LAG son muy fáciles de detectar en muchos restos óseos y, si suponemos que se corresponden con la estación invernal y no con otros momentos complicados de la vida del animal, nos permiten extraer una información muy valiosa. Además, viendo cómo están separados unos LAG de otros, es decir, cómo de grueso es el anillo que separa dos inviernos consecutivos, podemos ver si el animal reduce progresivamente su ritmo de crecimiento conforme va haciéndose más mayor o no, y si lo hace podemos descubrir a qué ritmo ocurre. Todas estas técnicas se engloban en una disciplina que se conoce como *esqueletocronología*. No obstante, para extraer buenas conclusiones a partir de las secciones de huesos largos, hace falta algo más que contar anillos, y esto hace que los estudios de los que se encarga esta ciencia no sean tan simples como tal vez parezcan. Sin embargo, nosotros no indagaremos más en ninguno de estos aspectos. Así que ¿qué nos dice la esqueletocronología acerca de la terna de mosasaurios del Western Interior Sea?

Pues nos permite ver que, a grandes rasgos, el crecimiento de los mosasaurios fue muy similar al de los varanos actuales. Durante sus primeros años de vida aumentaron de talla de manera muy rápida, pero, tras alcanzar la madurez sexual, este crecimiento se ralentizó de golpe. No obstante, a diferencia de lo que ocurre, por ejemplo, en la especie humana, los mosasaurios adultos siguieron creciendo durante toda su vida, solo que a un ritmo no tan acelerado como en su juventud. Estas conclusiones parecen ser prácticamente idénticas en los tres mosasaurios investigados del Western Interior Sea, los géneros *Clidastes*, *Platecarpus* y *Tylosaurus*. Y no solo eso, sino que estos tres lepidosaurios parece que alcanzaron la madurez sexual, es decir, el período de reducción drástica del ritmo de crecimiento, aproximadamente a las mismas edades. Tanto los grandes *Tylosaurus* como los moderados *Platecarpus* o los pequeños *Clidastes* llegaron a su etapa adulta entre los cinco y los siete años de vida, y esto es muy importante y revelador, ya que, dado que estamos hablando de tres géneros de tamaños muy distintos, el hecho de que alcanzasen la madurez sexual prácticamente a la vez no tiene por qué ser algo obvio. Por lo tanto, gracias a esta inferencia extraída a partir de la terna santoniense del Western Interior Sea, no resulta descabellado pensar que esta edad de entre cinco y siete años pueda extrapolarse al resto de mosasaurios como inicio de su etapa de madurez, independientemente de sus dimensiones.

Por lo tanto, en lo que respecta a los ritmos de crecimiento, podría decirse que la fisiología de los mosasaurios es bastante parecida a la de sus parientes varanos. No obstante, hay otros aspectos metabólicos en los que estas antiguas bestias marinas se diferencian bastante no ya solo de los varanos, sino del resto de los lepidosaurios. Casi todos los lagartos y serpientes son animales *ectotermos*, es decir, que son incapaces de regular su temperatura corporal interna. Esto lo podemos ver, por ejemplo, cada vez que las lagartijas se ponen a «tomar el sol», pues lo único que están haciendo es calentar su cuerpo para así poder llevar a cabo actividades físicas que requieran una tasa metabólica alta. Esta también es la razón, por otro lado, por la que en los países fríos, como Suecia o Finlandia, no hay serpientes ni lagartos autóctonos. Como estos animales son incapaces de regular la temperatura interna de su cuerpo, necesitan vivir en algún lugar en el que haga un mínimo de calor, ya que de lo contrario su temperatura corporal sería demasiado baja. No obstante, somos varios los grupos de vertebrados que hemos sido capaces de desarrollar la endotermia, es decir, de regular nuestra temperatura interna. El cuerpo humano, por ejemplo, suele estar de media a unos 37 grados Celsius, independientemente de si hace calor o frío en el ambiente, y eso es porque somos animales *endotermos*. El resto de los mamíferos y las aves también presentan distintos grados de endotermia, y sabemos que muchos dinosaurios no avianos también fueron capaces de regular su temperatura interna. Pero ¿qué hay de los mosasaurios? ¿Fueron animales ectotermos, como el resto de lepidosaurios? ¿Qué utilidades podría tener el desarrollo de la endotermia?

Comencemos respondiendo la última pregunta. Ya hemos visto que ser capaz de regular la temperatura interna generalmente ayuda a colonizar ambientes fríos, pues, aunque conlleva un mayor gasto energético, permite en cierto modo desentenderse de si en el mundo exterior la temperatura se adecúa o no a la que necesitas para tu cuerpo. No obstante, esa no es la única ventaja que tiene ser endotermo. La mayoría de los ecosistemas de la Tierra se encuentran a temperaturas por debajo de los 30 grados, por lo que un animal endotermo, generalmente, va a estar mucho más caliente que su entorno y que los animales ectotermos. Esto le permite tener una tasa metabólica mucho más alta, es decir, que va a ser mucho más activo que otro animal que se encuentre a temperatura ambiente, y esto tal vez podría darle una ventaja competitiva. No obstante, ¿cómo puede verse si un animal es endotermo o ectotermo a partir únicamente del registro fósil? ¿Acaso es posible hacerlo?

Pues sí, aunque llegar a demostrarlo puede no ser sencillo. En el caso de los animales puramente acuáticos, puede recurrirse a un método de análisis basado en el conocido como *fraccionamiento isotópico de aguas pesadas*. Este es un tema bastante complejo, por lo que únicamente mostraremos muy brevemente cuáles son sus premisas más importantes. Resulta que, aunque toda el agua que existe en el universo es H_2O, es decir, que está compuesta por dos hidrógenos y un oxígeno, no todos estos hidrógenos y oxígenos son iguales. Existen las que se conocen como variantes isotópicas de los elementos[22]. Por ejemplo, el oxígeno puede ser ^{16}O u ^{18}O, y la combinación de ambos con hidrógeno da como resultado agua. Resulta que casi toda el agua de la Tierra es $^{1}H_2{}^{16}O$, pero no toda ella toma esta fórmula, sino que parte es por ejemplo $^{1}H_2{}^{18}O$ y, en consecuencia, es algo más pesada. La proporción entre estos dos tipos de aguas no es la misma siempre en todos los lugares, sino que depende fuertemente de algunos factores, como la temperatura o la historia que ha tenido esa agua. Además, los animales que viven inmersos en el agua tienden a estar en equilibrio con ella, es decir, que presentan en sus tejidos una proporción entre ^{16}O y ^{18}O que depende fuertemente de la proporción existente en el agua que los rodea. Y esta proporción depende también de la temperatura a la que se encuentra el propio animal y queda registrada perfectamente en sus tejidos óseos, especialmente en sus dientes. En resumen, la proporción que encontramos entre ^{16}O y ^{18}O en los dientes fósiles de un animal acuático puede informarnos acerca de su temperatura interna. Si te has perdido en alguno de estos razonamientos, no te apures, basta con que comprendas esta conclusión final.

Ya únicamente nos falta analizar esta proporción de isótopos de oxígeno en los dientes de varios mosasaurios, con lo que así podremos ver a qué temperatura se encontraba cada uno de ellos allá por el Cretácico. Para este estudio se eligió, cómo no, a nuestra terna del Western Interior Sea, esta vez procedente de estratos del

22 Los isótopos son átomos con un mismo número de protones, es decir, unas mismas propiedades químicas, pero con un número de neutrones que puede variar. Esto último hace que los átomos en cuestión puedan ser un poco más pesados o un poco más ligeros. Por ejemplo, ^{16}O y ^{18}O son ambos oxígenos, es decir, tienen un mismo número de protones, pero el segundo es más pesado porque posee 2 neutrones más.

final del Santoniense y principios del Campaniense de la caliza de Mooreville, en Alabama. A mayores, se realizó este análisis isotópico para otros tres animales contemporáneos de estos mosasaurios y procedentes de su misma facies. Se eligió un ave marina del género *Ichthyornis*, que debería ser endoterma, y por otro lado, un pez del género *Enchodus* y una tortuga marina del género *Toxochelys*, ambos en principio ectotermos. Gracias a estos tres animales tenemos una referencia respecto a la que interpretar los datos de los mosasaurios. Entonces, ¿qué se obtuvo?

Pues, por un lado, se observó que el ave presentó las temperaturas más altas (38,6 °C), tal y como cabría esperar de un animal endotermo. Por otro lado, tanto la tortuga marina como el pez mostraron temperaturas internas bajas, de respectivamente 27,2 °C y 28,3 °C, tal y como esperaríamos ver en animales marcadamente ectotermos. Estas temperaturas, dado lo cálidos que aún eran los mares allá por mediados del Cretácico superior en estas latitudes, posiblemente fuesen una buena medición de la propia temperatura del agua marina. Pero ¿qué hay de los mosasaurios? En el caso de que fuesen ectotermos, como la mayoría de los lepidosaurios, esperaríamos encontrar temperaturas similares a las del pez y la tortuga, puesto que ambos vivieron en aproximadamente el mismo tiempo y lugar. No obstante, esto no es lo que ocurre…

El mosasaurio más pequeño, *Clidastes*, mostró una temperatura de 33,1 °C, *Platecarpus*, el de tamaño medio, de 36,8 °C, y *Tylosaurus*, el de mayor talla, de 34,3 °C. Estos valores no son ni mucho menos comparables a los del ave marina, pero distan mucho de las frías temperaturas del pez y la tortuga, mostrándose más de 4 °C superiores a ellas. Esto implica que los tres mosasaurios, independientemente de su tamaño, tuvieron temperaturas marcadamente más altas que las del agua en la que vivían, es decir, que fueron capaces de regular su temperatura corporal interna y, por ende, presentaron algún grado de endotermia. La mayoría de los lepidosaurios son completamente ectotermos, pero los mosasaurios parecieron haberse desentendido de esta herencia evolutiva, adoptando un metabolismo mucho más activo que el de serpientes y lagartos.

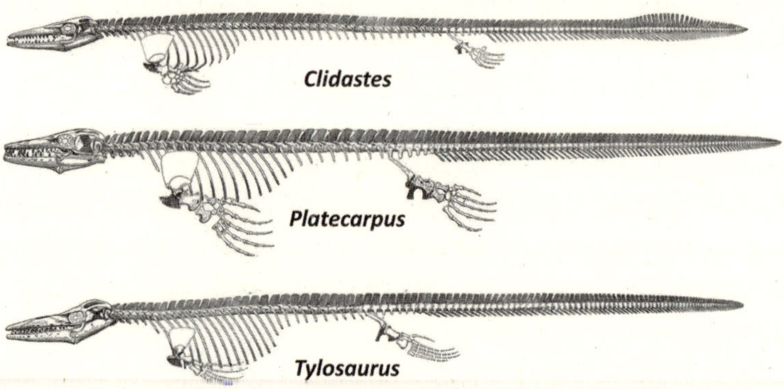

Imagen 35: Representación de finales del siglo XIX de la terna de mosasaurios del Western Interior Sea. Algunos aspectos morfológicos, como la aleta caudal hipocerca, son de descubrimiento reciente, por lo que no están reflejados en estas ilustraciones. Los ejemplares no se encuentran a escala, pues el ejemplar superior sería unas tres veces más pequeño que el inferior.

Entender correctamente el fraccionamiento isotópico y saber interpretarlo a partir del registro fósil es algo maravilloso, pues nos permite llegar a conclusiones que *a priori* parecen imposibles de obtener a partir únicamente de un registro fósil. También hemos visto que la esqueletocronología puede ayudarnos a entender mucho mejor algunos aspectos muy importantes de la fisionomía de estas antiguas bestias, como, por ejemplo, la edad a la que alcanzaban la madurez sexual. Sin embargo, ¿qué ocurre cuando combinamos estas dos potentes metodologías? ¿Podemos extraer conclusiones aún más sorprendentes e inesperadas si la esqueletocronología y el análisis isotópico van de la mano? Es decir, en los dientes, al igual que en los huesos largos, también se van depositando capas conforme el animal crece. Entonces, ¿podemos ver cómo fueron las proporciones isotópicas en cada una de estas finísimas capas de esmalte? Con esto ya llegamos al culmen de complejidad posiblemente de este libro, pero merece la pena una vez más tratar de entender qué resultados podemos obtener a partir de estudios científicos tan punteros.

Para descubrir la endotermia en mosasaurios se obtuvo una pequeña porción de sus antiguos dientes fósiles, se hizo polvo, y posteriormente se analizó la media de la proporción entre ^{16}O y ^{18}O en esta muestra. No obstante, si todo esto se hace con cuidado, asegurándose de que cada una de estas extracciones en el diente fósil se corresponde con una de sus finísimas capas de esmalte, se puede llegar a conclusiones aún mucho más sorprendentes. En los dientes en crecimiento se deposita esmalte de manera casi continua, y muchas veces se puede observar incluso a nivel diario cómo van sucediéndose cada una de estas capas, pues el ritmo de deposición, en humanos por ejemplo, no es el mismo durante el día que durante la noche. Este tipo de análisis se han hecho en antiguos dientes de neandertales y permiten concluir cuándo el antiguo homínido padeció enfermedades, estrés, cuándo ocurrió el destete… ¿Podemos hacer algo parecido también en los mosasaurios? ¿Qué información nos aportaría todo ello? ¿Y si además combinamos esta precisión capa a capa con el estudio isotópico?

Los mosasaurios no tuvieron un único set de dientes para toda la vida, es decir, los mudaron con cierta regularidad. Esto nos lleva a que un análisis de este estilo tan solo nos informaría de una cantidad de tiempo muy limitada de la vida del espécimen en cuestión. No obstante, esto puede ser más que suficiente para extraer potentes conclusiones. En el estudio que detallaremos a continuación se utilizaron varios dientes procedentes de tres ejemplares distintos. Por un lado, se trabajó con una pieza dental de un *Clidastes* adulto procedente ya de fuera del Western Interior Sea, de un antiguo entorno conocido como la paleobahía del Mississippi, en el estado de Alabama, muy cerca de la actual costa del golfo de México. Sabemos, además, que el registro que nos ofrece este diente de *Clidastes* aproximadamente dura unos siete meses, el tiempo durante el cual el crecimiento dental quedó registrado. Por otro lado, los otros dos dientes procedieron ya sí del mar Interior Norteamericano y pertenecieron a un adulto y una cría de *Platecarpus*. Estos otros nos muestran ya registros mucho más reducidos, pues tan solo nos informan acerca de lo que les ocurrió a estos dos ejemplares durante más o menos un mes.

Resulta que, si analizamos las proporciones de ^{16}O y ^{18}O en cada una de las capas de estos dientes, veremos que hay pequeñas variaciones entorno a una media, a una media que como ya hemos visto está muy relacionada con la temperatura interna del animal. ¿Y a qué se deben estas variaciones? ¿A pequeños cambios de la temperatura corporal de estos mosasaurios? Pues posiblemente no. Y es que, como introdujimos anteriormente, la proporción de ^{16}O y ^{18}Oen los dientes de un animal marino no solo depende de la temperatura, sino también de la propia proporción isotópica presente en el agua que lo rodea. Esta proporción no es igual en todos los lugares de la Tierra, pues como las aguas $^{1}H_2{}^{16}O$ y $^{1}H_2{}^{18}O$ tienen ciertas propiedades diferentes, no son igual de abundantes en todos los ecosistemas acuáticos. La diversidad aquí puede ser muy grande, pero por simplicidad nosotros reconoceremos solo dos tipos extremos de ambientes dependiendo de la proporción de ^{16}O y ^{18}O que tengan. En primer lugar, los estuarios, deltas y zonas con aguas salobres o dulces contienen menos 18O del que encontramos, por ejemplo, en mar abierto. Por otro lado, las zonas en las que hay mucha evaporación, como las lagunas hipersalinas o ciertas regiones someras, muestran por el contrario más ^{18}O respecto a ^{16}O del que hay en mar abierto. ¿Y a qué viene todo esto? Pues estas pequeñas variaciones isotópicas en los dientes inspeccionadas capa a capa dan cuenta de cómo era el agua en el que el mosasaurio estaba en cada momento y, en consecuencia, pueden utilizarse para tratar de inferir sus antiguos movimientos por los mares de la zona. ¿Y qué hemos encontrado?

Tanto en *Clidastes* como en los dos ejemplares de *Platecarpus* podemos ver claramente que, cada cierto tiempo, pasa a haber menos ^{18}O que la media. Esto, según hemos explicado, significaría que cada poco estos mosasaurios se acercaron a zonas de aguas dulces o salobres, más concretamente cada 12/20 días en el caso de *Clidastes* y cuatro/siete días en el de *Platecarpus*. Pero ¿qué podemos decir de este tipo de comportamiento? ¿Tiene algún sentido? Pues sí, muchísimo.

Hemos visto que estos mosasaurios ya se habían adaptado completamente a un modo de vida marino, pues habían transformado sus extremidades en aletas, habían reducido el tamaño de sus escamas, habían adoptado una morfología general fusiforme… No obstante, a pesar de todo esto, su nueva vida en el mar seguía presentando un importante inconveniente: la sal. Los mosasaurios no podían permitirse que sus fluidos internos tuviesen la misma concentración salina que el agua del mar y, dado que vivían inmersos en ella, debían encontrar un modo de lidiar con este problema. Esto no es algo exclusivo de los mosasaurios, sino que les ocurre hoy en día a todos los amniotas que viven en los océanos. Resulta que estos animales no toleran en su interior más que una pequeña cantidad de sal, es decir, necesitan estar en un determinado *equilibrio osmó-*

tico. Para lidiar con ello, muchos han desarrollado glándulas salinas que les permiten expulsar el exceso de sal de su cuerpo. ¿Alguna vez te has fijado en que las tortugas marinas parece como que lloran? Pues no están llorando, no, están expulsado el salitre de su cuerpo, ya que sus glándulas salinas se encuentran justamente en la región lacrimal. Al igual que las tortugas marinas, posiblemente los mosasaurios también hubiesen desarrollado algún tipo de glándulas salinas. Pero estas, aunque son efectivas, muchas veces no son suficiente como para expulsar todo el exceso de sal necesario para mantener el equilibrio osmótico.

Las serpientes marinas actuales, por ejemplo, poseen glándulas salinas, pero necesariamente tienen que recurrir de manera periódica a otros métodos complementarios para reducir la concentración de sal en su interior. ¿Y qué es lo que hacen? Pues muy simple: van hasta un lugar con aguas dulces y beben. Así de sencillo. El mejor modo de tener menos sal en tu interior a veces es ingerir agua con muy poca sal de manera regular. Esto lo hacen hoy en día las serpientes marinas, y muy posiblemente fuese lo que hiciesen también estos mosasaurios al visitar recurrentemente deltas o estuarios.

Volviendo sobre las gráficas de proporción de isótopos, en ocasiones también encontramos importantes aumentos repentinos de ^{18}O seguidos de abruptas bajadas. ¿Cómo podemos interpretar esto? Pues, utilizando de nuevo como análogo a las serpientes marinas, podemos hallar una explicación bastante plausible. A veces, para beber agua dulce, las serpientes no se dirigen a la desembocadura de algún río, sino a zonas hipersalinas en ciertos momentos del año. ¿Y esto qué sentido tiene? Pues que cada vez que llueve, dado que el agua con sal es más densa que la que carece de ella, toda el agua de lluvia queda en la superficie de estas zonas del mar, no llega a hundirse. De este modo, se forman auténticas balsas de agua de lluvia prácticamente sin sal en la parte alta de estas zonas hipersalinas, y las serpientes, muy hábiles, las aprovechan para saciar su sed y mantener su equilibrio osmótico. Algunos de estos mosasaurios tal vez pudieron haber hecho justamente esto. Los valores altos de ^{18}O iniciales se corresponderían con cuando el animal vagaba por estas lagunas hipersalinas. No obstante, en cuanto comenzara a llover, el mosasaurio ascendería a beber el agua de lluvia de esta especie de balsas superficiales y, consecuentemente, la proporción de $^{18}O/^{16}O$

descendería notablemente en su cuerpo. Haciendo complejos análisis interdisciplinares de este tipo podemos llegar a resultados y conclusiones verdaderamente increíbles. Pero, por si todo esto aún no te ha dejado boquiabierto, aún hay más.

Resulta que la media de la proporción $^{18}O/^{16}O$ a lo largo de las capas de esmalte del *Platecarpus* joven no es igual a la del *Platecarpus* adulto, sino apreciablemente superior. Esto posiblemente nos diga que la cría de mosasaurio vivió en zonas más someras, en las que la evaporación de aguas jugaba un papel mucho más importante que en mar abierto, y todo esto, aunque pueda parecer sorprendente, llevaba ya siendo hipotetizado por los paleontólogos desde hace décadas. En infinidad de ocasiones, muchas veces con base en el análisis a gran escala de ciertos yacimientos, se había propuesto que las aguas poco profundas de los litorales serían una especie de guarderías para los mosasaurios, es decir, que los ejemplares más jóvenes no se aventurarían muy lejos de estas aguas seguras. Es increíble comprobar cómo un complejo análisis isotópico de un diente, efectivamente, respalda esta conclusión. Aún queda mucho por investigar en estos ámbitos, y deben realizarse muchos otros estudios similares para obtener conclusiones más sólidas, pero todo este tipo de fascinantes trabajos científicos ya nos vaticinan que el futuro de los mosasaurios es, como poco, prometedor…

Cuestión de dientes

La presencia de mosasaurios en los mares cretácicos ya era inequívoca. Tras experimentar un primer evento de diversificación a finales del Coniaciense y principios del Santoniense, estos reptiles marinos habían pasado de ser miembros ocasionales de ciertas faunas litorales a omnipresentes bestias depredadoras. Ya habían adaptado su cuerpo a un modo de vida completamente acuático, pues habían logrado desarrollar un eficiente modo de natación, convertir sus extremidades en aletas e incluso hasta adoptar una morfología general muy similar a la de delfines o tiburones. Y además, por si todo esto aún no fuese suficiente, los mosasaurios habían conseguido una disparidad en tamaños más que elogiable para momentos tan tempranos de su historia evolutiva. Habíamos visto esto, por ejemplo, en las cálidas aguas del Western Interior Sea, en donde podíamos encontrar al pequeño género *Clidastes*, al más grande *Platecarpus* o incluso al enorme *Tylosaurus*.

El primer evento de diversificación de los mosasaurios supuso un antes y un después en los mares someros cretácicos, aunque, tal y como vimos en el capítulo anterior, no todos los grupos de estos lepidosaurios tuvieron una misma importancia en él. Los mosasaurios ruselosaurinos, de aletas poco osificadas, habían sido los principales protagonistas en estos momentos, pues tanto plioplatecarpinos como tilosaurinos habían logrado alcanzar una extensión envidiable. Sin embargo, los mosasaurios mosasaurinos, la otra gran división de estos reptiles marinos, también estuvieron presentes en las aguas del final del Coniaciense, tal y como evidencia el discreto pero importante género *Clidastes*. Con estos dos grandes grupos de mosasaurios podemos explicar perfectamente este primer pico de diversidad temprana, así como buena parte de la historia de estas imponentes bestias marinas. Tanto ruselosaurinos como mosasaurinos fueron sin duda dos linajes extremadamente exitosos, aunque, como iremos viendo a lo largo de este libro, con el paso del tiempo cada uno de ellos tomaría caminos muy distintos. No obstante, aunque con este par de divisiones de mosasaurios ya tenemos una buena imagen de casi toda su historia evolutiva, aún nos queda un pequeño sector por abordar, un reducido y acotado grupo que, muchas veces, parece quedar olvidado. El mundo de los mosasaurios completamente acuáticos estaba regido casi en su totalidad por dos dinastías, pero existía un tercer clan, misterioso y a veces incluso esquivo, que también deseaba tomar parte en la conquista de los mares. Ni ruselosaurinos ni mosasaurinos, ahora toca hablar del tercer grupo de mosasaurios: los *halisaurinos*.

Una vez más, insistimos en que la filogenia más basal de los mosasaurios a día de hoy es bastante controvertida. De este modo, aunque todos los paleontólogos parecen ponerse de acuerdo en la existencia de los halisaurinos como clado, no existe un consenso claro acerca de dónde situarlos dentro de los mosasaurios. En este libro se abogará por una de las visiones más tradicionales y extendidas, que es la de considerar a los halisaurinos como una división ajena a ruselosaurinos avanzados y mosasaurinos, con raíces en lo más profundo de la historia de los mosasauroideos. Pero, una vez más, no nos entretendremos con complejas filogenias y nos lanzaremos directamente a descubrir a estos misteriosos lepidosaurios marinos.

Según parece, los orígenes de los halisaurinos deberían remontarse hasta los primeros pisos del Cretácico superior, allá cuando aún hablábamos de aigialosaurios y mosasaurios con patas, pero, a fecha de edición de este libro, los primeros restos de este misterioso grupo proceden de mucho más adelante en el tiempo. Al final del Coniaciense, en pleno primer evento de diversificación, tampoco tenemos rastro alguno de los halisaurinos, razón por la cual hasta ahora ni siquiera los hemos mencionado. No obstante, si avanzamos un poco más, ya bien entrado el piso Santoniense, al fin aparecen ante nosotros estos nuevos reptiles marinos. El primer representante de este misterioso clado, tal vez para la desilusión de muchos, no fue en absoluto un titán de los mares, sino que se trató de un pequeño lepidosaurio de tamaño muy similar al del contemporáneo *Clidastes propython*. En el Santoniense del Western Interior Sea aparece la especie *Eonatator sternbergii*, con dimensiones que apenas llegarían a los 3 metros, pero cargado de novedades y cambios ecológicos... ¿Y qué diferenció a este recién llegado de otros mosasaurios? ¿Qué hizo a los halisaurinos especiales?

Pues, curiosamente, uno de los puntos más diferenciadores y a la vez extraños de los halisaurinos es lo «poco adaptados» que parecieron estar a algunos aspectos de la vida marina. Mientras que rusclosaurinos y mosasaurinos desarrollaron grandes aletas para maniobrar en el medio acuático, las extremidades de los halisaurinos parecieron ser mucho más primitivas, mucho más pequeñas y simples. Esto ha llevado a muchos paleontólogos a pensar que estos mosasaurios estuvieron menos adaptados a la natación activa, es decir, que no fueron tan ágiles en el agua como otros de sus parientes más cercanos y que, consecuentemente, debieron estar restringidos a aguas poco profundas y calmadas. No obstante, tal y como veremos durante las próximas páginas, esta idea posiblemente sea algo simplista y no refleje la realidad de estos animales. Por lo pronto, las pequeñas aletas de los mosasaurios halisaurinos siguen siendo un completo misterio para nosotros.

Los restos de este primer halisaurino, del género *Eonatator*, se han encontrado en lugares del planeta muy alejados entre sí, aunque una vez más fue en el Western Interior Sea donde se documentaron por primera vez. No obstante y por desgracia, los fósiles de este pequeño mosasaurio no suelen ser ejemplares completos, articulados y excepcionalmente preservados. Esto sin duda es una mala noticia, pero también supone un importante golpe de realidad, porque, en el mundo de la paleontología, encontrar especímenes bien conservados y reveladores suele ser algo bastante extraño. Generalmente tan solo somos capaces de localizar restos de ciertas zonas del cuerpo muy concretas que, debido a su resistencia a la erosión y el paso del tiempo, han logrado preservarse y fosilizar. Esto nos lleva a que, salvo casos excepcionales, la mayor parte del esqueleto de los animales se conserve en muy malas condiciones y, por consiguiente, tan solo podamos intuir que estamos ante algún tipo de tejido óseo fosilizado. Pero como ya hemos adelantado, por suerte, existen ciertas partes del esqueleto animal que son más resistentes de lo habitual y suelen conservarse en un estado aceptable. Ya llegó la hora de dejar atrás nuestros idílicos hallazgos de ejemplares completos y articulados, ahora nos toca hacer las auténticas labores del día a día de los paleontológos...

En el mundo de los mosasaurios hay principalmente dos conjuntos de restos comunes y que suelen aparecer en condiciones aceptables: los *dientes* y las *vértebras*. De los primeros ya hablaremos largo y tendido más adelante en este capítulo, así que ahora nos centraremos en las vértebras de los mosasaurios. Todos estos huesos, que se extienden desde la base del cuello hasta la punta de la cola, toman una forma muy característica en la mayoría de los reptiles, lo que nos permite diferenciarlos rápidamente de restos de otros vertebrados, como pueden ser peces, aves o mamíferos.

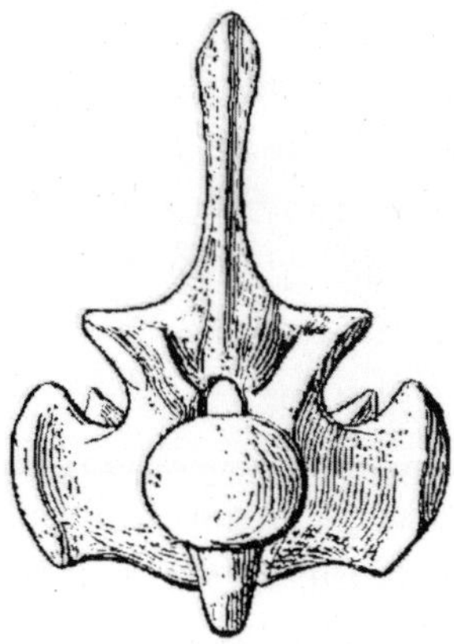

Imagen 36: Vértebra de tipo procele de un mosasaurio. La parte convexa y abultada, la que tenemos de frente, apuntaría hacia la cola del animal. La parte cóncava, por otro lado, apuntaría hacia la cabeza.

Las vértebras de mosasaurios y muchos otros reptiles se dice que son de tipo *procele*, es decir, que tienen su parte cóncava orientada hacia delante y su parte convexa hacia atrás[23]. No obstante, existen muchas otras características importantes en las vértebras de estos

23 Existen otros muchos tipos de vértebras, entre las que cabe destacar las *opistocele* (con la parte cóncava hacia atrás) y las *amphicele* (con parte cóncava por ambos lados). La primera de ellas es común entre los mamíferos ungulados, y la segunda la solemos ver en peces y tiburones.

animales, y algunas de ellas nos permiten no ya solo poder asegurar si estamos o no ante un mosasaurio, sino incluso poder decir qué especie de mosasaurio tenemos entre manos. Ciertos caracteres vertebrales son muy útiles a la hora de clasificar los restos parciales que encontramos en los yacimientos, y esto, dado que las vértebras son unos de los huesos fósiles más comúnmente encontrados, nos permite tener una imagen muy amplia acerca de la distribución de algunas especies y géneros. Por ejemplo, se han encontrado vértebras reptilianas en facies de finales del Santoniense y principios del Campaniense de Perú y, gracias al análisis morfológico de estas, sabemos que pertenecieron a algún mosasaurio halisaurino. Este modo de proceder, identificando grupos o incluso hasta especies a partir de restos aislados y muy fragmentados, es el día a día en el mundo de la paleontología. Por lo tanto, ahora que ya hemos visto que no necesitamos esqueletos completos para inferir la presencia de ciertos animales en antiguos paleoecosistemas, pongamos de nuevo nuestro objetivo sobre los primeros halisaurinos.

Eonatator sternbergii fue descubierto en las cálidas aguas del Western Interior Sea norteamericano, pero no es aquí de donde proceden los hallazgos más interesantes y reveladores de este animal. Este pequeño mosasaurio, a pesar de tener unas aletas muy poco desarrolladas y de que, en teoría, debería estar confinado en aguas tranquilas y someras, es una de las pocas especies que puede jactarse de tener una distribución intercontinental. Y es que, al igual que el plioplatecarpino primitivo *Angolasaurus bocagei*, este pequeño halisaurino también ha sido encontrado a ambos lados del Atlántico. Sus vértebras y dientes aparecen en el mar Interior Norteamericano, pero también en el sur de Suecia… Y esto no es todo, pues estas aguas del norte de Europa al parecer albergaron comunidades de mosasaurios muy curiosas y peculiares. Aquí no solo aparece el pequeño *Eonatator sternbergii*, sino también otro mosasaurio de pequeñas dimensiones del que ya hemos hablado: el mosasaurino *Clidastes propython*. Puede que rápidamente ya te hayas dado cuenta de otro detalle: ¿no se habían encontrado restos de *Clidastes* también en Norteamérica, tal y como describimos en el capítulo anterior? La respuesta a esto es un rotundo sí, y es que, aunque parezca mentira, dos de las especies de mosasaurios más pequeñas y aparentemente menos adaptadas a aguas abiertas, presentan una inequívoca distribución intercontinental. Tanto *Clidastes propython* como *Eonatator sternbergii*, dos de los mosasaurios más discretos conocidos, estuvieron presentes tanto en Europa como en América.

Llegados hasta aquí, merece la pena dedicar unas líneas a las interesantes comunidades de mosasaurios del sur de Suecia, procedentes de estratos del Campaniense temprano de la actual cuenca de Kristianstad. Estas facies son algo posteriores en el tiempo a las calizas de Niobrara norteamericanas, en las cuales podemos encontrar también a *Eonatator sternbergii* y *Clidastes propython*. No obstante, si buscamos en las formaciones suecas contemporáneas a estas facies americanas, encontraremos importantes depósitos marinos fosilíferos, pero ningún resto de estos pequeños mosasaurios. Parece, por lo tanto, que tanto *Eonatator* como *Clidastes* migraron hacia tierras suecas en algún momento a principios del Campaniense, quizá cuando se estaban depositando las últimas capas de sedimento de las calizas de Niobrara. Sin embargo, la ruta seguida por estos antiguos lepidosaurios para llegar hasta Europa, aunque pueda parecer evidente, no está apenas respaldada por restos fósiles. Es decir, todo parece indicar que algunos grupos de estos pequeños mosasaurios salieron del Western Interior Sea, cruzaron de sur a norte la costa este norteamericana y, en algún momento, atravesaron el Atlántico por alguna de sus zonas más estrechas. No obstante, en los estratos de la costa este de finales del Santoniense o principios del Campaniense, allí donde deberíamos encontrar los restos de estos halisaurinos y mosasaurinos, apenas tenemos evidencia de algún que otro diente aislado y de identificación incluso algo dudosa. Sabemos, por tanto, o más bien creemos saber, por qué lugares pasaron estos antiguos migrantes en su marcha hacia Europa, pero aún no tenemos evidencias suficientes que soporten esta ruta de dispersión hacia el Viejo Mundo. Y aún más complicado resulta determinar por qué punto del Atlántico Norte cruzaron estos mosasaurios hacia el este, pues tal vez podrían haber seguido la costa del sur de Groenlandia o quizá podrían haber optado por una ruta más meridional en la que atravesasen la región de las actuales islas Británicas.

Pero, independientemente del modo en que estos mosasaurios llegaran hasta Europa, lo cierto es que el sur de Suecia dio lugar a unos complejos ecológicos que, como poco, podríamos tildar de peculiares. Mientras que en el Western Interior Sea habíamos visto durante el Santoniense una escala gradual de tamaños de mosasaurios, aquí tenemos a muchos ejemplares de pequeñas dimensiones, y lo que es aún más sorprendente: tenemos a especímenes de tallas pequeñas pertenecientes a especies distintas. *Eonatator* y *Clidastes* tuvieron tamaños muy parecidos, a grandes rasgos uno podría decir que ocuparon nichos ecológicos muy similares, por lo tanto, ¿no deberían haber competido por los mismos recursos? Ecológicamente, si dos especies se alimentan de las mismas presas y llevan a cabo modos de vida similares, no deberían poder convivir en un mismo ecosistema, pues, a la larga, siempre una de las dos tenderá a imponerse sobre la otra. Esto es algo que, al menos con base en nuestro registro fósil, no parece haber ocurrido en los mares suecos del Campaniense temprano, ¿o quizá sí? ¿Qué estaba ocurriendo allí? La respuesta a esto la veremos dentro de unas pocas páginas, aunque, por si os mata la curiosidad, aquí os dejamos un breve adelanto: resulta que, en el fondo, *Eonatator sternbergii* y *Clidastes propython* no son tan similares como parecen.

Los yacimientos suecos de mosasaurios sin duda son muy interesantes, pues, aunque no ofrecen esqueletos completos y articulados, sí que nos aportan una cantidad de información muy reveladora acerca de la ecología y distribución de algunas comunidades de mosasaurios. Los estratos de estas formaciones, al parecer, se depositaron en entornos *a priori* no demasiado aptos para la fosilización y preservación, pues estas antiguas facies se correspondieron con litorales costeros de alta energía, es decir, con un intenso oleaje. Justamente por esta razón no tenemos restos excepcionalmente conservados y nos tenemos que contentar con vértebras y dientes, aunque, como hemos visto, esto es mucho mejor que nada.

Dentro de los muchos yacimientos de la cuenca de Kristianstad, merece la pena detenerse en las canteras de Åsen. Este lugar es un tanto peculiar, porque aquí no solo encontramos al pequeño mosasaurio *Clidastes propython*, sino que además sus restos parecen estar asociados a ejemplares excepcionalmente pequeños, que han sido interpretados como crías y jóvenes. Si recordamos del capítulo anterior, sabemos que posiblemente muchos mosasaurios utilizaron áreas cercanas a la costa como guarderías. Parece que este fue justamente uno de esos lugares. A mayores, este paleoecosistema se encontró inmerso en una desembocadura, pues la geología circundante nos sugiere que aquí excavó su valle un antiguo río[24]. Y esto último no lo sabemos únicamente por evidencias de índole geológica, sino también paleontológica. Por ejemplo, se han encontrado en Åsen restos muy fragmentados de huesos de dinosaurios, posiblemente traídos corriente abajo por este antiguo río, y también se han hallado dientes de *tiburones hibodóntidos.* Estos últimos fueron un grupo muy primitivo de escualos que, durante el período Cretácico, debido a la presencia de tiburones más modernos como el ya mencionado *Cretoxyrhina mantelli*, quedaron recluidos a deltas, estuarios o aguas salobres y dulces, por lo que suelen ser un buen indicador de este tipo de paleoambientes.

Es posible, por lo tanto, que muchos ejemplares jóvenes de *Clidastes* suecos se refugiasen en ciertas desembocaduras, ya que estas serían zonas más tranquilas y probablemente más seguras. Todo el limo y barro que traerían los ríos en su curso bajo posiblemente hiciese que en estos deltas la visibilidad bajo el agua fuese muy limitada, y eso sin duda podría ser de gran ayuda a la hora de ocultarse de los depredadores. *Clidastes propython* y otros mosasaurios pequeños, por lo tanto, podrían haber utilizado estas zonas más protegidas como una especie de criadero o guardería, para así proteger a su descendencia de los depredadores de las aguas más abiertas. ¿Y qué depredadores merodearían estos mares? Los grandes tiburones o ejemplares adultos de estos pequeños mosasaurios sin duda serían peligrosos, aunque la auténtica pesadilla de estas aguas serían las gigantescas bestias marinas que ya habíamos tratado al otro lado del charco. No estamos hablado aquí de *Tylosaurus nepaeolicus* o de *Tylosaurus proriger*, que posiblemente estuviesen restringidos a Norteamérica, sino de lo que bien podrían ser sus primos del este del Atlántico.

Hasta ahora hemos hablado largo y tendido acerca de los tilosaurinos del Western Interior Sea, pero apenas hemos tratado a los mosasaurios con *rostrum* premaxilar de fuera de Norteamérica. Esto no significa en absoluto que la evolución y el desarrollo de los tilosaurinos hubiese tenido lugar única y exclusivamente en el mar Interior Norteamericano, sino simplemente que allí se han encontrado los restos más completos, como los que evidenciaban la línea anagené-

24 Estamos hablando aquí del valle de Höljedalen, cuyo origen parece ser anterior al propio período Cretácico.

tica *Tylosaurus nepaeolicus-Tylosaurus proriger*. Sin embargo, existen otras especies de tilosaurinos ajenas por completo al continente americano. Ya habíamos hablado de restos tempranos en Rusia o México, y del misterioso y poco conocido *Tylosaurus iembeensis* africano, pero ahora toca ya tratar, aunque sea de manera breve, a los grandes tilosaurinos del Viejo Mundo contemporáneos a las bestias de las calizas de Niobrara.

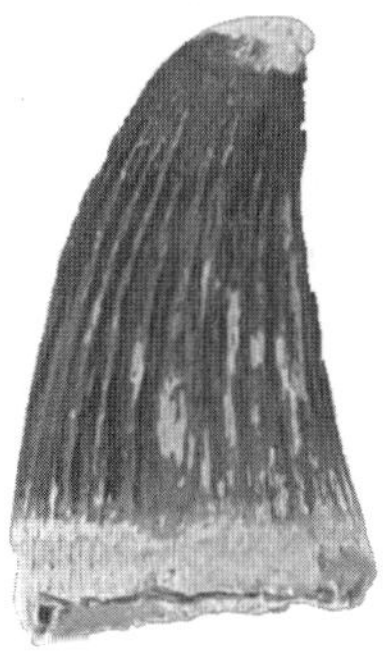

Imagen 37: Diente de *Tylosaurus ivoensis* procedente de la cuenca sueca de Kristianstad.

En el hemisferio norte se conoce la especie *Tylosaurus gaudryi*, que fue definida a partir de un cráneo incompleto francés procedente de estratos de finales del Santoniense o principios del Campaniense. Este tilosaurino, no obstante, dado que únicamente se conoce por restos bastante parciales, no es tan conocido como *Tylosaurus nepaeolicus* o *Tylosaurus proriger* y, aunque es evidente que se trató de un animal de grandes dimensiones, no podemos acotar con certeza su talla máxima. Sin embargo, este mosasaurio posiblemente no fuese el que acechó a las crías de *Clidastes* en Åsen, sino que se trató de otro tilosaurino un poco más tardío y algo mejor conocido. En el norte de Europa es frecuente encontrarse en estratos campanienses con la especie *Tylosaurus ivoensis*, aunque por desgracia, una vez más, aún no se ha descubierto ningún esqueleto completo articulado de este titán. Los dientes y las vértebras de este gigantesco mosasaurio aparecen en las formaciones suecas del Campaniense temprano, por lo que, muy posiblemente, los enormes *Tylosaurus ivoensis* serían el mayor peligro al que los pequeños *Clidastes* jóvenes deberían enfrentarse. De nuevo, no se sabe con certeza qué dimensiones pudo alcanzar este gran tilosaurino europeo, pero se intuye que solo su cráneo debió medir bastante más de un metro de longitud. Un ejemplar adulto de *Tylosaurus ivoensis* podría engullir a un joven *Clidastes propython* de un solo bocado…

Las comunidades de pequeños mosasaurios suecas, constituidas por los migrantes transatlánticos *Eonatator sternbergii* y *Clidastes propython*, vivieron tras la sombra de bestias mucho más grandes, como el feroz *Tylosaurus ivoensis*. No obstante, estos complejos de mosasaurios de la cuenca de Kristianstad no perdurarán mucho tiempo, pues, a mediados del Campaniense, un enigmático pulso de extinción borrará del mapa todas estas comunidades de lepidosaurios marinos. Este evento, del que hablaremos detalladamente más adelante, supuso un importante cambio en la estructura de las comunidades de mosasaurios, en cierto modo un punto de inflexión. Pero dejémonos de anticipaciones y volvamos sobre nuestros misteriosos mosasaurios halisaurinos. Ya avanzado el piso Campaniense podemos encontrar a otro de estos pequeños mosasaurios en los mares interiores de América del Sur. Y esta vez, por suerte, ya no se trata de simples vértebras o dientes, sino que una vez más nos topamos con un ejemplar excepcional, un esqueleto articulado y exquisitamente conservado, como los de *Platecarpus tympaniticus* o *Ectenosaurus clidastoides* que discutimos en el capítulo anterior.

Estamos hablando de la especie *Halisaurus coellensis*, cuyo holotipo[25] procede del centro de Colombia, muy cerca de la propia capital, Bogotá. Este animal sería de dimensiones similares a las de su pariente *Eonatator sternbergii*, o tal vez incluso un poco más grande, con tallas que rondarían los 3 metros de longitud. El ejemplar colombiano consiste en un esqueleto completo y perfectamente articulado, en el cual tan solo algunas de las últimas vértebras de la cola han sido ligeramente desplazadas de su posición original. Al igual que ocurría con el espécimen de *Platecarpus* que detallamos unas páginas atrás, varias impresiones fosfáticas sobre los restos de este *Halisaurus coellensis* también nos permiten intuir la presencia de ciertos órga-

25 Espécimen IGM P881237, descrito originalmente como *Eonatator coellensis*.

nos internos. Los análisis tafonómicos realizados sobre este ejemplar indican, además, que el cuerpo cayó sobre un lecho marino anóxico y lodoso en el que había corrientes muy lentas. El animal, al parecer, también cayó boca abajo, es decir, que el cuerpo no se llegó a voltear... Pero esto último ¿es realmente importante? Pues posiblemente sí, ya que el hecho de que quedase enterrado boca abajo nos indica que el ejemplar probablemente hubiese quedado varado sobre el fondo desde un primer momento. Resulta que un cadáver muchas veces termina boca arriba debido al volteo asociado a los gases de descomposición, que suelen mantener el cuerpo sin vida flotando sobre la superficie marina durante un tiempo. De este modo, si esto hubiese ocurrido, el animal no habría sido enterrado rápidamente tras su muerte, sino que habría sido accesible para los carroñeros de los mares cretácicos. Y, evidentemente, si tiburones, peces u otros reptiles marinos se hubiesen alimentado de este cadáver, el esqueleto no habría llegado hasta nuestros días articulado y exquisitamente conservado. En resumen, si este mosasaurio no hubiese terminado boca abajo sobre el sedimento, es muy posible que el estado de preservación de sus fósiles no fuese tan bueno.

Tal y como suele ocurrir en la ciencia, muchas veces no hay datos inservibles, sino solo interpretaciones imprecisas o mal enfocadas. El hecho de si un ejemplar articulado aparece o no boca abajo puede darnos información muy útil acerca no ya de cómo murió, sino de qué le ocurrió tras fallecer. Y es que la historia de algunos de estos animales no termina con su muerte. Los cuerpos de los mosasaurios más grandes y masivos quizá pudieron dar origen a un tipo de llamativas comunidades marinas del fondo oceánico. Allí donde ni siquiera la luz del sol osa sumergirse, los restos de estos titanes prediluvianos pudieron estar detrás de algunos de los ambientes más enigmáticos de los mares. Por suerte, para este tipo de paleoecosistemas existe un buen análogo en la actualidad: los llamados *whale falls* o *caídas de ballena*.

Imaginémonos por un instante un gran cetáceo que, por motivos naturales, fallece. Si los pulmones de animal están llenos, la ballena muerta podría flotar sobre la superficie del mar durante un tiempo, ayudada a mayores por los gases en descomposición que se van acumulando en su interior. No obstante, llegado un momento, todos estos gases terminarán abandonando el cadáver del animal. ¿Nunca te han dicho que las ballenas varadas en las playas, si ya han fallecido, pueden ser muy peligrosas? Esto es porque todos los gases asociados a su descomposición, que poco a poco se van acumulando en sus adentros, perfectamente pueden en un cierto instante salir al exterior de golpe, con un estallido, rompiendo los tejidos del animal como si de una bomba se tratase. Y, si eso ocurre, créeme que no te gustaría estar cerca... Volviendo sobre nuestra ballena muerta en el mar, su enorme y masivo cuerpo, tras un cierto tiempo, inevitablemente comenzará a hundirse. Si el cadáver se deposita sobre aguas someras, posiblemente será consumido por carroñeros y organismos descomponedores en no demasiado tiempo, pero ¿qué ocurre si cae en una zona más profunda? La mayor parte del fondo de los océanos está a más de 1000 metros de profundidad, por lo que esta posibilidad realmente no es para nada descabellada. Entonces, ¿qué ocurre cuando un cuerpo sin vida de decenas de toneladas cae hasta una zona oscura y con altísimas presiones hidrostáticas, una zona en la que el alimento muchas veces brilla por su ausencia?

En esos momentos se origina en los alrededores del cadáver un ecosistema único e inquietante, al que muchas veces solemos referirnos como entorno de *whale fall*. Aquí, en estas aguas desprovistas de luz, los restos de la ballena pueden sobrevivir durante décadas, alimentando a un variado grupo de organismos que, poco a poco, comienza a congregarse a su alrededor. Aparecen cangrejos, isópodos gigantes, langostas, pulpos, tiburones abisales, pepinos de mar, poliquetos, peces mixinos y gusanos del género *Osedax*, más conocidos como *gusanos zombis*. Todo este ecosistema se sustenta única y exclusivamente con los restos de la ballena, los cuales, poco a poco, van siendo consumidos. Incluso hasta los huesos terminan digiriéndose, en este caso por los gusanos *Osedax*. Puede pasar hasta un siglo desde que los primeros carroñeros llegan al cadáver de la ballena hasta que las últimas bacterias quimio-sintéticas terminan de degradar los lípidos y otros restos orgánicos del cuerpo del cetáceo, dejando únicamente un escuálido esqueleto de materia mineral. Estos singulares ecosistemas, que han sido estudiados e incluso documentados en directo en los mares actuales, forman una de las asociaciones faunísticas más singulares de nuestro planeta, pero ¿puede inferirse su presencia también en el registro fósil? ¿Podríamos hablar en el Cretácico superior de *mosasaur falls*?

Pues, aunque parezca mentira, la paleontología tiene algo que aportar en este complejo aspecto. Se sabe que ciertos gasterópodos y bivalvos son exclusivos de este tipo de ecosistemas, de los *whale falls*, y su presencia puede rastrearse en el registro fósil. Por ejemplo, en facies de sedimentos profundos del Eoceno/Oligoceno norteamericano y del Plioceno italiano se conocen esqueletos fósiles de ballenas íntimamente asociados con moluscos de este tipo, lo que posiblemente nos indique que estamos observando los restos de un antiguo paleoecosistema asociado a una de estas caídas de ballena. Pero no solo podemos deducir la presencia de estas antiguas comunidades del fondo marino, sino que a veces también podemos ver cómo estas fueron variando con el paso de los millones de años. Conforme los grandes cetáceos fueron adaptándose a vivir en aguas más frías y profundas, fueron también desarrollando importantes reservas de lípidos, y esto ha permitido a su vez que estas comunidades asociadas a los *whale falls* fuesen evolucionando, con organismos quimio-sintéticos cada vez más especializados en la degradación de las nutritivas grasas de ballena. La paleontología, una vez más, vuelve a sorprendernos y nos ofrece un modesto registro de fascinantes ambientes como estos. Pero ¿hubo algo parecido durante la era secundaria, es decir, mucho antes de que las ballenas apareciesen? Pues, por increíble que parezca, la respuesta una vez más vuelve a ser afirmativa.

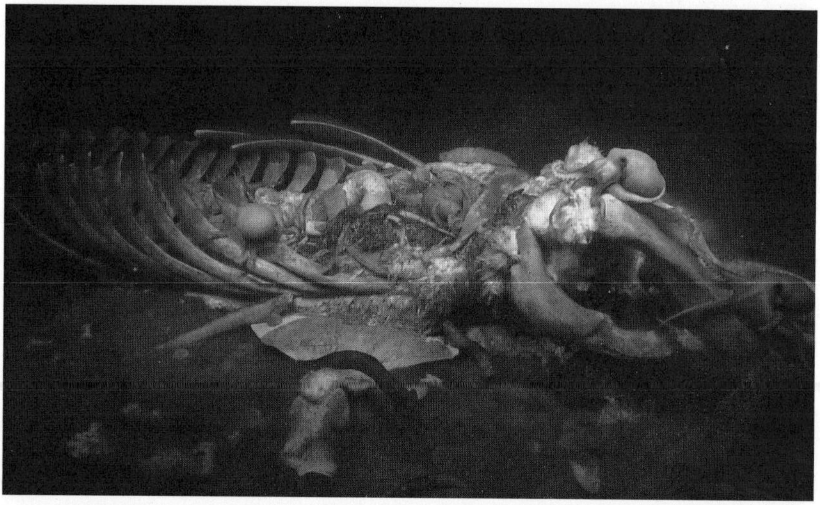

Imagen 38: Aquí podemos ver un entorno de *whale fall.* Toda esta comunidad ecológica es sustentada únicamente por el cuerpo sin vida de la ballena.

En sedimentos del Cretácico superior de la isla de Hokkaido, en Japón, se han encontrado restos de plesiosaurios con huecos, marcas y rastros que parecen indicar la acción de antiguas bacterias quimio-sintéticas, así como gasterópodos fósiles típicos de este tipo de comunidades íntimamente relacionados con los huesos de estos reptiles marinos. Esto nos indica que, posiblemente, durante al menos el Cretácico superior existieron ecosistemas y comunidades parecidos a los de los actuales *whale falls*, en los que la caída de un animal de grandes dimensiones hasta el inerte fondo oceánico propiciaría la dispersión y evolución de interesantes comunidades de organismos de aguas profundas. Este tipo de hallazgos son extremadamente raros en paleontología, aunque, si se han descubierto en plesiosaurios, nada parece indicar que no se pudiesen producir también en mosasaurios. Sabemos que algunos huesos de estos últimos tuvieron ciertos poros presumiblemente rellenos de lípidos, tal y como se ha descubierto en el pequeño *Clidastes*, por lo que puede que los organismos degradadores de grasas de los *whale falls* actuales puedan tener un origen muy anterior al de los propios cetáceos. No obstante, aún queda mucho trabajo por hacer en este aspecto, y estamos todavía lejos de poder caracterizar estas antiguas comunidades de aguas profundas. No sabemos tampoco si con la extinción de los grandes reptiles marinos al final del Cretácico estas comunidades desaparecieron, o si, por el contrario, se adaptaron a otro tipo de ambientes, como las fumarolas oceánicas abisales. Puede que las comunidades asociadas a los curiosos *whale falls* de la actualidad desciendan de antiguos ecosistemas de *plesiosaur falls* o *mosasaur falls* del final del Cretácico, aunque actualmente esto no son más que especulaciones al aire. Por lo pronto hay algo muy claro: cualquier evidencia fósil, correctamente interpretada, puede llevarnos a campos de investigación increíbles y a veces totalmente insospechados.

Hemos visto hasta ahora que, bien entrado el piso Santoniense, a las ya de por sí complejas comunidades de mosasaurios pareció unírseles un nuevo grupo, el de los halisaurinos. Hemos hablado también acerca de su modesto tamaño, de sus curiosas extremidades y de su amplia distribución, pero aún no hemos tratado la que posiblemente sea la novedad más importante que estos animales introdujeron en el mundo de los mosasaurios. Un par de páginas atrás habíamos visto que tanto *Clidastes propython* como *Eonatator sternbergii* tuvieron dimensiones muy parecidas y habíamos llegado a la conclusión de que, ecológicamente, la coexistencia en los mismos ecosistemas de estos dos mosasaurios parecía no tener demasiado sentido. Si estos animales llevasen modos de vida muy similares, es decir, si ocupasen los mismos nichos ecológicos, su convivencia en el largo plazo sería imposible. Inevitablemente, uno de los dos se impondría sobre el otro y lo desplazaría. No obstante, según el registro fósil ambas especies parecieron coexistir durante un intervalo de tiempo más que apreciable, y esto se debió principalmente a… ¡sus dientes! Superficialmente *Clidastes propython* y *Eonatator sternbergii* parecían ser similares, pero, una vez abrían la boca, las diferencias entre ambos quedaban más que establecidas. Y es que por suerte los dientes, que posiblemente sean los restos de mosasaurio más comunes en el registro fósil, sirven no solo para identificar a las distintas especies de estas antiguas bestias marinas, sino también para caracterizarlas ecológicamente. Pero ¿y esto qué significa?

Pues que, si encontramos unas pocas piezas dentales en buen estado, podremos decir de qué pudo alimentarse ese mosasaurio o si estuvo especializado en la captura de algún tipo concreto de presa. Desde prácticamente los inicios de la paleontología ya se trató de asignar nichos ecológicos a gran cantidad de especies con base únicamente en sus caracteres dentales, aunque, en el mundo de los reptiles marinos del Mesozoico, no fue hasta la penúltima década del siglo XX cuando todo el conocimiento existente en este aspecto comenzó a condensarse en una teoría unificada. Fue en junio de 1987 cuando, en la revista científica *Journal of Vertebrate Paleontology*, se publicó un estudio que finalmente estandarizaría la compleja relación entre dientes y nichos ecológicos para los grandes reptiles marinos de la era secundaria. El artículo tenía un nombre sencillo y directo, «Tooth morphology and prey preference of Mesozoic Marine Reptiles», pero sus repercusiones en el estudio de los amniotas marinos serían enormes.

Resulta que, a grandes rasgos, podemos dividir a prácticamente todos los reptiles marinos de la era secundaria en seis grandes grupos, basándonos únicamente en la morfología general de sus dientes y el tipo de desgaste que estos presentan. Cada uno de estos grupos, conocidos como *gremios de Massare*[26], puede relacionarse con un conjunto de presas objetivo, es decir, que en función de si un animal está en uno u otro gremio estará más o menos adaptado para el consumo de un cierto tipo de presas. No obstante, si esta división es tan importante, ¿por qué no la hemos introducido desde un primer momento en este libro? ¿Por qué hemos tenido que esperar hasta ya bien entrado el piso Santoniense para hablar de los gremios de Massare? Pues la respuesta a esto es muy simple: hasta ahora, todos los mosasaurios que hemos visto pueden entenderse perfectamente sin necesidad de introducir esta división. Y esto, aunque en primera instancia no lo parezca, tiene unas repercusiones importantísimas y podrá explicar buena parte de la historia evolutiva más tardía de estos lepidosaurios. Pero no te apures, pues nosotros nos internaremos en todo este nuevo modo de entender a los reptiles marinos poco a poco: comenzaremos por explicar cuáles fueron los seis gremios de Massare y, posteriormente, ya veremos por qué su uso en los mosasaurios del Santoniense en adelante es crucial.

Los gremios de Massare son bastante fáciles de recordar, pues cada uno de ellos lleva el nombre (en voz inglesa) de la acción para la que los dientes de su grupo están más especializados. De este modo,

26 En honor a Judy A. Massare, la científica detrás del artículo «Tooth morphology and prey preference of Mesozoic Marine Reptiles».

la primera y más importante de estas divisiones, el conocido como gremio *Cut*, incluye a aquellos amniotas marinos con piezas dentales adaptadas para cortar carne. Este primer grupo está caracterizado por dientes con aristas cortantes conocidas como *carinas*, las cuales además pueden aparecer aserradas. Serían algo así como los filos de un cuchillo, rebordes afilados de gran utilidad para rasgar y cortar la carne de sus presas. A mayores, los dientes de estos animales son algo más altos que anchos, frecuentemente aparecen rotos y terminan en un vértice puntiagudo. Exceptuando a los halisaurinos, absolutamente todos los mosasaurios que hasta ahora hemos tratado en este libro caerían dentro de este gremio. Estos dientes son típicos de depredadores generalistas, y por ahora, aunque los mosasaurios hayan alcanzado tamaños muy dispares, todos se adecúan a este modelo de depredador poco especializado. Es decir, que aunque evidentemente los mosasaurios más grandes, como *Tylosaurus proriger*, podrían atacar a animales distintos que por ejemplo el pequeño *Clidastes propython*, ninguno de los dos estaría especializado en un tipo concreto de presas, como pueden ser calamares, peces de un cierto tamaño o invertebrados con caparazón. Todos ellos, a pesar de sus distintas tallas, fueron *depredadores generalistas*.

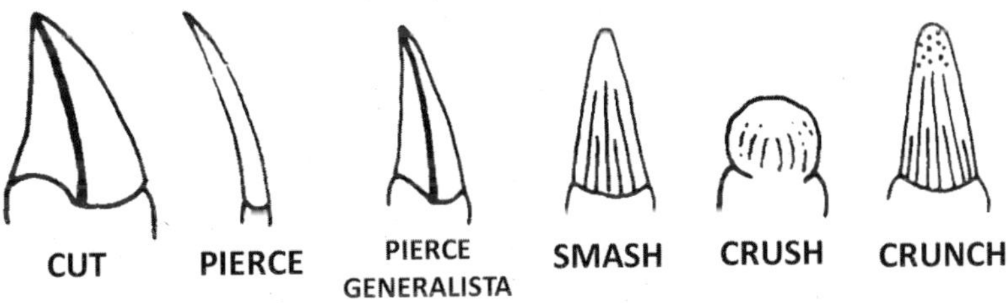

Imagen 39: Los seis gremios de Massare nos permiten deducir la dieta de un reptil marino únicamente inspeccionando sus dientes.

No obstante, con la llegada de los halisaurinos a los mares santonienses, los mosasaurios abrirían sus puertas, aunque muy tímidamente, a un nuevo gremio de Massare. Se trata del conocido como gremio *Pierce II*, también conocido como *Pierce generalista*, en el cual encontramos dientes ya mucho más largos que anchos. También pueden aparecer carinas cortantes en estas piezas dentales, pero estas ya nunca van a aparecer aserradas. Los representantes de este nuevo gremio, como la especie *Eonatator sternbergii*, ya no serían depredadores generalistas ni estarían adaptados para cortar o rasgar carne. Estos animales estarían especializados en capturar presas más discretas, como peces no demasiado grandes, a los que podrían atravesar fácilmente con sus largos dientes, rompiéndose en ocasiones la parte más apuntada del vértice en el proceso. Por eso justamente *Clidastes propython* y *Eonatator sternbergii* pudieron convivir en los mismos ecosistemas, porque posiblemente no compitiesen por las mismas presas, o al menos no por todas ellas. Mientras que el primero seguía siendo un depredador generalista, el segundo pareció ser un animal más piscívoro.

Y bueno, si ya hemos introducido el gremio *Pierce II/Pierce generalista*, ahora evidentemente le toca el turno al gremio *Pierce I*, muchas veces llamado simplemente *Pierce*. En este caso, los dientes alargados y apuntados del gremio anterior son llevados al extremo, volviéndose una especie de delicadas puntas curvadas hacia el interior de la boca. Estas piezas dentales ya carecen totalmente de carinas o de cualquier tipo de borde cortante y, además, casi nunca suelen mostrar marcas de desgaste o daños. Los reptiles marinos de este gremio estuvieron altamente especializados en la captura de peces pequeños, que acabarían dentro de sus fauces sin necesidad de que los dientes los llegasen a atravesar. Estos últimos tendrían una labor más bien similar a la de los barrotes de una cárcel, pues impedirían que cualquier presa en el interior de la boca pudiese escapar de vuelta al mar, y justamente por ello apenas sufrirían daños o desgaste. ¿Y qué reptiles marinos caerían dentro de este gremio? Pues unas bestias de cuello asombrosamente largo que tuvieron una importancia mayúscula en los mares del Cretácico superior. ¿Quieres saber de quiénes se trata? No te apures, hablaremos de ellos al final de este capítulo.

El cuarto de nuestros gremios de Massare será el conocido como gremio *Smash*, el cual, aunque tenga una función no muy distinta a la del de *Pierce generalista*, muestra notables diferencias con él. Los dientes de este grupo son apuntados, con forma de clavo, pero su vértice no termina en un pico, sino que es algo redondeado. Y justamente en esta zona, en el vértice redondeado del pico, es donde este tipo de piezas dentales muestran un mayor desgaste. Este tipo de morfología dental la podemos ver, por ejemplo, en algunos ictiosaurios y suele admitirse que sus miembros estuvieron altamente especializados en la captura de cefalópodos blandos, es decir, principalmente de calamares. La forma de estos dientes sería idónea para atravesar y capturar a pequeños moluscos de este estilo, muy distintos en textura y morfología a los peces de tamaño similar. No obstante, este tipo de dentición también podría ser compatible con una alimentación piscívora.

Por último, los otros dos gremios de Massare que nos quedan dan cuenta de un tipo de alimentación que hasta ahora no hemos tratado: la *durofagia*. Unas de las presas más abundantes en mares y océanos son los moluscos con concha dura, los crustáceos con caparazón y los erizos marinos, pero, hasta ahora, ninguno de los tipos de dientes que hemos introducido podría procesar las duras corazas de estos animales. ¿La solución? Dientes más gruesos y resistentes, carentes ya de cualquier tipo de filo o vértice apuntado, pero, ante todo, capaces de soportar enormes esfuerzos sin cascar. Los animales con este tipo de dentición y especializados en el consumo de presas duras se conocen como *durófagos*, aunque dentro de este grupo existen dos tendencias muy distintas. Esto último se ve reflejado en la existencia de dos gremios de Massare claramente diferenciados: el gremio *Crush* y el gremio *Crunch*. Por el momento no indagaremos más en este tipo de animales, ya que el próximo capítulo estará dedicado exclusivamente al complejo e interesante mundo de los mosasaurios durófagos.

Tal y como hemos visto, hasta bien entrado el piso Santoniense todos los mosasaurios caían dentro del gremio *Cut*, es decir, todos eran depredadores generalistas. No obstante, con la llegada de los halisaurinos a los mares cretácicos comenzaría una auténtica revolución ecológica entre los mosasaurios. *Eonatator sternbergii* al parecer ya estuvo bastante adaptado a un modo de vida piscívoro, pero esta especialización, esta novedad en lo que a alimentación y preferencia de presas se refiere, no sería más que la primera de muchas. Todos los mosasaurios que participaron en el primer evento de diversificación, en esa primera radiación temprana de grandes lepidosaurios acuáticos, fueron a todas luces animales muy generalistas. Los ruselosaurios habían sido los principales protagonistas de esta primera expansión por los mares, habían logrado incluso la total supremacía de muchos ecosistemas, pero su éxito no sería ni mucho menos eterno. Tras la aparición de los primeros mosasaurios especializados, como *Eonatator sternbergii*, y sobre todo conforme avanzase el extenso piso Campaniense, su presencia en los mares poco a poco iría pasando a un segundo plano. Los ruselosaurinos irían progresivamente cediendo terreno ante el inexorable avance de los mosasaurinos mosasaurinos, los cuales, a diferencia de los plioplatecarpinos y, especialmente, de los tilosaurinos, sí supieron sacar provecho de la *especialización dental*. Una nueva era estaba a punto de comenzar, y los mosasaurios, que a finales del Santoniense se reducían al gremio *Cut*, pronto llegarían a extenderse por hasta cinco de los seis gremios de Massare…

No obstante, había un gremio al que estos grandiosos lepidosaurios marinos nunca se acercarían, o al menos según nos muestra el registro fósil actual. *Pierce I*, donde se incluía a aquellos reptiles marinos de dientes largos y delicados, idóneos para la captura de peces pequeños, sería un territorio inexplorado para los mosasaurios. Sin embargo, en los mares del Cretácico superior sí que hubo un importante grupo de animales que optó por este modo de alimentación. Estamos hablando de los *elasmosáuridos*[27], un clado dentro de los diversos plesiosaurios muy conocido en la cultura popular, especialmente por el famoso mito del monstruo del lago Ness. Este grupo de reptiles marinos ya llevaba presente en los mares de la Tierra muchos millones de años, pues su origen se remonta incluso más atrás que el de los escurridizos aigialosaurios cenomanienses. No obstante, durante los dos últimos pisos del Cretácico superior, el Campaniense y el Maastrichtiense, será cuando estos titanes de cuello largo alcanzarán una mayor extensión y, sobre todo, cuando sus especies más conocidas surcarán los mares. Cualquier exposición acerca de los ecosistemas marinos del final del Cretácico estaría incompleta sin una correcta mención a los elasmosáuridos, por lo que, sin más dilación, hablemos un poco sobre estos majestuosos reptiles marinos.

27 La familia Elasmosauridae. Cuando hablemos de *elasmosaurios*, también nos referiremos a esta familia.

Imagen 40: Inicialmente el esqueleto de *Elasmosaurus platyurus* se montó con la cabeza en la punta de la cola. Posteriormente ya se vio que esto era incorrecto y que los elasmosáuridos eran bestias de cuellos larguísimos.

Lo que más llama la atención de estos animales, sin lugar a duda, es su largo cuello. Resulta curioso pensar que Edward Drinker Cope, uno de los paleontólogos más conocidos y de mayor renombre, cuando estudió los restos de uno de estos amniotas allá por 1868, pensó que se trataba de una criatura de cuello corto y cola larga. Y es que el esqueleto de *Elasmosaurus platyurus*, la especie del Campaniense del Western Interior Sea que da nombre al grupo, inicialmente fue montado al revés, es decir, con la cabeza en la punta de la cola. Por suerte, pronto se vio que todo aquello se trataba de un burdo error y se corrigió el montaje del esqueleto fósil, situando ahora ya sí la cabeza del animal en la base del cuello. El resultado, no obstante, era bastante impactante, pues en lugar de un reptil marino con una larga cola, algo que no parecía ser muy extraño, la nueva reconstrucción indicaba que estábamos ante una gran bestia marina con un titánico cuello.

Y justamente por el cuello es por donde seguiremos nuestra explicación, ya que en la cultura popular muchas veces esta parte del cuerpo de los elasmosáuridos suele representarse de manera excesivamente fantasiosa. No es raro encontrar dibujos de grandes elasmosaurios sacando casi todo el cuello del agua o incluso a veces retorciendo el cuello como si se tratase del cuerpo de una serpiente. Todo esto, aunque fascinante y peculiar, es científicamente incorrecto. Estos reptiles marinos no podrían doblar sus cuellos con esa libertad, pues su movilidad, tal y como veremos a continuación, estaría bastante restringida.

Las vértebras cervicales de los elasmosáuridos son muy claras en su diagnóstico de la situación, pues, dada su robustez y morfología, el animal debería mantener en todo momento su cuello fijo, estirado y en una posición prácticamente horizontal con respecto al cuerpo. Pero, entonces, ¿qué utilidad podría tener su gigantesco cuello? La clave para entender esto está en sus piezas dentales. Tal y como describimos hace unas pocas páginas, los dientes largos y delgados de los elasmosaurios tendrían la función de no dejar escapar a los peces o animales que cayesen en sus fauces, actuando de manera similar a los barrotes de una celda. Por lo tanto, estos enormes reptiles marinos, que fácilmente podían superar los 10 metros de longitud, deberían ser capaces de aproximarse a grandes bancos de peces sigilosamente, sin ser detectados, para posteriormente abrir su boca y capturar a estas presas.

No obstante, aquí nos topamos con un problema: los peces son muy rápidos y fácilmente podrían escapar de estos ataques. Si alguna vez has intentado coger un pez con la mano, te habrás dado cuenta de que, aunque te acerques a él por detrás, sin que llegue a verte, este detectará tu presencia y huirá. Esto ocurre porque los peces tienen un sistema de receptores conocido como *línea lateral*, que es capaz de percibir hasta la más mínima de las perturbaciones en el agua que los rodea. Por ello, cuando acercas tu mano, el pez, aunque se encuentre de espaldas, realmente sí que te estaría «viendo». Además, la línea lateral les permite ser conscientes no ya solo de la presencia de un peligro, sino de la magnitud de este, pues dependiendo de cómo sean las perturbaciones que un animal genere en el agua, los peces pueden intuir cuál es el tamaño de este último y, consecuentemente, evaluar si supone un peligro potencial o no. De este modo, buena parte de los animales piscívoros, como por ejemplo los delfines, deben o bien ser más rápidos que los peces o bien ser capaces de sorprenderlos. El problema aquí es que, como posiblemente ya te hayas dado cuenta, un enorme elasmosaurio que necesariamente debiera llevar su cuello recto y horizontal no sería capaz de alcanzar grandes velocidades, y mucho menos de realizar rápidos y bruscos giros con los que sorprender a los peces. Entonces, ¿cómo pudo capturarlos?

Pues la respuesta, esta vez ya sí, está en su gigantesco cuello. Si has comprendido lo que es la línea lateral de los peces y, vagamente, entiendes cómo detecta los peligros circundantes, comprenderás que el largo cuello de los elasmosaurios no es más que un ingenioso método para engañar a este sistema de receptores. Cuando la cabeza de los elasmosaurios, que no es demasiado grande, se acercase lentamente a un banco de peces, estos puede que ni siquiera la detectasen como un peligro potencial. Y es que el gran cuerpo de estos reptiles marinos, la parte que originaría mayores perturbaciones en el agua al nadar, estaría muy lejos del banco, pues se encontraría en el otro extremo de un larguísimo cuello que, perfectamente, podría superar los 5 o 6 metros de longitud. De este modo, los peces detectarían únicamente su cabeza, pues la parte más masiva del animal se encontraría fuera del alcance de detección de la línea lateral. Además, en el caso de grandes bancos, si a esto le sumamos las perturbaciones que generarían en el agua el resto de los peces, y el hecho de que el elasmosaurio se acercaría a una velocidad moderada, es posible que muchos de estos animales ni siquiera pudiesen detectar al letal plesiosaurio aproximándose por su retaguardia. Por lo tanto, el enorme cuello de los elasmosaurios sería un complejo modo de confundir a los peces, tan dependientes de su línea lateral.

A mayores, otros aspectos de la morfología de los elasmosaurios también nos dan importantes pistas acerca de este modo de alimentación. Sus aletas, por ejemplo, que se moverían de manera coordinada para desplazarse por el agua, fueron mucho más largas que anchas. Por otro lado, si observamos a los pliosaurios o a los ágiles policotílidos, nos daremos cuenta de que sus aletas son mucho más anchas que las de los elasmosaurios, es decir, que no son tan alargadas. De manera algo más técnica, se dice que las aletas de los elasmosaurios presentan una alta *relación de aspecto*[28] y que, por el contrario, las de policotílidos y pliosaurios presentan una relación de aspecto baja. Esta terminología es muy utilizada en aeronáutica y, generalmente, aquellas aeronaves con una relación de aspecto baja, como por ejemplo los cazas militares, son poco estables y muy útiles para maniobrar, pero, por otro lado, las aeronaves con relación de aspecto alta, como los aviones de pasajeros, son muy estables, pero no pueden girar o cambiar de dirección con tanta facilidad. Pues en el caso de los antiguos plesiosaurios del Cretácico, por curioso que parezca, sucedería prácticamente lo mismo. Policotílidos y pliosaurios serían cazadores rápidos y activos, bien de animales de tamaño medio o de objetivos grandes, pues sus aletas cortas les permitirían

28 La relación de aspecto de una aleta o un ala se define como envergadura^2/área de la aleta.

realizar rápidos giros y cortes bruscos, algo necesario para perseguir a una presa concreta. Por otro lado, las largas aletas de los elasmosaurios les otorgarían una gran estabilidad en sus movimientos, algo ideal para marchar largas distancias sigilosamente detrás de grandes bancos de peces.

Los elasmosaurios, por lo tanto, a diferencia de buena parte de los mosasaurios que habían aparecido hasta el Santoniense, estuvieron altamente especializados en la captura de un tipo de presa muy concreto. Los grandes bancos de pequeños peces serían el objetivo principal de estos titanes del Cretácico superior, con lo que, en un principio, pudieron convivir con los feroces mosasaurios sin que se diese una intensa competencia entre ambos grupos. No obstante, tal y como ya hemos adelantado, los mosasaurios no continuarán siendo simples depredadores generalistas por mucho más tiempo. En el piso Campaniense nuestros protagonistas al fin mostrarán sus verdaderas ambiciones…

Imagen 41: Reconstrucción de un ejemplar de *Elasmosaurus platyurus.*

Bajo una dura coraza

Los dientes lo son todo. O, bueno, al menos casi todo. Ya hemos visto en el capítulo anterior que, por suerte, las piezas dentales de los mosasaurios son, por un lado, muy abundantes en el registro fósil y, por otro, uno de los elementos más útiles y reveladores. Únicamente estudiando de manera exhaustiva un diente podemos saber no ya solo a qué género o especie perteneció, sino también qué tipo de presas solían estar en su menú. Los gremios de Massare nos permiten sacar una gran cantidad de información a partir de pequeños restos fósiles aislados, y eso es algo muy importante. No obstante, aunque hasta ahora hayamos hablado de los dientes desde un punto de vista paleontológico, ecológico o incluso taxonómico, debemos tener en cuenta que hubo un día en el que estos pequeños e interesantes fósiles formaron parte de un ente mucho más complejo, de un animal perfectamente adaptado para lidiar con los retos y desafíos a los que continuamente lo sometía su hostil entorno. Nunca debemos olvidarnos del que quizá sea el punto de vista más interesante de los dientes, es decir, de su aspecto biológico. Y claro, si adoptamos este enfoque, si pensamos en los dientes como parte indispensable de la mandíbula de un mosasaurio, inmediatamente nos surgen nuevas preguntas: ¿cómo crecieron? ¿Cómo se dispusieron en las fauces de estas bestias marinas?

Ya habíamos comentado previamente que, al igual que la mayoría de los reptiles, los mosasaurios mudaron sus dientes de manera regular. Cada cierto tiempo, en la *parte lingual* de la mandíbula comenzaría a crecer una nueva pieza dental en un lugar intermedio entre otras dos. Para hacernos una idea, si lo viésemos desde arriba lo que encontraríamos sería una especie de *patrón en zigzag*. Por fuera estarían los dientes funcionales del mosasaurio, aquellos que el animal utilizaba de manera activa para procesar sus presas, y por dentro, más cerca de la lengua, tendríamos una nueva pieza dental erupcionando justo entre dos de ellos. Pero lo verdaderamente bonito es que esta imagen es que no tenemos por qué imaginárnosla, pues se conocen mandíbulas fósiles de mosasaurios en las que se conservan perfectamente estos dientes a medio erupcionar. Aunque, por mucho que no tengamos por qué imaginarnos la escena, siempre es interesante hacernos una breve idea mental del camino que recorrerían estas nuevas piezas dentales. Conforme pasase el tiempo, el diente sustituto avanzaría hacia su futura posición y, poco a poco, iría disolviendo la raíz de su predecesor. Finalmente, un cierto día, quizá tras un mordisco más duro de lo habitual, el diente viejo se desprendería de la encía y, después, terminaría cayendo hacia el fondo marino. Con suerte, este pequeño resto de mosasaurio llegará a fosilizar y, con aún más suerte, millones de años después algún paleontólogo logrará impresionarse con su descubrimiento. Cada poco nuevos dientes brotarían, ocupando los *alveolos dentales*[29] de aquellos a los que pretendían sustituir…

Y este último detalle es importante, porque, a diferencia de muchos otros reptiles, y en especial de buena parte de los lepidosaurios, los mosasaurios tuvieron en sus mandíbulas alveolos independientes para cada diente. Esto es algo, además, que también podemos ver, por ejemplo, en mamíferos, cocodrilos o dinosaurios. Se dice que todos los animales poseedores de alveolos en sus mandíbulas tienen una dentición de tipo *tecodonta*, en contraposición a otras denticiones en las que no existen alveolos, como la pleurodonta o la acrodonta. Resulta que la mayoría de lepidosaurios, es decir, de lagartos y serpientes, poseen una dentición de tipo *pleurodonta*, en la que el diente se ancla a la mandíbula por la parte interior, o sea, por la parte lingual, pero sin que en ningún momento haya alveolos dentales asociados. Los mosasaurios, por su parte, tuvieron una dentición mucho más similar a la de dinosaurios, mamíferos o cocodrilos. Pero cuidado, esto no significa en absoluto que estuviesen cercanamente emparentados con ninguno de estos grupos. Todo parece

29 En muchos vertebrados los dientes crecen en huecos sobre los huesos de la mandíbula. Se conoce a estos huecos como *alveolos dentales*.

indicar que los mosasaurios desarrollaron su dentición tecodonta de manera convergente a estos otros clados de amniotas, es decir, de modo totalmente independiente.

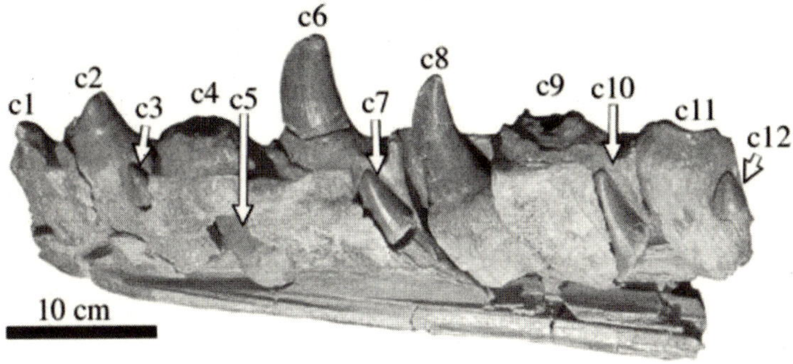

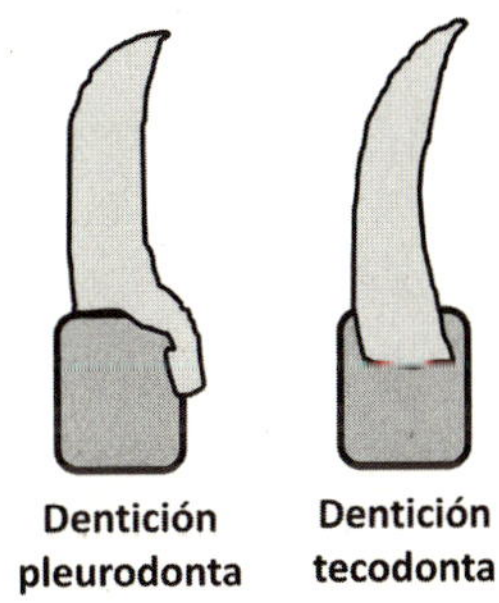

Imágenes 42 y 43: Arriba podemos ver una mandíbula de *Mosasaurus hoffmannii* en la que se han conservado varios dientes a medio brotar (c3, c5, c7, c10, c12). Fíjate en que estos dientes nuevos no aparecen justo bajo el que pretenden sustituir, sino que están situados también un poco hacia atrás. Por ejemplo, c7 acabaría sustituyendo a c6, pero se encuentra en una posición lingual intermedia entre c6 y c8. Por otro lado, en la otra imagen tenemos un esquema en el que pueden verse las principales diferencias entre la dentición tecodonta, con alveolos dentales asociados, y la pleurodonta.

Y por último, antes de lanzarnos ya sobre los interesantes grupos de extraños mosasaurios sobre los que hablaremos en este nuevo capítulo, merece la pena hacernos una última pregunta relacionada con el aspecto biológico de las piezas dentales: si los mosasaurios mudaron sus dientes, ¿cada cuánto lo hicieron? ¿Acaso puede saberse o estimarse? Evidentemente, siempre que hacemos una pregunta de este estilo es para contestarla de manera afirmativa, por lo que, sin más preámbulos, vayamos sobre la explicación.

Habíamos visto que en los huesos podíamos relacionar ciertas líneas o anillos con períodos de crecimiento restringido, y lo cierto es que, en los dientes, podemos hacer algo parecido... Algo parecido, pero mucho más potente. Un par de capítulos atrás habíamos hablado de los cambios isotópicos en las capas de los dientes de los mosasaurios, por lo que de manera implícita ya habíamos utilizado en cierto modo esto que a continuación vamos a detallar. Resulta que el crecimiento de los dientes en muchos amniotas es bastante rápido y, además, tiene lugar a unos ritmos conocidos. Al igual que ocurría con los huesos, si observamos la sección de un diente podremos distinguir varias capas concéntricas en forma de líneas o anillos. Pero, claro, ¿cómo las interpretamos? Se suele admitir que hay dos grandes tipos de líneas en los dientes de los amniotas: por un lado, están las *líneas de Andersen*, que se suceden entre cada cinco y ocho días, y por otro lado, están las *líneas de Von Ebner*, que dan cuenta de crecimientos de ritmo diario. A mayores se suele hablar en ocasiones de las *líneas de contorno de Owen*, las cuales hacen referencia a períodos de crecimiento anómalo, pero nosotros no las utilizaremos para nuestro análisis. La idea aquí es sencilla: si el diente está lo suficientemente bien preservado y somos capaces de detectar la distancia entre dos líneas de Von Ebner sucesivas, que típicamente es de poco más de 10 μm, podremos saber cómo ha ido creciendo esa pieza dental día a día. Posteriormente, deducir la edad del diente en el momento de su sustitución por otro nuevo se resume en contar líneas. Así que, ahora que ya sabemos que podemos calcular la «edad útil» del diente de un mosasaurio, ¿cada cuánto los mudaron?

Este análisis se realizó para varias piezas del Campaniense del sur de Suecia, y los resultados obtenidos fueron los siguientes: el diente de un cierto plioplatecarpino de tamaño medio, afín al género *Platecarpus*, creció durante unos 260 días, el de un gran mosasaurio del género *Tylosaurus* lo hizo durante unos 593 días y, por último, el de un mosasaurino que aún no hemos introducido en este libro (género *Prognathodon*) lo hizo durante 374 días. ¿Y estos datos qué nos dicen? Pues no mucho, debido principalmente al pequeño tamaño de la muestra con la que se contaba en el estudio, pero sí que nos informan acerca de que los tiempos de muda, *a priori*, no parecen ser los mismos entre distintas especies. No obstante, lo más interesante de este estudio no son los resultados en sí, sino más bien las puertas que nos abre para futuras investigaciones. Puede que aún no lo hayas interiorizado, pero tal vez deberías tomarte un par de segundos para reflexionar acerca de todo este asunto: somos capaces de analizar, gracias a las líneas de Von Ebner, el crecimiento diario de un animal que falleció hace más de 70 millones de años. Es simplemente impresionante…

Sin embargo, tal y como comentamos previamente, el objetivo de este capítulo no es seguir hablando únicamente sobre dientes, sino introducir a dos importantísimos grupos de mosasaurios que, en cierto modo, pueden etiquetarse como peculiares. No obstante, no solo trataremos de averiguar quiénes fueron estas antiguas bestias marinas, sino que también indagaremos en cuáles fueron sus presas potenciales y en quiénes fueron sus posibles competidores. Unas páginas atrás ya habíamos hablado de los seis gremios de Massare, una ingeniosa división en grupos que nos permitía obtener una gran cantidad de información únicamente a partir de los dientes de los amniotas acuáticos. Aunque, si recuerdas bien, hasta ahora tan solo hemos llegado a introducir cuatro de estos seis gremios. Habíamos visto que la mayoría de los mosasaurios hasta el Campaniense podían agruparse dentro del gremio *Cut*, pero que alguno de ellos, como el pequeño halisaurino *Eonatator sternbergii*, ya había logrado especializarse lo suficiente como para formar parte de otro de estos grupos, *Pierce generalista* o *Pierce II*. También vimos que el gremio *Pierce*, o *Pierce I*, no fue ocupado por ningún mosasaurio (o al menos no que se sepa), pero sí por unos enormes plesiosaurios de cuello largo que conocemos como *elasmosaurios*. Por último, habíamos hablado brevemente también del gremio *Smash*, aunque tan solo habíamos comentado que sus miembros estaban adaptados para la captura de calamares u otras presas afines igual de escurridizas. *Cut*, *Pierce generalista*, *Pierce* y *Smash* suman cuatro gremios, pero habíamos dicho que debería haber seis, por lo que ¿cuáles son los otros dos? ¿Estuvo alguno de ellos relacionado con mosasaurios? ¿Qué presas objetivo tuvieron?

Los dos gremios de Massare que nos faltan, tal y como adelantamos al final del capítulo anterior, están relacionados con el tratamiento de presas duras o, al menos, de presas más resistentes de lo habitual. Solemos hablar de *durofagia* para referirnos al comportamiento consistente en la consumición especializada de animales con conchas, caparazones o esqueletos externos rígidos. Almejas, erizos, ostras, mejillones… Todos estos invertebrados, abundantísimos tanto en nuestros mares como en las cálidas aguas del Cretácico, estarían en el punto de mira de los depredadores durófagos. Y si hablamos de este tipo de amniotas, de aquellos especializados en la consumición de presas duras, el primer gremio de Massare que tratar, sin lugar a duda, es el de *Crush*. Aquí olvídate de dientes cortantes y afilados, olvídate de dientes parecidos a puntas o alfileres, más útiles para estocar que para rasgar carne. Todo esto es completamente inútil contra un molusco bivalvo o un punzante equinodermo acorazado. Los animales del gremio *Crush* tuvieron piezas dentales radicalmente distintas. Aquí ya no hay filos, carinas, bordes aserrados ni delicados vértices, sino que simplemente tenemos una especie de semiesfera rígida, una resistente cúpula muy similar en morfología al pomo de una puerta. Como mucho, en la parte superior de algunos de estos dientes puede aparecer un tímido pico muy ancho y extremadamente resistente. De este modo, adoptando unas piezas dentales tan extrañas y especializadas, los miembros del gremio *Crush* consiguieron incluir en su menú a moluscos con concha, equinodermos y otras presas similares. No obstante, al igual que ocurrió durante la transición de los mosasaurios primitivos de la tierra al agua, el precio que pagar por esta especializada dentición fue muy alto. Con esta especie de semiesferas en sus mandíbulas, el espectro de presas accesibles quedaría inmensamente reducido. Haberse especializado tanto en la rotura de conchas y exoesqueletos ahora suponía que peces, calamares u otros reptiles marinos quedasen ya totalmente fuera de su alcance. Una vez más, la evolución no solo trae importantes ventajas, sino también críticos inconvenientes.

En algún momento del Campaniense, un discreto grupo de pequeños mosasaurinos, muy lejos de las enormes tallas de algunos otros reptiles marinos, decidió seguir la senda de la durofagia. Dentro de los mosasaurios mosasaurinos, clasificamos a estos discretos cascadores de conchas en la *tribu*[30] Globidensini, por lo que de aquí en adelante nos referiremos a ellos únicamente como *globidensinos*. Tras lanzarse de lleno al gremio *Crush*, un nuevo mundo de presas y

30 La *tribu* es una categoría taxonómica inferior a la subfamilia. Si a nivel de nomenclatura las familias se caracterizan por el sufijo *-idae* y las subfamilias por *-inae*, las tribus adoptan al final de la palabra el sufijo *-ini*.

capturas rápidamente se abrió ante los ojos de estos pequeños mosasaurios. Además, gracias a su nueva y especializada alimentación, pudieron permitirse el lujo de compartir ecosistemas con muchos otros lepidosaurios acuáticos de pequeño y medio tamaño. Ahora ya no competirían con estos mosasaurios por los mismos recursos o presas, aunque eso no significa en absoluto que su camino fuese a estar libre de obstáculos. Otros grupos de depredadores marinos hacía ya millones de años que se habían especializado en la rotura e ingesta de concha de almejas, caracoles u otros animales duros del fondo marino. Por lo que, antes de hablar de estos curiosos mosasaurios de extraños dientes semiesféricos, conviene dedicarle unas líneas a sus posibles competidores. Porque, a finales del Cretácico, ¿qué animales se habían especializado en la durofagia?

Unos de los principales animales durófagos del Cretácico, o al menos unos de los más extendidos, fueron los *peces picnodóntidos*[31]. Estos curiosos pescados, de dimensiones que oscilaban en torno a los 25 o 30 cm en muchas ocasiones, fueron unos cascadores de conchas y corazas muy especializados. Y aunque, debido a sus modestas dimensiones, es muy poco probable que causasen una importante competencia a los mosasaurios globidensinos, lo cierto es que sus pequeños dientes son muy comunes en el registro fósil. Estos peces poseyeron unas interesantes baterías dentales en las que cada pieza, cada diente, era una especie de pequeña piedrecilla de aspecto pulido. Y estos diminutos fósiles, muchas veces, aparecen entre los bivalvos, gasterópodos o amonites típicos de estos ecosistemas someros del Cretácico superior. Pero lo curioso es que los picnodóntidos no fueron únicamente exitosos durante el final del Cretácico, sino que también lograron sobrevivir a la extinción que marcó el final del período y que, como muchos sabemos, supuso el fin de los dinosaurios no avianos. Hay reportes de especies de estos peces durófagos del Eoceno, más de diez millones de años después del fin de la era de los dinosaurios. Además, por si fuera poco, resulta que los peces picnodóntidos tampoco es que fuesen precisamente unos recién llegados a los mares cretácicos, pues su origen se pierde en los albores de la era mesozoica. Sin embargo, cuando cualquiera de nosotros piense en los posibles com-

31 Familia Pycnodontidae.

petidores de unos lagartos marinos cascadores de conchas y caparazones, probablemente no tenga en mente a los peces picnodóntidos. En su lugar, posiblemente muchos nos imaginemos a animales más grandes, de tallas del orden de metros, que tal vez incluso puedan llegar a ser comparables en tamaño a algunos de los mosasaurios que ya hemos tratado en este libro. Por lo que ¿existió algo así? ¿Hubo durófagos gigantes en los mares del Cretácico superior?

Pues una vez más, la respuesta aquí es afirmativa. Y cuidado, porque el nombre de este otro grupo de destructores de moluscos acorazados es muy similar al de los peces picnodóntidos, aunque no tengan absolutamente nada que ver con ellos: se trata de los *tiburones ptico-dóntidos*[32]. Estos peces cartilaginosos fueron muy extraños, al igual que suele suceder con muchos organismos durófagos, y por lo que parece alcanzaron tallas que en algunos casos perfectamente podrían superar los 4 o 5 metros de longitud[33]. No obstante y por desgracia, al igual que sucede con casi todos los condrictios dada la naturaleza cartilaginosa de su esqueleto, sus restos fósiles no suelen ser muy completos. Se conocen perfectamente las vértebras y los dientes de estos curiosos escualos, pero el resto de su cuerpo ya se nos escapa. Sin embargo, dado que sus piezas dentales y vértebras son muy conocidas a ambos lados del Atlántico, y dado que, en ocasiones, estos restos aparecen parcialmente articulados, podemos intuir varios aspectos importantes de la paleobiología de estos animales.

En primer lugar, al igual que ciertos tiburones actuales, estos condrictios fueron vivíparos, es decir, dieron a luz a sus crías vivas. De hecho, se cree que el tamaño de los neonatos de estos escualos estaría entre 70 cm y 1 metro, por lo que incluso recién nacidos estos cascadores de conchas ya gozaron de unas dimensiones importantes. Este gran tamaño durante sus primeras fases de desarrollo ya nos indica de por sí que estos animales cayeron claramente dentro del espectro de los *K-strategos*. Pero ¿qué es esto? ¿Es importante para entender su biología?

A nivel genérico, en ecología se puede clasificar a muchos seres vivos en función de su estrategia reproductiva y de desarrollo. Se

32 Familia Ptychodontidae.

33 Los ejemplares más grandes de ciertas especies tal vez podrían haber alcanzado los 10 metros de longitud.

habla por lo tanto de *r-strategos* a la hora de hacer referencia a organismos que tienen un gran número de crías, generalmente con un desarrollo acelerado, una tasa de supervivencia baja y una vida no demasiado larga. Los conejos y ratones serían un ejemplo típico de *r-strategos*, pues tienen una gran descendencia, pero no son muchos los ejemplares que logran sobrevivir hasta la etapa adulta. Por otro lado, para aquellos que tienen un número de crías más limitado y vidas más longevas, como los elefantes, las ballenas o nuestra propia especie, se acuña el término *K-strategos*. Generalmente, ante cambios bruscos en el ambiente, somos los *K-strategos* los que solemos salir peor parados, ya que tras una crisis tardamos mucho más tiempo en reponer nuestras poblaciones. Por lo tanto, el hecho de que los tiburones pticodóntidos fuesen *K-strategos* significa que tuvieron un reducido número de crías y que, en consecuencia, sus poblaciones habrían tardado bastante tiempo en recuperarse tras una crisis o época de carestía.

Pero, bueno, volvamos sobre el aspecto que verdaderamente más nos interesa acerca de los pticodóntidos, es decir, sobre su alimentación. Tal y como hemos comentado previamente, casi siempre lo que se suele encontrar son los dientes o las vértebras de estos animales, aunque, en muy contadas ocasiones, aparecen restos parcialmente articulados. Estos restos, a veces, suelen aparecer asociados a trozos de conchas de moluscos, pero no de unos moluscos cualesquiera, sino de unos de imponente talla. Buena parte de los pedazos calcáreos que aparecen relacionados con estos grandes escualos durófagos pertenecen a unos moluscos bivalvos conocidos como *inocerámidos*. Y estos animales, aunque pueden adoptar tamaños muy diversos, son muy conocidos entre los paleontólogos por el magnífico porte de algunos de sus ejemplares más grandes. Por ejemplo, en el Santoniense superior/Campaniense inferior de Quilakitsoq, en Groenlandia, se ha reportado un inocerámido de la especie *Inoceramus steenstrupi* que tuvo una concha de 187 cm de longitud. Imagínate un bivalvo de tan vastas dimensiones que llegase a pesar más que tú.

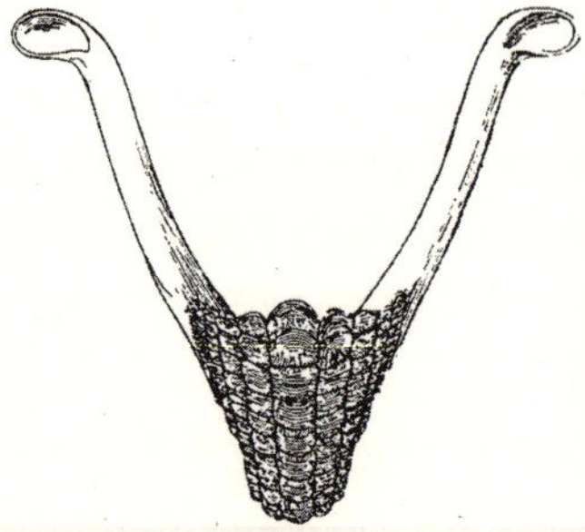

Imágenes 44 y 45: A la izquierda tenemos la representación de la mandíbula de un tiburón durófago del género *Ptychodus*. Fíjate en sus piezas dentales, completamente adaptadas para cascar conchas de moluscos. A la derecha podemos ver una de sus posibles presas, un gigantesco bivalvo inocerámido de la especie *Inoceramus steenstrupi*.

A día de hoy no hay un consenso claro acerca de por qué ciertos inocerámidos del Cretácico superior alcanzaron tallas tan colosales, aunque algunos investigadores apuntan a que esto podría ser una adaptación a la vida en las aguas fangosas de los fondos marinos. Un mayor tamaño de la concha les permitiría a estos moluscos desarrollar branquias más grandes y complejas, lo cual sería de gran utilidad para vivir en entornos de aguas no demasiado limpias o pobres en oxígeno. No obstante, los inocerámidos no solo son conocidos entre los paleontólogos y buscadores de fósiles por su gran tamaño, sino también por lo que muchas veces ocultan en su interior. En ocasiones, las resistentes valvas calcáreas de estos animales guardan en sus adentros un valioso secreto: perlas. Y sí, por si alguno os lo estabais preguntando, sí que existen las perlas fósiles. Pero tampoco debemos entretenernos con estos moluscos gigantes, ya que nuestro auténtico objetivo siguen siendo sus letales predadores.

Los tiburones pticodóntidos, ese curioso grupo de grandes escualos durófagos, parecieron estar bastante especializados en la rotura y consumición de estos bivalvos inocerámidos. Y, siendo realistas, este es un recurso al que muy pocos depredadores de los mares cretácicos podrían optar, ya que, tal y como hemos visto ejemplificado en los peces picnodóntidos, buena parte de los durófagos marinos son de pequeño tamaño. De este modo, es muy posible que los tiburones pticodóntidos no tuviesen demasiada competencia durante los primeros pisos del Cretácico superior. Sin embargo, al seguir avanzando en el tiempo, la estirpe de estos cascadores de conchas gigantes de repente se desvanece. Para el final del piso Santoniense, ya le perdemos la pista a estos titanes..., pero ¿qué les ocurrió?

Tal y como habíamos adelantado unas líneas atrás, el hecho de ser *K-strategos* no suele ser un buen punto de partida para enfrentarse a épocas de crisis o carestías, ya que, si tus poblaciones son dañadas severamente, te va a costar mucho reponerlas. No obstante, esto de por sí no es una razón para extinguirse, para desaparecer de repente del registro fósil, y más aún cuando ni siquiera se ha detectado esa supuesta crisis ecológica. Por desgracia, el registro fósil casi siempre suele tener la mala costumbre de dejarnos en ascuas, de despertar nuestra más profunda curiosidad para posteriormente parapetarse tras un muro de incertidumbre. Sabemos más o menos cuándo desaparecieron los tiburones pticodóntidos, pues no hay evidencia de sus restos más allá del Santoniense, pero esclarecer la razón de esta extinción ya no es tan sencillo. Además, para sembrar aún más la duda y el desconcierto, aquí ocurre algo similar a lo que pasaba con los últimos ictiosaurios: unos pocos millones de años después de su desaparición (o quizá incluso menos), varios mosasaurios ocupan su nicho ecológico, sin que lleguen ambos a solaparse en el registro fósil. De este modo, ya algo avanzado el Campaniense, cuando los mares ya parecían haberse olvidado por completo del legado de los tiburones pticodóntidos, unos nuevos depredadores volvieron a poner el punto de mira en los bivalvos inocerámidos. El breve respiro del que estos moluscos gozaron al principio del Campaniense había terminado: ahora, una vez más, volvían a convertirse en presas. Y claro, ¿quiénes eran estos mosasaurios durófagos recién llegados? Pues, evidentemente, los globidensinos[34].

No obstante, la alimentación en el mundo de los globidensinos, aunque especializada en presas con conchas y caparazones, no fue en absoluto idéntica entre sus distintas especies. Las más grandes,

34 Más concretamente, el primer globidensino conocido procede de un nivel del Campaniense inferior de los esquistos de Pierre, en Norteamérica. Aquí podemos encontrar a la especie *Globidens dakotensis*, apenas un millón de años después de que desapareciesen los últimos tiburones pticodóntidos.

como *Globidens dakotensis* o *Globidens alabamaensis*, ambas del Campaniense inferior de Norteamérica, perfectamente pudieron atacar a los enormes inocerámidos. De hecho, se conocen restos fósiles estomacales de estos mosasaurios en los que, entre trozos de ostras y almejas, aparecen pequeños pedazos de los inconfundibles inocerámidos. Estos lepidosaurios con dientes semiesféricos alcanzaron tallas de entre 4 y 5 metros, pudiendo algunos ejemplares acercarse o incluso superar los 6 metros de longitud. Por lo tanto, superficialmente, podríamos decir que fueron algo así como los sucesores de los tiburones pticodóntidos en los mares cretácicos, o al menos quienes les recogieron el testigo. De hecho, podemos incluso encontrar tendencias evolutivas similares entre estos condrictios y nuestros mosasaurios cascadores de conchas. Al poco de aparecer en el registro fósil, los dientes de los tiburones pticodónticos tenían un perfil muy bajo, pero posteriormente comenzaron a surgir también especies con ciertas piezas dentales comparativamente más altas, como *Ptychodus whipplei*, del piso Turoniense. Pues esto mismo podemos verlo también en los globidensinos, ya que entre las primeras especies, como *Globidens dakotensis* o *Globidens alabamaensis*, los dientes cascadores eran bajos y semiesféricos; sin embargo, en especies posteriores, como *Globidens schurmanni*, del Campaniense superior de los esquitos de Pierre, ya empiezan a aparecer dientes más altos. Exactamente igual que había ocurrido millones de años antes con los tiburones pticodóntidos. Por lo tanto, estos bizarros peces cartilaginosos y nuestros mosasaurios del género *Globidens* fueron, en el fondo, mucho más similares de lo que tal vez podría parecer. Dos animales muy distintos, pero con modos de vida casi idénticos: las maravillas de la convergencia evolutiva. Sin embargo, tal y como adelantábamos unas líneas atrás, no todos los globidensinos fueron iguales, por lo que no todos podrían acceder a exactamente las mismas presas…

Resulta que entre los globidensinos también había especies de otros tamaños, mucho más pequeñas. Este es el caso, por ejemplo, de *Carinodens belgicus*, un mosasaurio durófago del Maastrichtiense europeo que, en su etapa adulta, rondaría entre los 2 y 3 metros. Era mucho más grande que los peces picnodóntidos, así como que buena parte de los durófagos marinos, pero está claro que debió llevar una dieta algo distinta a la de sus parientes del género *Globidens*, de mayor tamaño. Así que ¿de qué pudo alimentarse? Para tratar de resolver esta incógnita, varios científicos neerlandeses construyeron un modelo de la mandíbula de *Carinodens belgicus* y lo pusieron a prueba directamente en el laboratorio, cara a cara frente a sus potenciales presas. El resultado: pues que, a pesar de que el mar ofrece gran cantidad de organismos con conchas y caparazones, muchos de ellos quedarían fuera del alcance de estos lepidosaurios acuáticos.

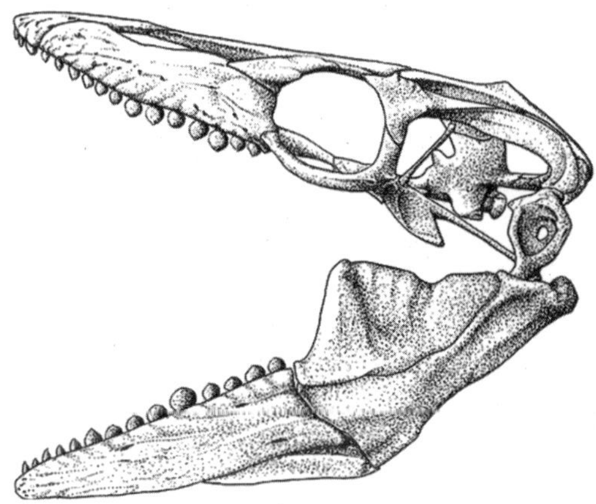

Imagen 46. Aquí podemos ver la reconstrucción de un cráneo de *Globidens dakotensis*

Imagen 47: Reconstrucción de su primo cercano *Globidens albamaensis.*

Pero, antes de analizar las conclusiones del experimento con el modelo de las mandíbulas, veamos con un poco más de detalle cómo fue la dentición de nuestro pequeño globidensino. *Carinodens belgicus* poseyó dos tipos de dientes claramente diferenciados en sus fauces. En su parte posterior, allí donde estarían nuestros molares y premolares, este animal contó con dientes altamente especializados para la rotura de conchas y exoesqueletos. Estos serían algo diferentes y más alargados que las semiesferas típicas del género *Globidens*, pero seguirían estando firmemente anclados en el espectro de dentición típico del gremio *Crush*. No obstante, en la parte anterior de la mandíbula, allí donde estarían nuestros caninos e incisivos, *Carinodens* poseyó piezas dentales altas y estrechas, aunque sin filo alguno. Y claro, ¿por qué tuvo este pequeño mosasaurio una disposición dental tan curiosa? Para responder a esta pregunta, tan solo debemos pensar en cómo se alimentaría este animal en su día a día. En primer lugar, una vez detectase a un molusco o crustáceo apetecible, debería inmovilizarlo e introducirlo en sus fauces. Esto, cuando la presa en cuestión yace sobre un fondo pedregoso, no es tan sencillo como *a priori* se presume, sobre todo si únicamente posees dientes gruesos y redondeados. Por fortuna, la dentición estrecha y alta de la parte anterior de la mandíbula entraría en acción justamente aquí. Estas piezas dentales actuarían como una especie de tenazas de cocina, permitiéndole al mosasaurio manipular sus pequeñas capturas antes de llevarlas a la parte posterior de su boca. Allí sería ya donde sus gruesos y resistentes dientes traseros, aquellos verdaderamente adaptados a la durofagia, facturarían las defensas calcáreas de su presa, funcionando de manera muy similar a como lo hace un cascanueces[35].

Pero claro, tal y como comentábamos previamente, no todo aquello que yacía sobre el fondo marino era accesible para el pequeño *Carinodens belgicus*. Tras experimentar con el modelo de las mandíbulas de este pequeño mosasaurio, aquel que habían construido varios científicos neerlandeses, se llegó a la conclusión de que algu-

35 Al igual que sus parientes del género *Carinodens*, los mosasaurios del género *Globidens* también poseyeron varios tipos de dientes en sus mandíbulas, aunque solo suelen conservarse los más robustos y esféricos. Ciertas especies tardías, como *Globidens schurmanni*, no tuvieron únicamente dos morfotipos dentales, uno para asir presas y otro para cascar, sino que entre estos dos desarrollaron a mayores otro tipo de diente ligeramente distinto, en el que las semiesferas cascadoras terminaban en forma apuntada, en una especie de cono muy grueso. Gracias a esto podrían perforar más fácilmente la concha de ciertos moluscos, aplicando una gran presión en un punto muy pequeño. Posteriormente los dientes traseros, ya semiesféricos sin punta, se encargarían de procesar la presa una vez cascadas sus defensas.

nos icónicos animales con concha quedarían fuera del alcance de este reptil marino. Pero ¿cuáles? Es evidente que la mayoría de los inocerámidos serían demasiado grandes como para que estos mosasaurios los pudiesen procesar, pero es que muchos otros moluscos de la época también parecieron resistirse a estos cascadores de corazas. Las *ostréidos* y *pectínidos*, más conocidos como *ostras* y *vieiras* respectivamente, al parecer tuvieron conchas demasiado resistentes para las discretas fauces de *Carinodens*. El animal podría llevarse a la boca estos bivalvos, pero posiblemente no sería capaz de ejercer una presión suficiente como para cascar sus defensas. Por otro lado, por el mero hecho de estar tan adaptado a la durofagia, muchas de las presas más habituales de los cazadores marinos activos, como los cefalópodos de concha interna, quedarían también fuera del alcance de este mosasaurio. A *Carinodens* le sería imposible procesar la escurridiza y resbalosa carne de los calamares, por lo que su única opción para alimentarse de ellos pasaría por tragarlos enteros de un bocado. Por lo tanto, no todo el marisco cretácico estaría en la lonja de los globidensinos más pequeños. Aunque, claro, hasta ahora hemos visto todo lo que se le resistió a *Carinodens belgicus*, pero ¿de qué se alimentó? Es decir, ¿qué presas sí pudo procesar?

Pues en este campo encontraríamos a moluscos de tamaño moderado, como caracoles marinos, mejillones o chirlas, a equinodermos como los erizos de mar o a crustáceos como cangrejos, langostas o bogavantes. Sin embargo, puede que no todo aquí sea tan sencillo como parece... Resulta que apenas existen restos fósiles de estos animales con posibles mordiscos o evidencias de ataques de globidensinos. ¿Significa esto que estos mosasaurios consumieron otro tipo de presas? Pues lo cierto es que no. Esta aparente escasez de evidencias claras de depredación entre los globidensinos se debe a otra razón, y probablemente solo nos indique que estos animales fueron tremendamente exitosos en sus acometidas. Pero ¿por qué no hay casi evidencias fósiles de estos ataques? ¿Acaso nos está mintiendo el registro fósil?

No, el registro fósil nunca miente, pero en multitud de ocasiones nos muestra información muy sesgada, no nos da una imagen completa. Para entender esto, pongámonos en la piel de uno de los durófagos marinos más conocidos de la actualidad, es decir, tomemos un análogo de nuestros tiempos para tratar de entender lo que pudo haber sucedido en el pasado. Las nutrias son animales que se alimentan con frecuencia de moluscos, crustáceos o equinodermos, tales como almejas, cangrejos o erizos marinos, por lo que en cierto modo podríamos decir que su dieta no fue demasiado diferente a la que hemos supuesto para *Carinodens*. No obstante, si dentro de unos millones de años estudiásemos el registro fósil de las nutrias actuales, probablemente no encontraríamos apenas restos de sus posibles presas que nos mostrasen evidencias de un ataque fallido. Esto es debido a que las presas de los animales durófagos muchas veces no pueden escapar, lo que hace que el porcentaje de éxito de estos cascadores de conchas sea muy grande. Además, los durófagos generalmente tienen que destruir casi por completo las corazas de sus capturas para alimentarse de ellas, por lo que no suelen limitarse a dejar únicamente marcas de dientes sobre las defensas de sus presas. Por lo tanto, las nutrias tan solo dejarían atrás los restos irreconocibles de algún exoesqueleto o concha, algo que, de fosilizar, no nos diría absolutamente nada (a no ser que apareciese asociado a los propios restos de las nutrias).

Volviendo sobre los mares cretácicos, lo que tenemos en el registro fósil son, o bien fragmentos completamente destrozados de invertebrados con coraza, o bien ejemplares que no han sido atacados por ningún durófago. Y esto, como acabamos de ver, tiene sentido y no significa en absoluto que los durófagos no atacasen a estos animales. De todos modos, por si aún no te termina de convencer esta idea, pensemos en una analogía un poco diferente. Pongámonos esta vez en la piel de un encuestador que quiere descubrir cuál es el juego más letal, es decir, el que produce más muertes en promedio. Pensemos, por ejemplo, que, para empezar, queremos estudiar el caso de la ruleta rusa. Si preguntamos a cualquiera que haya participado en una si ha fallecido tras tomar parte en ella, evidentemente nos va a contestar que no. ¿Significa esto que la ruleta rusa no es un juego mortal? Claramente no. Lo que ocurre aquí es que simplemente estamos quedándonos con la muestra de nuestro experimento que ha sobrevivido a él, es decir, que estamos obteniendo una información sesgada. Como no podemos entrevistar a nadie muerto, todos a los que les preguntemos si han fallecido en una ruleta rusa nos van a decir que no, pero eso no significa en absoluto que la ruleta rusa no produzca muertes. Este es un caso inequívoco del conocido como *sesgo de supervivencia*. Pues resulta que en los mares cretácicos ocurrió exactamente lo mismo: ¿por qué apenas hay evidencia de ataques fallidos de durófagos? Muy simple, porque casi siempre que un animal como *Carinodens* atacaba a un molusco, no dejaba ningún resto reconocible de su actividad, solo algún que otro pedazo de concha. ¿Por qué casi nunca encontramos entonces restos de erizos, bivalvos o gasterópodos con marcas de dientes de organismos durófagos? Pues ni más ni menos que por el sesgo de supervivencia: los únicos que logran sobrevivir y fosilizar son aquellos que no han sido atacados por los letales y efectivos destructores de conchas. Nos estamos quedando solo con parte de la muestra y, por desgracia, el registro fósil no nos permite saber cómo era la otra parte que no sobrevivió.

Ya hemos visto que no todos los globidensinos fueron capaces de alimentarse de las mismas presas, pero que, a grandes rasgos, un buen surtido de moluscos, equinodermos y crustáceos frecuentaron su menú. No obstante, hubo un tipo de moluscos, uno que aún no hemos tratado, que posiblemente lograse amedrentar a estos especializados reptiles marinos. Olvídate de almejas, ostras, mejillones o incluso inocerámidos, porque estos bivalvos probablemente no se parezcan a nada que hayas visto hasta ahora. Pero eso sí, recuerda que seguimos hablando de moluscos bivalvos, por lo que este nuevo grupo de animales siguió teniendo dos valvas, aunque exageradamente transformadas. ¿De quiénes estamos hablando? Pues de unos imprescindibles representantes de las faunas someras cretácicas: los *rudistas*. Y es que, a decir verdad, ninguna descripción de la fauna marina del Cretácico superior podría estar completa sin hacer referencia a estos curiosos animales.

Imagínate una playa tropical, en algún lugar paradisíaco, en alguna perdida cala de ensueño. Ahora ponte en la piel de un lugareño que, brazada tras brazada, va alejándose de la costa hasta casi perder de vista la fina arena del litoral. Ha nadado hasta aquel lugar por una simple razón, porque sabe que, bajo sus pies, se esconde una auténtica ciudad submarina. Tras ponerse unas gafas de buceo, el hombre se sumerge en el agua y contempla anonadado el paisaje. Un colorido arrecife de coral yace apenas unos metros por debajo de la superficie. Y aquí viene nuestra pregunta: ¿hubo también grandes arrecifes en el Cretácico superior?

Pues sí y no. La respuesta esta vez no es tan sencilla como en otras ocasiones. En primer lugar, los arrecifes de coral no eran algo precisamente común en los mares del Cretácico tardío, sino que más bien eran una rareza. No obstante, esto no significa que en las cálidas aguas de estos momentos no hubiese gigantescos arrecifes, o al menos enormes estructuras en cierto modo similares a los extensos y vulnerables arrecifes de coral de hoy en día. Lo único que ocurre es que por aquel entonces los organismos que estaban formando esta especie de ciudades submarinas no eran corales, sino bivalvos rudistas. Miles y miles de estos moluscos se concentrarían en ciertas plataformas continentales someras, unos al lado de los otros, conformando en conjunto estructuras de decenas o incluso cientos de kilómetros de extensión. Sin embargo, los rudistas no se parecieron demasiado a otros bivalvos como las vieiras o las navajas. En su lugar, si pudiésemos observar estos auténticos arrecifes de moluscos, como si estuviésemos buceando en las costas del Cretácico, lo que veríamos sería una infinidad de columnas, de aspecto cilíndrico o cónico, algo curvadas por su parte inferior. Una plaquita circular cubriría la apertura de cada uno de estos pilares similares a cuernos, y esta especie de tapa, de vez en cuando, amenazaría con levantarse inocentemente. Cada una de estas columnas dispuestas una junto a otra es un rudista. Toda la parte inferior del animal, el pilar que lo mantiene vertical, sería una de las valvas del molusco. La otra sería la pequeña tapa calcárea que parece cerrar cada uno de estos extraños cilindros. En el Cretácico superior, cuando la alta temperatura de los océanos no daba opción a que los corales proliferaran, miles de inmensas colonias de rudistas se extenderían por las aguas someras dcl globo.

La historia evolutiva de estos animales parece remontarse hasta el período Jurásico, hasta hace más de 160 millones de años; sin embargo, buena parte de sus más curiosos representantes proceden de mucho más adelante en el tiempo, del Cretácico superior. La extraña forma de estos moluscos posiblemente hiciese que, a pesar de ser bivalvos en toda regla, ningún organismo durófago les prestase demasiada atención, en especial cuando se agrupaban en sólidas y densas colonias. En un principio, durante el Jurásico, los curiosos rudistas podían encontrarse asociados a *colares escleractinios*, aquellos que actualmente forman grandes arrecifes. Pero, según avanzó el Mesozoico, estos peculiares moluscos fueron poco a poco desplazando a los corales de las cálidas aguas poco profundas.

Sin embargo, hasta ahora solo hemos descrito uno de los morfotipos de rudistas. Los moluscos con forma de cono o columna estuvieron muy extendidos en el Cretácico superior, tal y como nos muestran los enormes arrecifes fósiles encontrados a lo largo de Europa, Norteamérica, África u Oriente Medio, pero no acapararon toda la diversidad del complejo mundo de los rudistas. Este tipo de bivalvos, representados por omnipresentes géneros como *Vaccinites*, se agrupan dentro del morfotipo de los *rudistas elevadores* (pues su concha estaba dispuesta en vertical respecto al suelo). No obstante, existe un segundo morfotipo, el de los *rudistas yacentes*, en el que las dos valvas del animal reposaban sobre el suelo, mostrando cada una de ellas curiosas formas similares a cuernos o espirales. Un ejemplo típico de estos moluscos fue el género *Titanosarcolites*, que estuvo extendido por el antiguo golfo de México y el mar Caribe durante los dos últimos pisos del Cretácico superior. Este bizarro bivalvo, además, pudo alcanzar tamaños verdaderamente gigantescos, con conchas que quizá llegaran hasta los 2 metros de longitud. Algunos de estos moluscos parecerían inmensas cornamentas que de un modo u otro habían terminado en el fondo del mar. No obstante, entre los rudistas aún hubo un tercer morfotipo, conocido como el de los *rudistas adheridos*, los cuales, tal y como su nombre indica, se pegaron a rocas u otros elementos del suelo marino.

Los rudistas fueron un grupo muy exitoso y asombrosamente diverso, pero, al igual que buena parte de la fauna marina que hemos tratado en este libro, no lograron sobrevivir hasta la era terciaria. Estos interesantes bivalvos sufrieron una importante crisis ya a mediados del Cretácico, cuando la temperatura en los mares de la Tierra se volvió completamente asfixiante. No obstante, los rudistas supieron reponerse de esta época complicada y lograron prosperar durante el Cretácico superior. En seguida, estos bivalvos volvieron a convertirse en elementos esenciales de los ecosistemas de aguas someras. En prácticamente cualquier escena en la que aparezcan los majestuosos elasmosaurios de cuello largo, los temibles mosasaurios tardíos o incluso los veloces policotílidos, si miramos hacia abajo, hacia el fondo arenoso, deberíamos poder encontrar a los enigmáticos rudistas. Sin embargo, la gloriosa estirpe de estos moluscos tal vez no lograse llegar hasta los últimos compases del Cretácico, pues posiblemente se quedase casi a las puertas de la gran extinción que marcó el final del período. En el antiguo mar Caribe, los rudistas comienzan a desaparecer un par de millones de años antes del final del Maastrichtiense, el último piso del Cretácico superior, y poco después comienza su declive en el mar de Tetis. Las últimas poblaciones de estos animales tal vez sobreviviesen en las plataformas calcáreas someras que antaño se extendían por el actual mar Adriático, entre Italia y los Balcanes. No obstante, apenas medio millón de años antes de la gran extinción del final del Cretácico, la moribunda dinastía de los rudistas ya se desvaneció por completo... Pero volvamos una vez más sobre nuestros auténticos protagonistas.

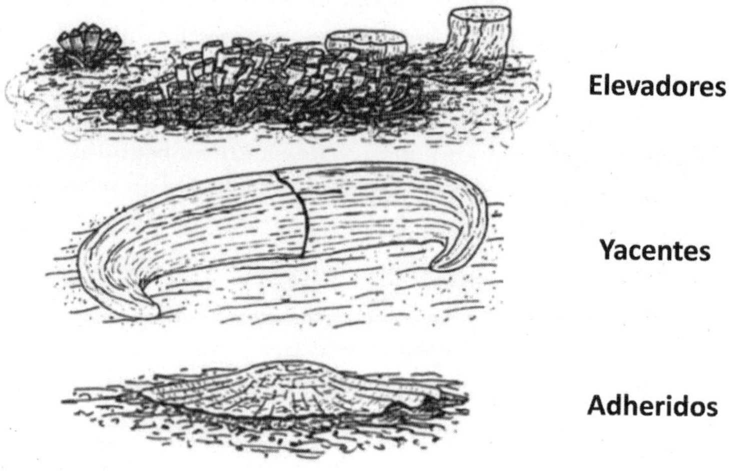

Imagen 48: Principales morfotipos de rudistas del Cretácico superior.

Los globidensinos fueron un importantísimo grupo de mosasaurios mosasaurinos. Ellos fueron los primeros mosasaurios en cambiar su dentición de modo totalmente radical, vieron caer la prolífica dinastía de los rudistas, algunos se atrevieron a atacar incluso a los robustos bivalvos inocerámicos y, tal vez, sus primeros representantes pudieron estar detrás de la desaparición de unos de los tiburones más extraños de todos los tiempos. Sin duda la historia de estos reptiles marinos es fascinante, pues, aunque sus restos suelen ser relativamente raros en el registro fósil, se han encontrado sus dientes en lugares tan distantes como el Western Interior Sea, Europa o

Jordania. A mayores de las especies que brevemente hemos tratado, aparecieron otras en lugares como el norte de África, en donde se ha descrito durante el último piso del Cretácico a globidensinos como *Igdamanosaurus aegyptiacus*, *Globidens simplex* o *Carinodens minalmamar*. Sin duda, incluso en el especializado mundo de la durofagia, los mosasaurios gozaron de una diversidad más que envidiable.

Sin embargo, si hoy en día nos pusiésemos a revisar restos de invertebrados acorazados, como erizos marinos o amonites, nos daríamos cuenta de que, muchas veces, sí que aparecen marcas de dientes sobre sus conchas[36]. Pero tranquilo, esto no va en contra de todo lo que hemos tratado hasta ahora, pues recuerda que dijimos que el sesgo de supervivencia estaba detrás de que apenas hubiese marcas de depredación de globidensinos sobre fósiles completos de sus presas. Y claro, ahora nadie ha dicho que estas nuevas marcas perteneciesen a mosasaurios globidensinos... Sus autores fueron mosasaurios, efectivamente, pero no se trató esta vez de los reptiles con dientes de formas semiesféricas que ya hemos tratado. Hubo otro grupo en el que muchos de sus miembros, aunque no se especializaron en la durofagia como los globidensinos, sí que adaptaron sus dientes en cierto modo para tratar con presas duras y resistentes. Pero todo esto no debería sorprenderte, porque, si recuerdas, aún nos queda por tratar un último gremio de Massare. *Cut*, *Pierce generalista*, *Pierce*, *Smash* y *Crush* suman cinco gremios, pero en el mundo científico generalmente se suelen reconocer seis de estas agrupaciones de dientes. Aún nos falta un último e interesante gremio de Massare: *Crunch*.

Si queremos hablar de este último grupo, inevitablemente tenemos que introducir a otro de los clados de mosasaurios mosasaurinos más exitosos del final del Cretácico. Los conocidos vulgarmente como *mosasaurios bulldog*, la tribu Prognathodontini, fueron posiblemente unos de los mosasaurios más abundantes y conocidos y, al igual que ocurría con los globidensinos, su diversidad también fue enorme. No obstante, a diferencia de los cascadores de conchas que ya hemos tratado, estos animales generalmente alcanzaron tamaños grandes, llegando algunos especímenes tardíos a tallas cerca-

36 Estas marcas de dientes se conocen como *dentalitos*.

nas a las de los gigantescos tilosaurinos del Western Interior Sea. Los *prognatodontinos* fueron reptiles marinos de complexión bastante robusta y, además, tal y como deja intuir el acertado mote de *mosasaurios bulldog*, uno de sus caracteres más curiosos fue su corto hocico. Estos lepidosaurios, al igual que los globidensinos, aparecieron en algún momento algo indeterminado del piso Campaniense y perduraron hasta el final del Cretácico.

Resulta que el gremio *Crunch* entre los mosasaurios es abanderado por los oportunistas prognatodontinos, pero cuidado, porque no todos ellos tuvieron este tipo de dentición. Las piezas dentales de varias especies de esta tribu fueron mucho más afines a los cortantes dientes del gremio *Cut*, aquellos que parecían ser ancestrales para todos los mosasaurios. Sin embargo, buena parte de los prognatodontinos optaron por engrosar marcadamente sus dientes, haciendo que algunos de sus filos y carinas fuesen menos eficientes a la hora de cortar, pero consiguiendo como contrapartida una dentadura extremadamente robusta y resistente. Esas gruesas piezas dentales, ideales para tratar con presas tal vez más duras de lo habitual, constituyeron *grosso modo* lo que conocemos como gremio *Crunch*. Y sí, son justamente estos mosasaurios de hocico corto, los prognatodontinos, los que generalmente suelen asociarse con las marcas de ataques fallidos sobre invertebrados acorazados que mencionábamos antes.

Por ejemplo, en el Maastrichtiense temprano del norte de Alemania se ha encontrado un erizo fósil con claras marcas de dientes procedentes de una *mandíbula prognata*. ¿Y qué quiere decir esto último? Pues que la rama inferior de la mandíbula del animal en cuestión pareció estar algo desplazada hacia delante, como saliente hacia fuera. De hecho, seguro que has oído hablar alguna vez de la palabra *prognatismo*, usada frecuentemente a la hora de referirse a algunas especies humanas arcaicas. Significa, ni más ni menos, que esos antiguos humanos tuvieron una mandíbula inferior ligeramente saliente hacia fuera, algo adelantada respecto a la mandíbula superior. Y claro, después de haber introducido estos términos, seguramente te hayas dado cuenta de que el propio género *Prognathodon*, el que da el nombre a la tribu, comparte raíz con esta palabra. De hecho, *Prognathodon* literalmente significa *diente prognato* y hace referencia al peculiar hocico corto con dientes inferiores algo salientes que muestran las especies de este curioso y controvertido género. Volviendo sobre nuestro erizo fósil de Alemania, todo parece apuntar a que las marcas de mordeduras que posee sobre su exoesqueleto fueron causadas por el ataque de uno de estos mosasaurios prognatodontinos, más concretamente por un ejemplar de la especie *Prognathodon solvayi*. Este último posiblemente se tratase de una de las especies más discretas del género, con un tamaño similar al de los globidensinos más grandes[37].

Sin embargo, el género *Prognathodon*, aquel que da nombre a los mosasaurios *bulldog*, está herido de muerte. Tradicionalmente este género ha sido un taxón cajón de sastre, que, si recuerdas de capítulos anteriores, era un taxón al que se habían atribuido una gran cantidad de restos fósiles de manera poco contrastada. Como resultado, posiblemente buena parte de los especímenes que hoy en día se atribuyen a *Prognathodon*, así como incluso muchas de sus propias especies, no pertenezcan en realidad a este género. El problema aquí es que, a decir verdad, las relaciones taxonómicas entre los propios prognatodontinos no son muy claras y, de hecho, algunas de las especies que tradicionalmente se han considerado como pertenecientes a esta tribu tal vez estén mucho más cercanamente emparentadas con otros mosasaurinos tardíos. Al igual que ocurre con el ictiosaurio *Platypterygius*, posiblemente durante los próximos años veamos surgir varios géneros y especies de este taxón dudoso. Pero dejémonos de tanta taxonomía y volvamos de nuevo sobre nuestro contexto evolutivo, porque ¿cómo fueron los primeros prognatodontinos en aparecer?

A mediados del Campaniense, en las calizas de Mancos, en Colorado, Estados Unidos, aparece la especie *Gnathomortis stadtmani*, uno de los primeros mosasaurios mosasaurinos de buen tamaño y, además, una de las primeras escisiones taxonómicas del género *Prognathodon* de las que hablábamos unas líneas atrás. Este animal originalmente fue descrito como *Prognathodon stadtmani*,

37 Otra especie de dimensiones moderadas de este género fue *Prognathodon lutugini*, del Campaniense superior, el único mosasaurio descrito en territorios de la antigua URSS (más concretamente en el este de Ucrania, cerca de la ciudad de Lugansk). Este mosasaurio *bulldog* de unos 6 metros nos muestra que en los extensos territorios del centro de Eurasia, especialmente en los valles de ciertos grandes ríos, aparece un interesante registro fósil de mosasaurios que aún no ha sido lo suficientemente estudiado.

pero, tras posteriores análisis y reclasificaciones, terminó nombrándose como un nuevo género de mosasaurio *bulldog*. Además, tal y como comentábamos, este reptil marino, a pesar de ser un pionero entre los mosasaurios de hocico corto, tuvo ya unas tallas para nada desdeñables. Su cráneo, aunque aún lejos del de los gigantescos mosasaurinos tardíos o de los enormes tilosaurinos del Western Interior Sea, ya alcanzó tamaños del orden de 1 metro. Nada mal para un recién llegado a los mares campanienses.

Si avanzamos un poco más en el Campaniense, nos daremos de lleno con más especies de estos exitosos mosasaurios de hocico corto. A finales de este piso, uno de los mejores lugares para explorar la diversidad de mosasaurios es, sin duda, la formación Bearpaw, que se encuentra principalmente en el sur de Canadá y nos muestra estratos de lo que antaño fue el norte del menguante Western Interior Sea. Hablaremos más adelante acerca de esta importante y estudiada formación, pero por ahora únicamente nos quedaremos con uno de sus más importantes representantes: el prognatodontino *Prognathodon overtoni*. Gracias a los restos exquisitamente preservados hallados en esta formación norteamericana, podemos saber de primera mano lo que este mosasaurio *bulldog* incluyó en su menú. Esta vez no tenemos por qué recurrir a modelos de mandíbulas con los que experimentar en un laboratorio, ya que contamos de nuevo con los famosos *gut contents* o restos estomacales, que dan fe de cuál fue la última comida de este animal. Cuando junto a los huesos articulados de un mosasaurio encontramos una gran cantidad de restos fósiles fragmentados, mezclados entre sí, dispuestos de una manera un tanto aleatoria y confinados en una pequeña región de la pelvis, podemos hablar con cierta seguridad de restos estomacales. Esto, como habrás podido deducir, no es algo ni mucho menos frecuente en el registro fósil, por lo que hallazgos como los de la formación Bearpaw realmente son trascendentales para la investigación paleontológica. En esta formación americana, a parte del *Prognathodon overtoni* que mencionábamos, apareció también un ejemplar articulado con restos estomacales de otro mosasaurino, *Mosasaurus missouriensis*, del que ya hablaremos más adelante en este libro. Pero, en esencia, la idea aquí es clara: gracias a formaciones como las calizas de Niobrara, los esquistos de Pierre o la formación Bearpaw, en las que muy de vez en cuando aparecen restos de mosasaurios articulados con fragmentos fósiles desordenados en la región de la pelvis, podemos saber de primera mano de qué se alimentaron estos animales sin necesidad de recurrir a modelos, teorías o especulaciones. Pero, bueno, no nos vayamos del tema: ¿qué tenía en su estómago ese ejemplar de *Prognathodon overtoni* justo antes de morir?

Imagen 49: Esqueleto fósil de un ejemplar de la especie *Prognathodon overtoni.*

Pues... prácticamente de todo. El espectro de presas del que se nutrieron los prognatodontinos fue amplísimo, mucho más incluso que el de los oportunistas tilosaurinos. Entre los restos estomacales de este *Prognathodon overtoni* encontramos, para empezar, restos de un gran pez óseo de algo más de metro y medio de longitud, perteneciente probablemente a la familia de los actuales tarpones[38]. No obstante, también aparecen vértebras de otros peces mucho más pequeños, por lo que, dado que el mosasaurio superó con creces los 5 o 6 metros de longitud, concluimos que no tuvo preferencia por presas grandes o pequeñas, sino que cualquiera que se cruzase en su camino le serviría. Lo mismo le daba atacar a un animal de talla

38 Familia Elopidae.

apreciable, que atravesar un banco de pequeños peces con las fauces abiertas. Sin embargo, los restos de su última comida no acaban aquí, pues también se encontró una mandíbula de un cefalópodo, posiblemente de un calamar, e incluso hasta se reportaron los restos de una langosta. Es decir, este voraz reptil marino también se atrevió con presas típicas de otros gremios de Massare más especializados, como calamares o animales acorazados del fondo marino. Pero es que aún hay más. En la zona de la pelvis de este *Prognathodon* también se hallaron los restos de una tortuga marina de la especie *Nichollsemys baieri*, la cual posiblemente tendría un caparazón de unos 60 cm de longitud. Las tortugas marinas, además, son un tipo de presas para el que los mosasaurios del gremio *Crunch* estaban bien adaptados, pues se trata de objetivos duros y resistentes, pero lejos del alcance de los más especializados durófagos. Pero, por si aún no te sorprenden los diversísimos restos de la última comida de este animal, aún hay más: también aparece junto a estos fósiles una buena cantidad de dientes de tiburón cuervo, del género *Squalicorax*. No obstante, estos últimos ya no está claro si realmente fueron de una presa de nuestro *Prognathodon overtoni* o si simplemente pertenecieron a escualos que merodeaban por la zona.

Tal y como acabamos de ver, el hecho de adoptar unos dientes más resistentes que los del gremio *Cut* permitió a muchos prognatodontinos llevar al extremo la idea de depredador oportunista. Es cierto que los grandes mosasaurios que hemos visto hasta ahora ya atacaron a prácticamente cualquier animal que se les pusiese a tiro, pero es que estas nuevas bestias de hocico corto ya incluso se atrevieron con cangrejos, langostas u otras presas duras. Sin embargo, aún no hemos tratado a la presa dura por excelencia, aquella que ya consumían los grandes tilosaurinos y a la que los prognatodontinos también le hincaron el diente. De nuevo estamos hablando de moluscos, pero esta vez ya no de unos simples bivalvos que vivieron inmóviles sobre el fondo marino, sino de unos audaces nadadores más que conocidos por cualquier buscador de fósiles: los *amonites*.

Los amonites posiblemente fuesen unos de los animales que mayor desgaste producían sobre los dientes de los mosasaurios, por lo que las gruesas piezas dentales de los prognatodontinos los convertirían en unos idóneos cazadores de estos cefalópodos. Realmente, la concha de estos amonites no es que fuese muy gruesa ni tampoco excesivamente resistente, pero una consumición continuada de ellos podía terminar produciendo un daño importante sobre dientes frágiles o adaptados para rasgar carne. Pensemos en que, cada vez que un mosasaurio mordía un amonite, el diente chocaba con fuerza contra una superficie calcárea como es la concha, desgastándose enormemente en el proceso. No obstante, aquí el registro fósil no deja duda: los mosasaurios, y especialmente aquí los prognatodontinos, atacaron con relativa frecuencia a estos parientes de los nautilos actuales. En la formación Bearpaw, por ejemplo, se conocen muchos amonites fósiles con marcas de dientes de alguno de estos mosasaurios *bulldog* sobre su concha, lo que nos indica que, de vez en cuando, fracasaron en sus ataques a estos cefalópodos. Pero concretemos un poquito más: ¿quiénes fueron las víctimas de estas acometidas? La especie de amonite *Placenticeras meeki* es bastante frecuente en esta formación norteamericana del final del Campaniense. Este animal tuvo una concha relativamente fina y pudo alcanzar tamaños apreciables, superiores a los 30 centímetros. Al parecer, estos *Placenticeras* fueron unos de los principales objetivos de lepidosaurios acuáticos como *Prognathodon overtoni*, pues hasta un 10 % de sus fósiles aparecen con evidencias de mordiscos o ataques de mosasaurio. De hecho, sobre la superficie de algunos de ellos puede incluso intuirse el tamaño y la disposición de los dientes de estos voraces reptiles marinos.

Imagen 50: Amonite del género *Placenticeras* con marcas de dientes sobre su concha, posiblemente atribuibles a un mosasaurio.

Sin embargo, no todos los amonites fueron una presa tan fácil para los mosasaurios. Si retrocedemos unos pocos millones de años en el tiempo, podremos encontrarnos con la dinastía de los auténticos reyes de estos cefalópodos. Su efímero reinado, no obstante, tal vez fuese depuesto por los propios mosasaurios prognatodontinos, tal y como veremos a continuación. A finales del Santoniense y principios del Campaniense apareció en las cálidas aguas de Europa y el golfo de México la especie *Parapuzosia leptophylla*, un amonite de dimensiones más que considerables. Con una concha de aproximadamente 1 metro de diámetro, no cualquier depredador marino podría hacer frente a este gigante acorazado. Sin embargo, por mucho que su tamaño nos sorprenda, este cefálopodo no fue el verdadero rey, sino tan solo el príncipe de una corta dinastía que pareció querer plantarle cara a los gigantes reptiles marinos del Cretácico. No mucho tiempo después, aún durante la primera mitad del piso Campaniense, aparecería en los mares de Europa ya el auténtico emperador de los amonites. Descendiente de *Parapuzosia leptophylla*, *Parapuzosia seppenradensis* llegó a las aguas del norte del mar de Tetis dispuesto a retar a prácticamente cualquiera que se cruzara en su camino. Los primeros restos de este animal aparecieron en la región alemana de Westfalia e inmediatamente dejaron boquiabiertos a sus descubridores. En la pequeña localidad de Seppenrade, un gigantesco amonite de más de metro y medio de diámetro salió a la luz hacia el año 1895 e inmediatamente causó furor en toda la región. De hecho, el escudo de esta pequeña ciudad alemana es un enorme amonite amarillo sobre fondo rojo.

Pero esto no es todo, porque el ejemplar descubierto en Seppenrade, el más grande conocido hasta la fecha, no está completo. A esta ciclópea concha de 1,8 metros de diámetro aún parece faltarle parte de la última vuelta de espiral, por lo que el animal original sería incluso más grande todavía. Se ha especulado mucho acerca de las monstruosas dimensiones de este amonite, muchas veces exagerando enormemente su posible talla, pero un diámetro algo superior a los dos metros parece perfectamente razonable. Y aún más sorprendente es el hecho de que este animal, cuando estuvo vivo, posiblemente llegase a superar los 800 kg de peso… ¡Una absoluta barbaridad! Únicamente los mosasaurios de mayor porte podrían atacar a este auténtico titán de los mares y, aun así, posiblemente muchas veces prefiriesen lanzarse contra objetivos más sencillos. Sin embargo, tal y como desvelábamos anteriormente, el reinado de estos amonites gigantes fue bastante efímero. A principios del Campaniense *Parapuzosia seppenradensis* apareció por Europa y poco después se extendió también hacia el otro lado del Atlántico, pero no mucho más tarde, aún durante el Campaniense inferior, la talla de estos amonites de leyenda rápidamente se redujo. En apenas un parpadeo (geológicamente hablando), pasamos de bestias con conchas de 2 metros a unos más modestos cefalópodos de 1 metro de diámetro. Aún seguían siendo bastante grandes, pero ya no eran comparables a sus titánicos ancestros. Así que ¿qué les había ocurrido?

Una de las hipótesis más mediáticas acerca de la caída de los amonites gigantes del principio del Campaniense apunta como principales culpables a nuestros protagonistas: los mosasaurios prognatodontinos. Es posible que los gigantescos *Parapuzosia seppenradensis* alcanzasen tallas tan monstruosas para tratar de eludir los ataques de los mosasaurios de tamaño medio u otros depredadores similares, los cuales, tal y como hemos visto en los capítulos anteriores, estuvieron muy extendidos durante el Santoniense y Campaniense. Sin duda, un amonite de 1 metro de diámetro, como el ya mencionado *Parapuzosia leptophylla*, sería un bocado algo complicado para un mosasaurio de 5 o 6 metros de longitud, como puede ser, por ejemplo, el plioplatecarpino *Platecarpus tympaniticus*. Sin embargo, un amonite de 2 metros de diámetro y cerca de una tonelada de peso ya sí que sería algo totalmente impensable para estos depredadores de tamaño medio. Únicamente los verdaderos reyes del mar, los mosasaurios de más de 7 u 8 metros, podrían enfrentarse a estos enormes cefalópodos acorazados. No obstante, justo por estos momentos estaban apareciendo nuevos grupos de mosasaurinos, como los globidensinos o los prognatodontinos, ambos de los cuales ya estuvieron más que consolidados en los mares de mediados del Campaniense. Es posible, por tanto, que el auge de los prognatodontinos, unos mosasaurios de complexión fuerte, dentición robusta y hocico corto, pueda estar detrás del fin de los amonites gigantes. Para un animal como *Parapuzosia seppenradensis* crecer hasta sus colosales tallas tenía un precio que pagar, pues ya no sería tan grácil como sus parientes más pequeños, tardaría más en desarrollarse y necesitaría una ingesta calórica mucho mayor. Por lo tanto, si con la llegada de los prognatodontinos incluso los amonites gigantes de 2 metros debían sentirse amenazados, ¿qué sentido tenía seguir creciendo tanto, consumir tantos recursos para luego caer igualmente en las fauces de algún mosasaurio? Evolutivamente hablando sería absurdo, por lo que con el tiempo la talla de estos mega-amonites fue reduciéndose paulatinamente, hasta llegar a unas dimensiones más modestas pero más eficientes.

Imagen 51: Fósil de una concha incompleta de *Parapuzosia seppenradensis*.

Sin embargo, crecer hasta tallas desmesuradas, aunque al parecer no les funcionó a los amonites, es posible que sí le sirviese a otra de las potenciales presas de los prognatodontinos: las tortugas marinas. ¿Recuerdas los restos estomacales de aquel *Prognathodon overtoni* en el que habíamos encontrado huesos de una tortuga marina de poco más de medio metro de carapacho? ¿Qué pasaría si algunos de estos animales creciesen más, mucho más? Y no estamos hablado aquí de caparazones de cerca de 2 metros de longitud, como los que vemos en ciertas tortugas marinas actuales. Estas grandes corazas ya les sirven a las enormes tortugas laúd de hoy en día para evadir a prácticamente todos los depredadores del mar, pero, en los mares cretácicos, ya hemos visto que estos tamaños no son suficientes. Así que ¿creció alguna tortuga marina hasta tallas aún más grandes que las actuales? ¿Consiguió alguna esquivar a los letales mosasaurios prognatodontinos?

Pues resulta que tenemos bastantes evidencias de estas tortugas titánicas y, además, no solo aparecieron en un único lugar, ni tampoco pertenecieron a un único taxón. Los ejemplos más típicos de este tipo de reptiles marinos proceden una vez más del Western Interior Sea. Allí, un linaje de tortugas conocidas como *protostéguidos*[39] logró superar tal vez todas nuestras expectativas. En el Campaniense temprano de estas aguas someras aparece la especie *Protostega gigas*, la que da nombre al grupo, que posiblemente superase los 3 metros de longitud. Pocos serían ya los que osarían plantarle cara a esta tortuga, pero es que unos pocos millones de años después aparecería en estas mismas aguas un reptil con un caparazón aún más grande. Ya más avanzado el Campaniense tenemos constancia de la que por muchos es considerada como la mayor tortuga de todos los tiempos, la especie *Archelon ischyros*. Esta colosal bestia tendría un caparazón de más de 2,5 metros de longitud que, a mayores, sería mucho más ancho que los que las tortugas laúd actuales. Se estima que los ejemplares más grandes de esta descomunal tortuga marina perfectamente pudieron haber superado la barrera de los 4 metros de anchura y longitud. Los adultos de este animal pesarían entre 2 y 3 toneladas y quedarían ya lejos del alcance de prácticamente cualquier depredador del Cretácico. Posiblemente ni siquiera los ciclópeos mosasaurios de más de 12 metros de longitud quisiesen vérselas con esta bestial tortuga.

No obstante, ya hemos comentado que las tortugas marinas gigantes no solo fueron cosa del Western Interior Sea y que tampoco todas ellas pertenecieron al clado de los protostéguidos. Al otro lado del charco, en la parte española de los Pirineos, aparecieron en estratos de mediados del Campaniense los restos de otra tortuga de tallas comparables a las de *Archelon ischyros* y, en algunos aspectos concretos, tal vez incluso mayores. *Leviathanochelys aenigmatica* no se conoce a partir de un esqueleto casi completo, pero sí que tenemos restos fósiles suficientes como para estimar las bárbaras dimensiones que pudo alcanzar. A grandes rasgos, su porte y peso posiblemente

39 La familia Protostegidae.

serían muy similares a los de *Archelon*. No obstante, por ejemplo, la anchura de su pelvis fue casi 10 centímetros mayor que la de su pariente de la otra orilla del Atlántico, aunque esta última parece superar a la tortuga española en otros caracteres. Hoy en día, por lo tanto, no está claro cuál de las dos pudo ser más grande en términos generales, pero aquella que lograse imponerse en este particular duelo se convertiría en la tortuga marina más grande de todos los tiempos. Y lo más sorprendente aquí no es esto, sino que ambos reptiles marinos no estuvieron tan cercanamente emparentados como podría parecer. *Leviathanochelys* no fue un protostéguido, sino que estuvo mucho más relacionada con las tortugas verdes actuales, y esto es algo muy, pero que muy importante. El hecho de que no sean tan cercanos implica, ni más ni menos, que varios grupos de tortugas marinas desarrollaron tamaños gigantes de manera totalmente independiente, quizá haciendo frente a las mismas presiones ecológicas o evolutivas. Pero es que además el gigantismo no solo ocurrió de manera independiente en ambas ramas de tortugas marinas, sino que también ocurrió prácticamente a la vez, pues recordemos que no es que *Archelon* y *Leviathanochelys* fuesen ambas de Cretácico superior, ¡es que son ambas de mediados del piso Campaniense!

Imagen 52: Esqueleto de la tortuga protostéguida *Archelon ischyros*.

Pero, por si aún no has quedado satisfecho, resulta que hubo más tortugas marinas que, una vez más de manera presumiblemente independiente, optaron por el gigantismo durante los últimos pisos del Cretácico. En la fauna de Harrana, procedente de los antiguos mares someros del Maastrichtiense de Jordania, aparece la tortuga *Gigantatypus salahi*, de más de tres metros de longitud. Está claro que el hecho de que apareciesen tantas tortugas colosales en una franja temporal tan acotada (los dos últimos pisos del Cretácico superior) sin duda responde a alguna necesidad ecológica o evolutiva de estos animales. Es muy difícil asegurar que esto esté relacionado con el auge de los mosasaurios prognatodontinos, ya que el registro fósil está muy sesgado y es en muchos ámbitos incompleto, pero lo que sí está claro es que las fechas de nuestros eventos que considerar coinciden bastante bien. En algún momento entre principios y mediados del Campaniense, varios linajes de tortugas decidieron crecer de manera descontrolada y, prácticamente al mismo tiempo, unos mosasaurios de hocico corto y dentición robusta comenzaron a aparecer por los mares. Si a mayores le sumamos a la ecuación que por estas mismas fechas desaparecieron los amonites gigantes, podemos llegar a entrever el profundo impacto que tuvieron los prognatodontinos sobre las comunidades marinas del final del Cretácico.

Y ya que hemos hablado de la fauna de Harrana, conviene dedicarle unas pocas líneas al interesante legado en mosasaurios que nos deja una zona que hasta ahora apenas hemos tocado: el Levante mediterráneo. En el Maastrichtiense de Jordania[40] aparecen también los restos exquisitamente preservados de un mosasaurio aún solo descrito como *Prognathodon sp*[41]. Este espécimen está tan bien conservado que perfectamente se puede intuir en la parte final de su cola

40 Buena parte de Jordania se encuentra sobre estratos fosfáticos del Cretácico superior, por lo que los restos de mosasaurios son algo relativamente común. Los yacimientos jordanos han dado interesantes hallazgos de nuevos mosasaurios durófagos, como *Globidens hisaensis*, un especializado cascador de conchas del Campaniense superior. Un poco más adelante en el tiempo en la fauna maastrichtiense de Harrana se han hecho otros importantes descubrimientos, como los del prognatodontino *Prognathodon hudae*, una interesante especie de unos 6 metros con los típicos dientes del gremio *Crunch*, o el durófago *Carinodens palistinicus*.

41 El hecho de que se añada *sp* al final del nombre de un género significa que el ejemplar en cuestión perteneció a este último, pero que su atribución a una especie concreta ya no ha sido posible.

la hipocerca con la que se propulsaba a través del agua. Si recuerdas de capítulos anteriores, el mosasaurio *Platecarpus tympaniticus* había desarrollado una aleta caudal en la que el lóbulo inferior, con soporte interno óseo, estuvo mucho más desarrollado que el superior. El hecho de encontrar también esta cola bilobulada en un prognatodontino tal vez no nos sorprenda, pues ya estamos a todas luces tratando con mosasaurios completamente adaptados a la vida marina, pero sí que nos permite concluir ya con bastantes garantías que casi todos los mosasaurios completamente acuáticos posiblemente poseyeran una aleta caudal hipocerca. A parte de esto, *Platecarpus* fue un mosasaurio ruselosaurino, mientras que *Prognathodon* perteneció al otro gran grupo de mosasaurios, a los mosasaurinos, aquellos que tenían unas aletas más osificadas. Pues resulta que, si nuestro modo de entender las relaciones filogenéticas entre los mosasaurios es mínimamente robusto, este hecho solo puede explicarse de dos maneras: o bien ruselosaurinos y mosasaurinos tuvieron un ancestro muy arcaico que ya hubiese desarrollado una aleta caudal hipocerca, o bien ambos grupos desarrollaron colas bilobuladas de manera independiente a lo largo de su historia evolutiva.

Sin salirnos de la zona del Levante mediterráneo, un poco antes en el tiempo, a finales del Campaniense, tenemos registro de uno de los mayores mosasaurios conocidos, el cual, esta vez, fue un prognatodontino. En Israel aparece en facies de estos momentos la especie *Prognathodon currii*, de la cual solo su cráneo ya midió entre 1,5 y 1,7 metros. Puede que esto no te sorprenda demasiado, sobre todo después de que hayamos hablado en capítulos anteriores de cráneos de tilosaurinos de cerca de 2 metros; sin embargo, antes de nada, debes tener en cuenta un par de detalles. En primer lugar, los cráneos de los tilosaurinos fueron bastante alargados, pues, aparte de no ser excesivamente robustos, tuvieron en su parte anterior un *rostrum* premaxilar, lo que inevitablemente estiraba un poco más la longitud total de su cabeza. En segundo lugar, los prognatodontinos fueron mosasaurios de hocico corto, por lo que un cráneo de más de 150 centímetros es algo simplemente colosal... Se estima que la longitud total de *Prognathodon currii* pudo oscilar entre los 10 y 12 metros, siendo además su complexión general mucho más robusta que la de los tilosaurinos.

Probablemente este tipo de prognatodontinos gigantes serían de los pocos animales capaces de atacar y matar a una de las ciclópeas tortugas de las que hemos hablado anteriormente. Los dientes de estos mosasaurios, robustos y firmemente anclados dentro del espectro del gremio *Crunch*, no se romperían ni se desgastarían en exceso a la hora de morder con fuerza los duros caparazones de estos quelonios. Serían tal vez capaces incluso de cascar los huesos de sus víctimas sin llegar a fracturarse. Muchas veces se suele hablar en paleontología de que estos mosasaurios fueron algo así como los tiranosaurios del mundo acuático. Los tiranosaurios, los dinosaurios terópodos más conocidos en la cultura popular, no tuvieron dientes aplanados lateralmente y aserrados. A diferencia de otros terópodos, que tenían piezas dentales diseñadas para rasgar la carne de sus presas, los dientes de los tiranosaurios fueron muy gruesos y robustos, y en muchas especies prácticamente carecieron de filo. A grandes rasgos, podría decirse que los dientes de los tiranosaurios fueron muy similares a los del gremio de Massare *Crunch*, salvando las distancias de comparar dientes de organismos terrestres y acuáticos. Además, los mayores tiranosaurios, como el propio *Tyrannosaurus rex*, desarrollaron un cráneo extremadamente osificado y pesado, en cierto modo muy similar también al cráneo corto y robusto de los mosasaurios prognatodontinos. Es posible, por lo tanto, que ambos grupos de animales, tiranosaurios y prognatodontinos gigantes, aparte de coexistir en la misma época, desarrollasen complexiones craneales y dentales muy parecidas porque tuviesen modos de alimentación también similares. Ambos grupos de animales al parecer estuvieron perfectamente adaptados para atacar a presas duras o resistentes, como animales de gran tamaño o con cubiertas defensivas. Las mandíbulas tanto de tiranosaurios como de prognatodontinos gigantes estuvieron adaptadas para propiciar fuertes mordiscos, y sus gruesos dientes fueron perfectos para partir y cascar los duros huesos de sus desafortunadas víctimas.

Imagen 53: Cráneo de *Prognathodon overtoni*. Al igual que los tiranosaurios, muchos prognatodontinos optaron por desarrollar cráneos muy robustos y dientes gruesos y resistentes.

Aunque, si recuerdas de unas páginas más atrás, no todos los prognatodontinos tuvieron unos dientes tan gruesos y robustos, pues, por ejemplo, algunas de las especies del controvertido género *Prognathodon* mostraron dientes mucho más afines al gremio de Massare *Cut* que a *Crunch*. El ejemplo perfecto de esto podemos encontrarlo en el Maastrichtiense superior de los Países Bajos, en donde, entre los muchos mosasaurios presentes, podemos encontrar al modesto *Prognathodon sectorius*, de dientes mucho más aptos para cortar que para cascar huesos o conchas de amonites. Muchos tal vez se sorprendan al tratar a este animal como modesto o de dimensiones moderadas cuando alcanzó longitudes de 8 metros. No obstante, si comparamos a este prognatodontino con los auténticos titanes de estas facies del Cretácico más tardío, el apelativo de *modesto* tal vez nos parezca hasta poco.

En esta misma formación neerlandesa del Maastrichtiense final aparece la especie *Prognathodon saturator*, muy similar tanto en dimensiones como en complexión y voracidad al anterior *Prognathodon currii* que acabamos de describir. Los 8 metros de *Prognathodon sectorius* palidecerían en comparación con los casi 12 del robusto *Prognathodon saturator*. Pero lo peor es que este último ni siquiera fue el mosasaurio más grande de estas facies… ¿Recuerdas a *le grande animal de Maastricht*? ¿Recuerdas los dos cráneos gigantes a partir de los cuales se describió por primera vez un mosasaurio? Pues estamos justamente en las mismas facies en las que aquellos canteros del siglo XVIII hallaron los increíbles restos de los primeros lagartos del Mosa. Resulta que *Mosasaurus hoffmannii* no solo fue la primera especie de mosasaurio en ser descubierta, sino que también fue la más grande. En las mismas aguas en las que nadaban *Prognathodon sectorius* y *Prognathodon saturator*, *Mosasaurus hoffmannii*, una bestia de tal vez más de 14 metros, parecía haberse consolidado como el incuestionable depredador supremo. No obstante, de este colosal mosasaurio ya hablaremos largo y tendido más adelante en este libro.

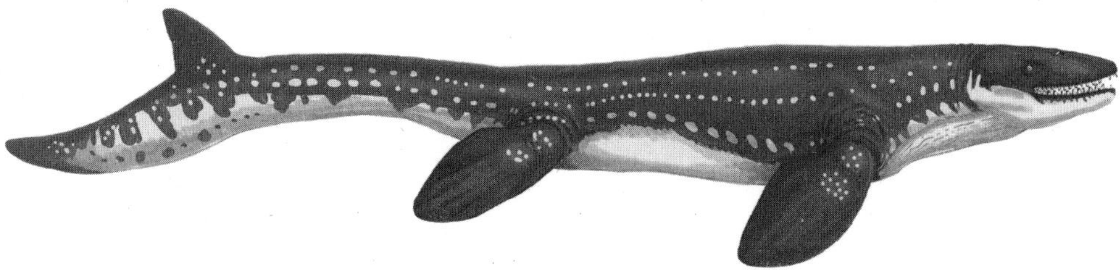

Imagen 54: Reconstrucción del titánico prognatodontino *Prognathodon saturator*.

No es de extrañar, dadas las gigantescas bestias que merodeaban por estos antiguos mares neerlandeses, que aparezcan cráneos con evidencias de importantes patologías causadas por otros mosasaurios. De estas facies del final del Cretácico es justamente un cráneo de *Prognathodon sectorius* que muestra profundas heridas en la mandíbula inferior. Los dientes del mosasaurio atacante, al parecer, lograron penetrar los huesos premaxilar, maxilar y dentario, es decir, aquellos en los que se encuentran los dientes tanto superiores como inferiores. En el cráneo fósil tenemos, además, evidencia de un posterior proceso infeccioso, el cual quizá hubiese terminado acabando con la vida del animal, ya que en el momento de su muerte sus heridas aún no habían llegado a curarse por completo. Lo curioso es que, en la zona infectada del maxilar, este mosasaurio parece que secretó un líquido similar al pus, y esto es bastante extraño, pues esta respuesta a una infección es más típica de los mamíferos que de los reptiles. Un lepidosaurio, como el mosasaurio en cuestión, debería reaccionar desarrollando una especie de masa fibrosa y amarillenta en el lugar de la infección y no un líquido similar al pus. Todo esto indica que, en el fondo, no sabemos demasiado acerca de la biología de los mosasaurios. Aún falta muchísimo por descubrir...

En este capítulo hemos visto que los mosasaurios mosasaurinos, que hasta ahora habían disfrutado tan solo de una tímida diversidad, durante el Campaniense y el posterior Maastrichtiense gozaron de un grandísmo éxito, diversificándose enormemente y accediendo a nichos ecológicos hasta ahora impensables. Hemos visto cómo los globidensinos desarrollaron una dentición muy peculiar y extraña, pero idónea para cascar las conchas de ciertos gasterópodos y bivalvos o el exoesqueleto de algunos equinodermos. También vimos cómo en los mares cretácicos ya había otros grupos de animales que se habían especializado en la caza de este tipo de presas y que la repentina aparición de los globidensinos en los mares campanienses tal vez pudo incluso provocar la caída de alguno de estos linajes. Pero no solo nos quedamos ahí, sino que también exploramos cuáles pudieron haber sido las potenciales capturas de algunos de estos lagartos durófagos y, gracias a ello, descubrimos a fascinantes y bizarros grupos de moluscos, como los inocerámidos o los rudistas. Por otro lado, también vimos que otros mosasaurinos decidieron simplemente acortar sus hocicos y desarrollar tanto una dentición como unas mandíbulas extremadamente robustas. Vimos además que estos mosasaurios *bulldog*, más conocidos como *prognatodontinos*, terminaron por alcanzar enormes tallas y llegaron a influir enormemente sobre algunas de sus potenciales presas. Tanto amonites como tortugas marinas quizá desarrollasen un desmedido gigantismo para tratar de sobrevivir al gran auge de estos robustos mosasaurios, aunque está claro que ambos grupos no tuvieron el mismo éxito en esta labor.

Este capítulo nos ha demostrado que los mosasaurios mosasaurinos pisaron el acelerador durante el Campaniense, el penúltimo piso del Cretácico superior. Pero ¿podrían los ruselosaurinos seguirles el ritmo? ¿Conseguirían los grandes tilosaurinos seguir manteniendo su incuestionable hegemonía sobre los mares cretácicos? En el próximo capítulo veremos cómo afrontaron los ruselosaurinos el extenso y complejo piso Campaniense y cómo el mundo de los mosasaurios dio un vuelco radical...

Los nuevos reyes del mar

El piso Campaniense es, sin duda, uno de los más complejos e interesantes en lo que a mosasaurios respecta. Si pudiésemos comparar las poblaciones del principio y del final de este intervalo temporal, inmediatamente veríamos que ambas son radicalmente distintas. Poco tienen que ver las comunidades de comienzos del Campaniense, en las que el eco de la primera diversificación de los mosasaurios aún parecía resonar con fuerza, con las de los últimos momentos del piso. Plioplatecarpinos y tilosaurinos hasta ahora acaparaban prácticamente toda la diversidad de mosasaurios y únicamente algunos pequeños mosasaurinos y halisaurinos parecían haber logrado consolidarse en los ecosistemas marinos. No obstante, todo esto cambiaría a lo largo del extenso Campaniense. Para finales del penúltimo piso del Cretácico superior, los ruselosaurinos ya parecían haber perdido casi por completo esa hegemonía de los mares que tanto les había costado conseguir. Pero, entonces, ¿qué ocurrió en los mares campanienses? Ya habíamos visto que globidensinos y prognatodontinos comenzaron a dejarse ver durante la primera mitad del Campaniense y que, poco a poco, fueron volviéndose más comunes y diversos en los mares del final del Cretácico. Sin embargo, ¿qué ocurrió con los ruselosaurinos, con los mosasaurios que hasta ahora parecían ser dominantes? Poco a poco estos animales fueron perdiendo la importancia de la que antaño habían gozado, fueron cediendo terreno. No obstante, entender este proceso no es precisamente algo sencillo, por lo que lo mejor para abordar esta nueva fase en el mundo de los mosasaurios es analizarla poco a poco, paso a paso.

El grupo de ruselosaurinos que experimentó un mayor declive durante el Campaniense, sin duda, fue el de los tilosaurinos. Estas enormes bestias con *rostrum* premaxilar fueron el máximo exponente de la exitosa diversificación temprana de los mosasaurios, pero también fue a ellos a los que la crisis golpeó con más fuerza, pues prácticamente los hizo desaparecer de los mares del Cretácico superior. No obstante, durante los primeros compases del piso Campaniense, estos lagartos gigantes siguieron siendo los incuestionables dueños del mundo marino. Ya habíamos visto hace un par de capítulos que, en las aguas someras del sur de Suecia, las comunidades de pequeños mosasaurios mosasaurinos y halisaurinos del principio del Campaniense debían andarse con cuidado. Un lepidosaurio mucho más grande que cualquiera de ellos constantemente los acechaba: el temible *Tylosaurus ivoensis*. Por el momento, los tilosaurinos aún seguían estando en lo más alto de las redes tróficas de los ecosistemas, sin que ningún otro animal osase desafiarlos.

Al otro lado del charco, en el Western Interior Sea, ya habíamos hablado del titánico *Tylosaurus proriger*, de hasta 12 metros de longitud, el cual siguió estando presente durante el principio del penúltimo piso del Cretácico superior. Esta bestia, no obstante, sería desplazada unos pocos millones de años más tarde, pero no por uno de los nuevos y ambiciosos mosasaurinos, sino por un primo suyo muy cercano, por otro tilosaurino que, al parecer, alcanzó tallas incluso más grandes. En los esquistos de Pierre del sur de Canadá aparece por estos momentos el ciclópeo *Tylosaurus pembinensis* que, según algunas estimaciones, lograría superar en tamaño a su predecesor *Tylosaurus proriger*. En ocasiones se ha hablado de que la línea anagenética *Tylosaurus nepaeolicus-Tylosaurus proriger* quizá pudiese haber continuado con *Tylosaurus pembinensis*, llevando este último ya la idea del gigantismo hasta el extremo. No obstante, tal y como explicamos más atrás en este libro, una línea anagenética, es decir, una sucesión continuada de especies en la que no hay escisiones, es algo muy difícil de probar en el registro fósil. Se requiere para ello no solo de intuición, sino de una amplia cantidad de restos disponibles y de profundos estudios complementarios, como los relacionados con ontogramas y sinontomorfías. Por lo que a nosotros respecta, a fecha de edición de este libro, la línea anagenética de tilosaurinos del Western Interior Sea no ha sido ampliada para dar cabida a *Tylosaurus pembinensis*.

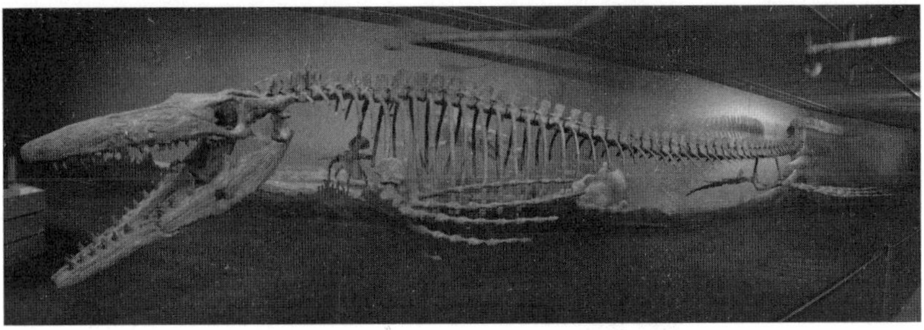

Imagen 55: Esqueleto reconstruido de un ejemplar grande de *Tylosaurus pembinensis.*

En estos mismos estratos de los esquistos de Pierre aparece también un mosasaurio mucho más discreto, pero que carga a sus espaldas un linaje que dará muchísimo que hablar. Estamos hablando de *Jormungandr walhallaensis*, un mosasaurino de tamaño moderado que vivió en lo que hoy es el estado de Dakota del Norte, también durante principios del Campaniense, hace unos 80 millones de años. Si únicamente nos fijamos en el nombre de este animal, tal vez pueda parecernos que fue hallado en un fiordo noruego o un yacimiento sueco, pues tanto su género como su especie hacen clara alusión a la mitología nórdica[42]. No obstante, la realidad es que lleva estos nombres por el municipio de Walhalla, muy cercano al lugar de descubrimiento del mosasaurio. Sin embargo, lo verdaderamente interesante de este animal no es su nombre propiamente dicho, sino sus supuestas relaciones filogéneticas. *Jormungandr walhallaensis* tuvo muchos caracteres típicos de algunos mosasaurinos basales, como el género *Clidastes*, pero también presentó numerosas características que lo relacionan con *Mosasaurus* y otros géneros afines. Al parecer este mosasaurio pudo haber sido el origen de la línea evolutiva que terminaría llevando al tardío y monstruoso *Mosasaurus hoffmannii*, a la bestia de las canteras de Maastricht del siglo XVIII. *Jormungandr* no sería un depredador pequeño, pues posiblemente superase los 7 metros de longitud, aunque debería andarse con cuidado si no que-

42 *Jormungandr* es el nombre que recibe una gigantesca serpiente mitológica a la que se enfrentó el dios nórdico Thor. Por otro lado, el Valhalla era una fortaleza que albergaba a los caídos en batalla.

ría caer presa de alguno de los ciclópeos tilosaurios que rondaban las aguas del Western Interior Sea. Así que tenemos aquí a un nuevo mosasaurino al acecho, a la espera de que los gigantescos tilosaurinos bajasen la guardia, un nuevo competidor por la supremacía del mar. En cuanto los masivos *Tylosaurus pembinensis* flaqueasen, allí estarían ellos para reclamar el trono.

No obstante, con *Tylosaurus pembinensis* no acaba la historia de los mosasaurios ariete, pues aún nos queda un importantísimo linaje de estas bestias por analizar. El éxito tardío de los tilosaurinos no puede ser entendido correctamente sin mencionar al género *Taniwhasaurus*, un grupo hermano de *Tylosaurus* que logró expandirse por buena parte del globo durante el Santoniense y Campaniense. Este animal con *rostrum* premaxilar aparece, además, en lugares geográficamente algo extraños, en sitios que hasta ahora no hemos mencionado en este libro, en ubicaciones muy alejadas del mar de Tetis o del Western Interior Sea. Sin embargo, el éxito y la curiosa extensión de este nuevo ruselosaurino no debe confundirte, pues tan solo maquilla ligeramente la tremenda crisis interna a la que se enfrentaron los tilosaurinos durante el piso Campaniense. Pero, claro, ¿en qué lugares apareció el misterioso género *Taniwhasaurus*? ¿Por qué adoptó una distribución tan extraña?

Tal y como comentábamos, *Taniwhasaurus* pareció surgir allí donde hasta ahora los mosasaurios aún no habían osado asomarse, lejos de las latitudes medias del hemisferio norte a las que estamos acostumbrados. Por ejemplo, *Taniwhasaurus oweni*, probablemente la especie más conocida de este curioso género, aparece en estratos de principios y mediados del Campaniense de Nueva Zelanda, literalmente en las antípodas del mar de Tetis. Existen, además, otras especies en lugares igual de bizarros, como *Taniwhasaurus mikasensis*, procedente de la frontera entre el Santoniense y el Campaniense de Japón, o el dudoso *Taniwhasaurus capensis*, del Santoniense de Sudáfrica. Y, por si todo esto no fuera suficiente, tenemos también registro de una especie conocida como *Taniwhasaurus antarcticus*, procedente de los alrededores del continente helado. La Antártida, Nueva Zelanda, Sudáfrica, Japón… ¿Qué tienen en común todos estos lugares? Con la excepción de las tierras niponas, aún no hemos hablado acerca de mosasaurios en ninguna de estas zonas. Aparentemente están muy lejos de los centros de especiación de mosasaurios más tradicionales, como el mar de Tetis o el mar Interior Norteamericano. No obstante, cualquiera un poco observador puede darse cuenta de que estos lugares distan mucho de ser puntos azarosos sobre un mapa, pues se distribuyen a lo largo de una macrorregión: el Índico-Pacífico y los mares australes que rodean a la Antártida. Esta es una zona inmensa que aún no hemos tratado, y allá por el Cretácico superior ofrecería una inmensa cantidad de recursos y oportunidades para aquellos que osasen adentrarse en ella. Ya hemos visto que los mosasaurios se consolidaron como superdepredadores marinos a lo largo de América del Norte, el antiguo mar de Tetis y las costas templadas y cálidas de ambos lados del Atlántico. No obstante, estas bestias hegemónicas no se quedaron aquí, sino que poco a poco fueron expandiéndose también por otras paleorregiones. Y aquí uno de los pioneros en esta expansión hacia el Índico, el Pacífico y las aguas del sur fue el género *Taniwhasaurus*, un intrépido representante de la moribunda dinastía de los tilosaurinos.

Pero, volviendo sobre nuestra línea temporal, algo estaba a punto de reestructurar las comunidades de mosasaurios de buena parte del mundo. A principios del Campaniense aún teníamos a la terna del Western Interior Sea en Norteamérica, a los omnipresentes *Clidastes*, *Tylosaurus* y *Platecarpus*. Por otro lado, en el norte de Europa existían curiosas comunidades de *Clidastes* y *Eonatator*, acompañadas también por algún que otro gran tilosaurino o modesto plioplatecarpino. Sin embargo, de repente algo sucedió: un cambio de tornas, un relevo generacional, un paso adelante de los recién llegados a estos mares. Recordemos que en estos momentos estaban comenzando a tener importancia dos curiosos grupos de mosasaurinos, los globidensinos y prognatodontinos. No obstante, estas dos extrañas tribus no eran los únicos mosasaurinos que estaban empezando a hacerse denotar, tal y como evidencia el interesante *Jormungandr walhallaensis*. Existió una tercera tribu de mosasaurinos, Mosasaurini, que también pareció estar dispuesta a tomar por la fuerza el control de los mares. No obstante, por mucho que todos estos nuevos grupos de mosasaurios llegaran a las aguas cretácicas, poco podrían hacer si los temibles tilosaurinos seguían en lo alto de las redes tróficas. Para convertirse en reyes, debía haber una gran crisis, un cambio de ciclo, una auténtica revolución…

Y esta oportunidad les llegó a mediados del piso Campaniense, de la mano de un intrigante y aún poco comprendido evento que se suele conocer como la crisis del Campaniense medio (MCC por sus siglas en inglés, *middle Campanian crisis*). Algo ocurrió en los mares por estas fechas. De repente, una gran cantidad de grupos de vertebrados perdieron en un abrir y cerrar de ojos gran parte de su diversidad. Además, unos de los más tocados por este intrigante escenario fueron los mosasaurios, los cuales, según algunos investigadores, llegaron incluso a coquetear con una posible extinción. Este evento no es recordado como una gran catástrofe, tal y como sí lo es, por ejemplo, la extinción del final del período Cretácico, la que borró de la faz de la Tierra a los dinosaurios no avianos. No obstante, no por esto debemos subestimarlo o pasarlo por alto, ya que sin él no podríamos entender la dinámica de los mosasaurios durante los últimos diez millones de años del Cretácico, es decir, durante la segunda mitad del Campaniense y el posterior piso Maastrichtiense. Pero ¿qué ocurrió exactamente? ¿Qué causó la crisis del Campaniense medio? ¿Qué consecuencias tuvo esta época de carestía?

Por desgracia, las dos primeras preguntas aún se nos escapan. Actualmente se sabe que hubo una importante *regresión marina* por estos momentos, es decir, que el nivel del mar bajó considerablemente, y esto sin duda debió afectar a los mosasaurios de aguas someras. No obstante, también hay muchas otras propuestas sobre la mesa, como un posible evento anóxico o incluso hasta el impacto de algún que otro asteroide. Por el momento, nada está confirmado ni suficientemente contrastado. Necesitamos mucha más información e investigación para poder arrojar un poco de luz sobre este sombrío episodio de la historia de la Tierra. Aunque, por suerte, el registro fósil sí que nos permite intuir el terrible y catastrófico impacto que tuvo este desconcertante evento. Esto es algo que muchas veces suele ser una máxima en paleontología: no sabemos detectar la posible causa de una extinción o crisis, pero podemos intuir su presencia simplemente viendo qué especies aparecen antes y después del evento en cuestión. Y en este caso, si observamos nuestros registros de mosasaurios del hemisferio norte, las evidencias del cataclismo son demoledoras... En el Western Interior Sea, la terna de *Tylosaurus*, *Platecarpus* y *Clidastes* rápidamente desapareció, dejó de existir. Al otro lado del Atlántico, en los mares del sur de Suecia, las comunidades de pequeños mosasaurios fueron borradas de la faz de la Tierra. Los dos complejos más importantes y representativos de mosasaurios con los que contábamos, y en los que en buena medida hemos basado hasta ahora gran parte de este libro, quedaron completamente desestructurados. Y no solo eso, sino que muchos de estos exitosos géneros, como el pequeño *Clidastes*, pasaron a mejor vida.

La crisis del Campaniense medio había devastado las comunidades de mosasaurios a ambos lados del Atlántico, pero esto no significó en absoluto que estos animales dejasen de estar representados en los ecosistemas marinos. De hecho, muchas veces se habla de que, una vez recuperados de este terrible y complicado episodio, los mosasaurios experimentaron su particular edad de oro, supieron renacer de sus cenizas como el ave fénix para volver a asaltar las redes tróficas de los mares someros y, esta vez, aún con más fuerza. No obstante, aunque los mosasaurios como tal sí consiguieron recuperarse de esta profunda crisis, uno de sus dos grupos principales, el de los ruselosaurinos, ya nunca volvió a ser el mismo. Los plioplatecarpinos perdieron una gran diversidad, dejaron de ser el clado de referencia en lo que a mosasaurios de tamaño medio respecta, pero el destino de los tilosaurinos fue aún peor. Los antiguos titanes de los mares, las bestias ariete, aquellos que no tenían depredadores naturales más allá que los de su propio linaje, pasaron a un segundo plano. La terna del Western Interior Sea fue sustituida por una nueva tríada de mosasaurios, una nueva asociación en la que ya quedaba patente el cambio de paradigma dentro de estos reptiles marinos. A lo largo de la segunda mitad del Campaniense, los géneros *Plioplatecarpus*, *Prognathodon* y *Mosasaurus* comenzaron a ser tan abundantes como antaño lo habían sido *Clidastes, Platecarpus* y *Tylosaurus*. No obstante, este relevo conceptual de ruselosaurinos por mosasaurinos no fue instantáneo ni tampoco sucedió de igual modo en todas partes del globo. Los mosasaurios de aletas poco osificadas, los ruselosaurinos, aún tendrían un peso importante en muchos lugares, incluso tras la crisis del Campaniense medio.

Podemos ver esto, por ejemplo, en la formación Bearpaw del sur de Canadá, que ya mencionamos en el capítulo anterior para contextualizar el voraz apetito de *Prognathodon overtoni*. Estas facies proceden de mares someros del Campaniense superior, muy posteriores ya a la crisis del Campaniense medio, pero entre sus representantes aún seguimos teniendo a varios ruselosaurinos importantes. Aquí aparece la que durante muchos años se consideró como la última especie del género *Tylosaurus*, el modesto *Tylosaurus saskatchewanensis*, que ya redujo apreciablemente su talla para quedarse en unos 8 o 9 metros de longitud. Hoy en día sabemos que existen otras especies de *Tylosaurus* algo más tardías, aunque muchas de estas últimas ya tuvieron una representación prácticamente testimonial. Durante décadas se pensó que *Tylosaurus saskatchewanensis* fue el último de la dinastía, pues se creía que los mosasaurios ariete habían sido desplazados de la región central del Western Interior Sea por los ya más que consolidados mosasaurinos y que tan solo algunas poblaciones de *Tylosaurus* lograron sobrevivir en las zonas más septentrionales de este mar interior. No obstante, aunque no sea el más tardío a nivel global, *Tylosaurus saskatchewanensis* sí que posee por el momento el honor de ser el último tilosaurio de Norteamérica. El resto de la historia de estos titanes ya quedaría lejos del norte del Nuevo Mundo.

Tylosaurus saskatchewanensis, además, es muy importante para la comunidad científica, pues entre sus restos se encuentran unas de las pelvis de tilosaurino mejor conservadas. Gracias a estos fósiles sabemos que las aletas traseras de los tilosaurios tuvieron una movilidad prácticamente nula, es decir, que en ciertos aspectos fueron prácticamente vestigiales. ¿Y cómo sabemos esto? Pues inspeccionando sus restos óseos con cuidado y detenimiento. Resulta que este animal no poseyó procesos sobre los huesos de su pelvis, o sea, que no tuvo salientes o puntos de anclaje importantes para músculos y tendones. ¿Y esto qué significa? Pues que los tilosaurios apenas podrían mover las aletas traseras o, al menos, no de manera directa. Esto contrasta bastante con lo que vemos en otros mosasaurios, como por ejemplo en el propio género *Mosasaurus*, en el que sí que aparecen importantes *procesos óseos* sobre los huesos de la pelvis. Los tilosaurios, por tanto, parece que tuvieron un modo de locomoción algo diferente al de otros mosasaurios de gran tamaño, pues no utilizaron apenas sus extremidades traseras, quizá ni siquiera para maniobrar.

Sin embargo, en la formación Bearpaw los mosasaurinos ya estaban completamente establecidos, aunque aún quedara algún que otro tilosaurino. Aquí aparece la interesante especie *Mosasaurus missouriensis*, perteneciente a la ya mencionada tribu Mosasaurini. Este animal, además, es muy conocido en el mundo de los mosasaurios por el hallazgo de un esqueleto exquisitamente preservado en el que, una vez más, aparecen restos estomacales. De nuevo vuelven a aparecer en esta formación los restos de la última comida de una bestia marina, pues recordemos que esto mismo ya había ocurrido con un ejemplar de *Prognathodon overtoni*. Además, una vez más los fragmentos de la última cena de un mosasaurio vuelven a ser reveladores... Resulta que, en el interior del sistema digestivo de este *Mosasaurus missouriensis*, aparecen una gran cantidad de escamas fósiles de peces aulopiformes, los cuales, probablemente, tendrían dimensiones superiores al metro de longitud. Y esto debería llamarnos la atención, porque este mosasaurio no fue precisamente grande, es decir, su cráneo apenas superó los 60 cm de longitud. Cuando la presa de un vertebrado es marcadamente más grande que el tamaño de su cabeza, solemos hablar de *macrofagia*, es decir, que el depredador en cuestión se alimentaría de animales relativamente grandes respecto a su propio tamaño y que, generalmente, tendría que procesar sus capturas e ingerirlas de varias veces. Esto también lo vimos en *Prognathodon overtoni*, pues, aunque este fuese más grande que *Mosasaurus missouriensis*, en su interior aparecían los restos de peces de más de 1,5 metros de longitud. Y tener evidencia de este tipo de alimentación es algo importante, porque nos muestra que, muy posiblemente, muchos mosasaurios no tragarían de un bocado a sus presas, sino que deberían despedazarlas y procesarlas con sus dientes antes de nada. Tal y como veremos más adelante en este capítulo, esto último posiblemente estuviese mucho más extendido entre los mosasaurinos que entre los ruselosaurinos, pues los cráneos de ambos grupos, sobre todo los de los ejemplares más grandes, fueron bastante diferentes entre sí.

Imagen 56: Reconstrucción de un ejemplar de *Mosasaurus missouriensis*.

Sin embargo, alimentarse de presas mucho más grandes que tu cabeza no siempre implica que debas despedazar tus capturas, y el ejemplo más típico de esta aserción no está entre los mosasaurios, sino entre otros de los curiosos depredadores de las aguas cretácicas. Durante buena parte del Cretácico superior estuvieron muy extendidos unos peces óseos de gran tamaño conocidos como ictiodéctidos. El más famosos de estos, sin lugar a duda, es el conocido como *pez bulldog*, la especie *Xiphactinus audax*. Este animal fue un voraz depredador que le debe su sobrenombre a su curiosa cabeza, en la que la mandíbula apuntaría hacia arriba, al igual que en los perros *bulldog* actuales. Aunque su aspecto pueda parecer simpático, *Xiphactinus* fue un letal cazador de los mares cretácicos, capaz de tragar directamente presas del tamaño de una persona, mucho más grandes que su cabeza. No obstante, ingerir animales tan grandes, sobre todo si aún están vivos en el momento en el que pasan a través de la garganta, conlleva unos riesgos enormes, y a veces esas situaciones críticas pueden llegar incluso a fosilizar...

El resto fósil del que estamos hablando es conocido popularmente como *fish within a fish*, es decir, *pez dentro de un pez*, y procede de las cálidas aguas del Western Interior Sea. Probablemente se trate de uno de los fósiles más conocidos y espectaculares del mundo, y es que nos cuenta una historia impactante. Un ejemplar adulto de *Xiphactinus audax*, de algo más de 4 metros de longitud, tragó entero y posiblemente aún con vida a otro pez ictiodéctido de gran tamaño, perteneciente este último a la especie *Gillicus arcuatus*. Lo verdaderamente sorprendente aquí es que la víctima medía casi 2 metros de cola a hocico, es decir, ¡que es como si te tragases sin masticar un bocadillo de 1 metro! El pez *bulldog*, al parecer, pecó de gula al querer ingerir a un oponente tan grande. Probablemente la presa se revolvió antes de ser tragada por completo y, dado su gran porte, hirió mortalmente al *Xiphactinus* desde sus propios adentros, quizá perforándole algún órgano vital con sus aletas radiadas. Al final, a pesar de los múltiples intentos del *Gillicus* por liberarse, ambos peces cayeron sobre el fondo marino, puede que ya sin vida. Por suerte lograron esquivar a carroñeros y descomponedores y terminaron por fosilizar. El resultado: una de las escenas más espectaculares con la que nos ha obsequiado la naturaleza, la auténtica imagen congelada de un singular y trágico combate acontecido hace más de 80 millones de años.

No obstante, volvamos de nuevo sobre los mosasaurios. En la formación Bearpaw aparecen dos mosasaurinos, *Prognathodon overtoni* y *Mosasaurus missouriensis*, pero, dado que su físico y dentición fueron muy distintos, ambos pudieron coexistir sin causarse competencia directa. Y esta fue justamente una de las claves del éxito de los mosasaurios mosasaurinos, pues, a diferencia de lo que ocurría con los ruselosaurinos, ellos sí supieron sacar partido de la infinidad de opciones que les proporcionaba el amplio espectro dental dado por los gremios de Massare. Mientras que los ruselosaurinos adoptaron dientes muy similares, prácticamente todos dentro del gremio *Cut*, los mosasaurinos se especializaron enormemente en este aspecto, de modo que pudieron alcanzar grandes diversidades en los mismos ecosistemas sin tener que competir por las mismas presas. Un ejemplo de esto es la propia formación Bearpaw, pues, mientras que *Prognathodon overtoni* tuvo una dentición adaptada a tratar con presas duras y resistentes, *Mosasaurus missouriensis* estuvo más especializado en la captura de presas «más blandas», como, por ejemplo, peces de tamaño medio. Aunque ambos pudiesen coincidir en algunos momentos en la puja por unas mismas presas, tenían un amplio repertorio de posibles capturas en las que no coincidirían, pues no eran simples depredadores generalistas. Esto se conoce como *partición de nichos ecológicos*, es clave para poder diversificarse a nivel de grupo por unos mismos ecosistemas y, como veremos más adelante en este libro, será llevado al extremo por los mosasaurinos justo al final del período Cretácico.

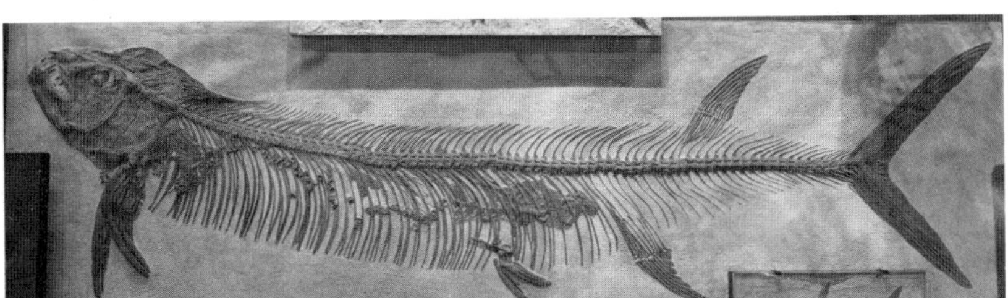

Imagen 57: *Fish within a fish*, el impresionante fósil de un gran *Xiphactinus audax* que intentó ingerir de un bocado a un *Gillicus arcuatus*.

Sin embargo, en la formación Bearpaw no solo hay mosasaurinos y tilosaurinos, sino que también aparecen plioplatecarpinos, abanderados por especies como *Plioplatecarpus primaevus*. Si recuerdas de unas páginas atrás, dijimos que la terna típica del Santoniense del Western Interior Sea, *Tylosaurus*, *Platecarpus* y *Clidastes*, tras la crisis del Campaniense medio se vio sustituida por la tríada *Plioplatecarpus*, *Prognathodon* y *Mosasaurus*. La formación Bearpaw cumple exactamente con esta regla, pues aquí aparecen las especies *Plioplatecarpus primaevus*, *Prognathodon overtoni* y *Mosasaurus missouriensis*. Y justamente los plioplatecarpinos, y en especial el género tardío *Plioplatecarpus*, son una de las piezas centrales a la hora de tratar la macrofagia entre los mosasaurios. No obstante, esta macrofagia quizá no fuese similar a la de *Mosasaurus missouriensis*, es decir, que no implicaría que el animal ingiriese a sus presas a pedazos. En su lugar, es posible que *Plioplatecarpus* y otros ruselosaurinos abrazasen otro tipo de macrofagia, más parecido al modo de ataque del pez *bulldog Xiphactinus* que al de sus primos mosasaurinos. Pero, para entender correctamente este posible modo de alimentación, hace falta volver sobre nuestros pasos a las primeras páginas de este libro. ¿Te acuerdas de las articulaciones intermandibular e intramandibular, aquellas que caracterizaban el cráneo de los mosasaurios y otros lepidosaurios? Pues ahora nos toca seguirle la pista de nuevo a estas características craneales, pero en esta ocasión indagando un poco más… Porque ¿cómo de articulados fueron realmente los cráneos de los mosasaurios?

Pues esta pregunta tiene truco, ya que los mosasaurinos más tardíos y robustos, como las especies más grandes de los géneros *Prognathodon* o *Mosasaurus*, en cierto modo renunciaron a sus cráneos articulados para conseguir una mayor potencia de mordida. Sin embargo, la mayoría de plioplatecarpinos y tilosaurinos sí que mantuvieron una importante *kinesis craneal*, es decir, que las distintas partes de sus cráneos podían moverse internamente de modos un tanto curiosos. El primero de estos conjuntos de movimientos es el que se conoce como *mesokinesis*, que permitiría desplazar la parte anterior del cráneo con respecto a la posterior, y todo esto gracias a una curiosa sutura entre los huesos frontales y parietales. Por otro lado, está la conocida como *metakinesis*, que permitiría el desplazamiento de la caja cerebral con respecto al resto del cráneo. Sin embargo, el conjunto de movimientos más interesante y en el que más nos explayaremos es la conocida como *estreptostilia*, que sin duda tendría un papel vital en la kinesis craneal de los mosasaurios y en el posible modo de alimentación de algunos ruselosaurinos. Así que ¿qué es la estreptostilia?

Si miramos la parte posterior del cráneo de los mosasaurios, allá donde la mandíbula inferior conecta con el resto de la cabeza, rápidamente nos toparemos con un hueso que llama nuestra atención. Está dispuesto en vertical y, en cierto modo, tiene forma de oreja. Estamos observando el *hueso cuadrado*, una pieza vital en el anclaje de la mandíbula inferior al resto del cráneo y un elemento que, en mosasaurios y otros lepidosaurios, posee una movilidad inusual. A diferencia de lo que ocurre en el resto de los amniotas, en los que este hueso permanece más o menos inmóvil, en los mosasaurios el cuadrado pudo girar hacia delante y hacia atrás: es lo que se conoce como *estreptostilia*. ¿Y qué implicaciones tendría todo esto? ¿Cómo afectaría al cráneo kinético y articulado de los mosasaurios? Pues resulta que, al poder rotar de este modo el hueso cuadrado, la mandíbula inferior podría desplazarse hacia delante y hacia atrás de manera independiente de la superior y viceversa. Y justamente esta característica podría ser clave para uno de los modos de alimentación sugeridos para muchos ruselosaurinos y, en especial, para el género *Plioplatecarpus*.

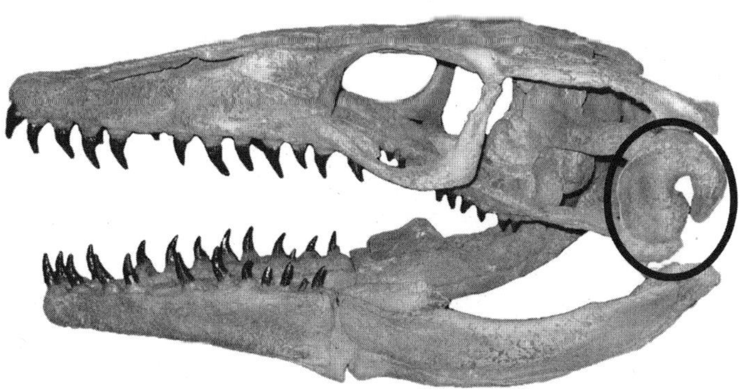

Imagen 58: Hueso cuadrado en el cráneo de un ejemplar del género *Plioplatecarpus*.

¿Alguna vez has observado cómo una serpiente, poco a poco, es capaz de tragarse a una presa más grande que ella? El ofidio envuelve con sus fauces a un animal de buen tamaño y, sin prisa pero sin pausa, va avanzando con sus mandíbulas, tragándolo poco a poco. Este modo de ingesta de presas se conoce como *alimentación trinquete*, aunque es mucho más conocido por su nombre en voz inglesa: *ratchet feeding*. Pues muchas veces se suele relacionar a muchos ruselosaurinos, como a *Plioplatecarpus*, con un modo de alimentación similar. El mosasaurio introduciría la cabeza de la hipotética presa en su boca y, gracias a los movimientos del cuadrado permitidos por la estreptostilia, iría desplazando hacia delante y hacia atrás las ramas superiores e inferiores de sus mandíbulas para ir tragando al animal entero. Si la apertura de fauces no fuese suficiente como para lograr este cometido, el lepidosaurio siempre contaría con la ayuda de las articulaciones intermandibular, que le permitiría separar las ramas inferior derecha e izquierda de la mandíbula, e intramandibular, gracias a la que podría abrir un poco más la parte anterior de su mandíbula inferior. Y no solo eso, sino que si la presa intentase escapar una vez el mosasaurio ya hubiese empezado a tragarla, se toparía con un problema añadido: los dientes del pterigoideo. Si recuerdas, los mosasaurios poseían dientes en el paladar, sobre un hueso conocido como *pterigoideo*, pero hasta ahora no hemos dicho qué función pudieron haber tenido. Estas piezas dentales generalmente estarían curvadas hacia el interior del animal, de modo que, si una captura trataba de escapar de sus fauces, los dientes del pterigoideo la desgarrarían, igual que una flecha varvada rasga la carne.

Muchos de los caracteres craneales que poseen los mosasaurios por el mero hecho de ser lepidosaurios, como algunos de los anteriormente descritos, parecen estar enfocados a desarrollar un modo de alimentación similar al *ratchet feeding*. No obstante, esto no quiere decir que alguno o, ni mucho menos, que todos los mosasaurios lo pusieran en práctica. En el fondo la conclusión al debate es clara: este modo de tragar presas podría ser plausible para muchos ruselosaurinos, aunque no para todos ellos. Algunas especies de estos mosasaurios poseyeron cráneos mucho menos móviles que el estándar que hemos descrito anteriormente, y esta pérdida de kinesis craneal no tuvo por qué estar necesariamente relacionada con una mayor potencia y robustez mandibular. Este es el caso, por ejemplo, de un misterioso ruselosaurino de la frontera Santoniense-Campaniense conocido como *Selmasaurus russelli*, que muestra un cráneo rígido en el que, por lo menos, se habrían perdido ya la mesokinesis y la metakinesis. Existe otra especie afín a este plioplatecarpino, *Selmasaurus johnstoni*, que aparece un poco más atrás en el tiempo, durante el Santoniense del Western Interior Sea. Por desgracia, la línea evolutiva de este género de plioplatecarpinos poco comunes aún ha sido poco explorada, por lo que por el momento desconocemos mucho más de lo que sabemos acerca de ellos, a excepción quizá de los compases finales de su historia.

En resumen, las características craneales de ciertos ruselosaurinos podrían haberles permitido desarrollar modos de alimentación un tanto peculiares. Y de la estreptostilia volvemos de nuevo al hueso cuadrado, porque, aparte de permitir curiosos movimientos mandibulares, en los mosasaurios tuvo un papel crucial en la audición. ¿Recuerdas que hace unas páginas dijimos que el cuadrado tenía forma de oreja? Pues no solo se parece a una oreja, sino que, en cierto modo, cumpliría también una función parecida. ¿Y cómo puede ser esto? Para responder a esta cuestión, tan solo debemos contestar a otra interesante pregunta: ¿cómo oyen los amniotas bajo el agua? Aunque parezca mentira, este punto es mucho más importante de lo que parece.

Pensemos en primer lugar en cómo oímos en un entorno aéreo. El sonido se transmite como ondas a través del aire y estas son recogidas por nuestras orejas y reconducidas hasta la membrana del tímpano. Este último vibra y, posteriormente, transmite la vibración a través de una cadena de huesecillos, conocidos como *martillo*, *yunque* y *estribo*, hasta que la perturbación llega al oído interno, donde se encuentran los receptores. Para aquellos que sepáis un poco acerca de zoología, rápidamente os daréis cuenta de que no estamos siendo lo suficientemente genéricos, pues el modo de audición que hemos descrito es el de un mamífero, no el de un amniota terrestre cualquiera. Los mamíferos hemos desarrollado la serie de huesos martillo, yunque y estribo para amplificar la vibración que nos llega al tímpano antes de que esta se transmita hasta el oído interno, pero, de manera general, en el resto de los amniotas terrestres esta cadena de huesecillos no existe o no ha sido desarrollada de igual modo. No obstante, el resto de la descripción, a excepción de la parte de las orejas, que también es exclusiva de los mamíferos, nos sirve para comprender cómo oyen los amniotas terrestres. El sonido se transmite por el aire en forma de ondas y llega hasta el tímpano, haciéndolo vibrar. Esto es lo importante.

En el agua, como muchos probablemente ya sepáis, el sonido no se transmite de igual modo. De hecho, se transmite mucho mejor que por el aire, por lo que no es necesario que exista un tímpano tan sensible para recoger esas ondas acústicas, ni mucho menos que posteriormente estas sean amplificadas. Nuestro tímpano no funciona demasiado bien debajo del agua, como probablemente ya te hayas dado cuenta si alguna vez has escuchado a algún amigo mientras estabas buceando. Cuando estás debajo del agua detectas el sonido de una manera muy distinta, oyes mediante un sistema conocido como *conducción ósea*. Las ondas acústicas no son recogidas por tu oreja y transmitidas hasta el tímpano, no, sino que son transmitidas directamente por los huesos de tu cráneo hasta el oído interno. Por lo tanto, aquellos amniotas que se han adaptado a la vida acuática simplemente han tenido que potenciar y perfeccionar el modo en el que los huesos de su cráneo recogen las ondas acústicas. Los cetáceos han hecho esto mediante el desarrollo de lo que se conoce como una *bula timpánica*, y los mosasaurios engrosando y dando a su cuadrado forma de oreja. ¿O piensas acaso que tus orejas son de esa forma por casualidad? No, son así porque han evolucionado a lo largo de millones de años para recoger las ondas acústicas del aire de la manera más eficiente posible. De manera en cierto modo análoga, los mosasaurios recogieron las ondas acústicas del agua con su cuadrado en forma de oreja y, posteriormente, transmitieron esas vibraciones hasta el oído interno. Este hueso es, además, uno de los más insistentemente osificados entre los mosasaurios, así como uno de los más variables entre especies. Por esta razón suele ser relativamente frecuente encontrarse con cuadrados de mosasaurios, y su mero hallazgo ya nos permite muchas veces clasificar al espécimen en cuestión hasta el nivel de especie. Pero es que aún hay más, pues el oído interno de los mosasaurios también nos guarda alguna que otra sorpresa...

Para tratar esto último deberemos presentar a otro plioplatecarpino de la formación Bearpaw: *Plioplatecarpus peckensis*. De este animal se ha descubierto un cráneo con restos muy bien preservados de la caja cerebral y sus alrededores. De hecho, están tan bien conservados que pueden incluso reconstruirse los *canales semicirculares* del oído interno. ¿Y esto qué significa? Pues que, con un poco de ingenio, podemos intuir cómo pudo moverse este mosasaurio o, al menos, cómo se sentiría más cómodo moviéndose bajo el agua. Los canales semicirculares son tres tubitos cerrados con formas similares a circunferencias achatadas en los que hay una especie de líquido. Cada tubito está orientado típicamente hacia cada uno de los ejes ordenados, es decir, por ejemplo, uno hacia arriba, otro hacia la derecha y el tercero hacia el frente. De este modo, cada vez que el animal mueve la cabeza, el líquido del interior de cada uno de los canales semicirculares se mueve con él, pero dentro del tubito cerrado. Gracias a los receptores del interior de los canales semicirculares, que detectan el movimiento de este líquido, el animal es capaz de cuantificar y valorar cuánto se ha movido en cada dirección, es decir, respecto a cada uno de los ejes ordenados. Y esto al final es lo que está detrás del sentido del equilibrio, ya que nos permite saber cómo está orientada nuestra cabeza con respecto a la posición normal en reposo, es decir, cuando el líquido de los canales semicirculares está donde debería estar. De manera muy simple y general, así es cómo funciona nuestro sistema del equilibrio, y el del resto de amniotas, por suerte, es prácticamente idéntico.

Por lo tanto, si sabemos cómo es la disposición de los canales semicirculares de *Plioplatecarpus peckensis*, entonces sabremos cuál es la orientación natural de su cabeza. Y no solo eso, sino que, viendo qué canales semicirculares se encuentran más desarrollados respecto a los otros y cómo, podemos intuir a qué tipo de movimientos era más sensible el mosasaurio. Resulta que los tres canales semicirculares de *Plioplatecarpus peckensis* fueron más o menos de un mismo tamaño y forma, lo que nos sugiere que este animal estuvo bien adaptado para el movimiento en las direcciones de los tres ejes coordenados. Recordemos que estamos hablando de un animal que vivió en un medio acuático, es decir, en un medio tridimensional en el que podría ir hacia los lados, hacia delante, hacia atrás, hacia arriba o hacia abajo, por lo que esto nos dice que el animal no estuvo mejor adaptado para moverse preferentemente en ninguna de estas direcciones. En otras palabras, podemos deducir que este plioplatecarpino probablemente no sería un nadador de largas distancias, sino más bien un nadador rápido, acostumbrado a giros y cambios de orientación, lo que conocemos como un *nadador acrobático.* Esto además cuadra bastante con la morfología general de los plioplatecarpinos: tamaños moderados y, en el género *Plioplatecarpus*, aletas delanteras grandes, desarrolladas y muy musculadas para maniobrar.

Y este último detalle podemos verlo llevado hasta el extremo en otro plioplatecarpino del final del Campaniense, en la especie *Plioplatecarpus marshi*, procedente de facies de Arkansas depositadas en el antiguo Western Interior Sea. Este animal posee unas aletas delanteras tan desarrolladas que llegó a plantearse en el pasado que incluso tal vez pudiese haber hecho uso de ellas para propulsarse debajo del agua de manera activa, es decir, que pudiese haber sido un nadador apendicular como los plesiosaurios o las tortugas, produciendo el empuje necesario para avanzar con sus extremidades anteriores. No obstante, esta interpretación, aunque tentadora, es incorrecta. Un nadador apendicular necesita cumplir una gran cantidad de requisitos para ser eficiente produciendo empuje con sus extremidades, y *Plioplatecarpus marshi*, por desgracia, no cumple casi ninguna a pesar de sus enormes aletas. Para un nadador apendicular, por ejemplo, la cola es un estorbo, pues tan solo produce rozamiento al moverse por el agua, y por eso plesiosaurios y tortugas marinas tienen colas muy cortas. A mayores, un nadador apendicular necesita tener un cuerpo rígido, con una columna vertebral robusta, pero la de *Plioplatecarpus marshi*, aunque fue más rígida que la de las serpientes, cae dentro del espectro dc las de los nadadores axiales carangiformes. Y por si todo esto aún no fuera suficiente, las extremidades de los nadadores apendiculares deben tener un húmero robusto, pero algo alargado, ya que necesitan producir empuje en una zona un poco alejada del cuerpo. *Plioplatecarpus marshi*, de nuevo, vuelve a incumplir este requisito, pues tuvo los húmeros cortos típicos de las aletas de los mosasaurios completamente acuáticos.

Por lo tanto, antes de dejarnos llevar por la imaginación, debemos entender que los mosasaurios llevaban desarrollando un eficiente modo de natación carangiforme casi desde el origen de su historia evolutiva, por lo que no iban a dejarlo todo tan rápido y de manera tan repentina por una nueva manera de producir empuje. Las grandes aletas de *Plioplatecarpus marshi*, en su lugar, quizá fuesen una adaptación para la natación acrobática a la que se habían hecho muchos plioplatecarpinos tardíos. Aunque unas aletas grandes podrían no solo servir para maniobrar, sino también para otras funciones. Los cocodrilos, para arrancar pedazos de carne de sus presas en el agua, suelen girar sobre sí mismos mientras muerden con fuerza a su captura. De este modo, rompen los tejidos de su víctima y terminan llevándose un trozo más maniobrable que pueden procesar e ingerir. Es posible que algunos mosasaurios llevasen a cabo estrategias similares para arrancar trozos de carne de sus presas y, en ese caso, unas grandes aletas les serían de gran ayuda para efectuar el movimiento de rotación. Por otro lado, algunos tiburones también hacen algo similar, solo que moviéndose hacia los lados ayudados por el empuje instantáneo que producen con sus aletas. Puede que, una vez más, estos plioplatecarpinos tardíos recurriesen en ocasiones a alguna estrategia parecida.

Imagen 59: Reconstrucción de un ejemplar de *Plioplatecarpus primaevus*. Podemos observar que las aletas delanteras de algunos plioplatecarpinos tardíos estuvieron muy desarrolladas.

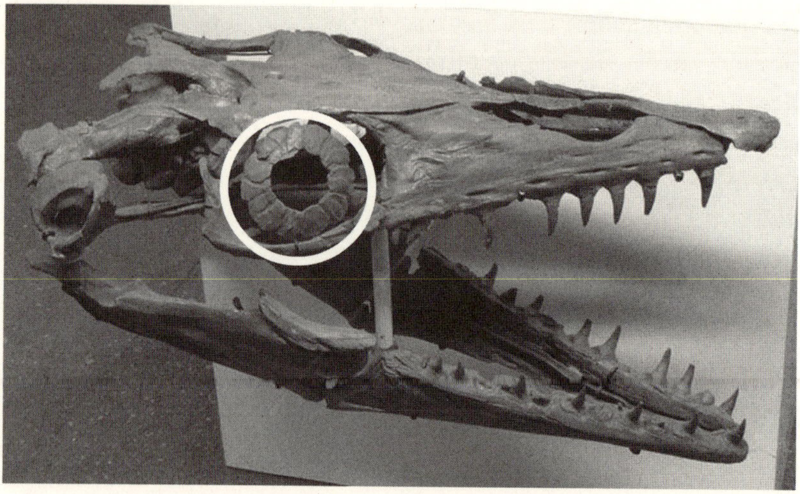

Imagen 60: Cráneo de un plioplatecarpino en el que se ha destacado el anillo esclerótico.

Hemos hablado hasta ahora de la audición y del equilibrio de los mosasaurios, pero, para poder sobrevivir en un ambiente hostil como las aguas someras del Cretácico, hacen falta muchos más sentidos. El modo de percibir los estímulos del entorno es algo básico para un animal cazador, pues en el fondo este depende totalmente de ellos para poder detectar a sus presas. Pero, claro, ¿cuáles fueron los sentidos más desarrollados e importantes entre los mosasaurios? O, al menos, ¿cuáles creemos que pudieron haberles sido de mayor utilidad para dar caza a sus capturas? La audición sin duda tuvo un papel fundamental, tal y como nos muestran sus cuadrados muy osificados y en forma de oreja. Sin embargo, existen otros dos sentidos que a buen seguro fueron fundamentales para el día a día de los mosasaurios: la vista y el olfato.

A la hora de hablar de la vista en los mosasaurios, inmediatamente todos centramos nuestra atención en las cuencas oculares de estos antiguos reptiles. Si nos situamos frente a una reconstrucción completa del cráneo de uno de estos animales, rápidamente nos daremos cuenta de que, en el interior de la cuenca ocular, hay un curioso y delicado anillo de huesos que parece delimitar la zona donde se encontraría el ojo. Este círculo óseo se conoce como *anillo esclerótico*, y no solo estuvo presente en los mosasaurios, sino que también aparece en otros muchos reptiles, a excepción de cocodrilos y serpientes. Pero ¿qué utilidad tiene? ¿Para qué lo usaron los mosasaurios?

Los anillos escleróticos, estos curiosos círculos de hueso situados en la parte blanca de los ojos, es decir, en la esclerótica, tienen una gran cantidad de posibles funciones. En primer lugar, suelen ayudar a la *acomodación visual*, pues algunos de estos huesos pueden hacer de puntos de anclaje para los músculos encargados de enfocar y desenfocar la vista. Por otro lado, otra función importante de los anillos escleróticos en los reptiles actuales es la de mantener la forma del ojo, y esto podría ser particularmente importante en los mosasaurios, dado que sus cuencas oculares estarían expuestas a grandes presiones si estos optaban por sumergirse a profundidades importantes. A mayores, muchas veces se ha relacionado el grado de desarrollo de estos círculos de hueso con hábitos como la nocturnidad o la caza en condiciones de poca iluminación. Sin duda todo esto, en un futuro, puede abrir infinidad de campos de investigación en el complejo mundo de los mosasaurios.

Por desgracia, analizar qué función pudo haber tenido el anillo esclerótico en estas bestias marinas es algo bastante complicado, pues, para empezar, estamos ante unos de los restos fósiles que más difícilmente se preservan. Apenas contamos con unos pocos anillos escleróticos de mosasaurios, y eso, a la hora de hacer interpretaciones o de tratar de generalizar posibles funciones, es siempre un impedimento. No obstante, con base en los pocos restos que tenemos, sí que podemos deducir que no todos los mosasaurios tuvieron anillos escleróticos iguales y que, por lo tanto, no sería descabellado suponer que algunos de ellos pudiesen haber hecho uso de estas curiosas estructuras de un modo algo distinto al de otros. Buena parte de estos reptiles marinos tuvieron anillos escleróticos compuestos por 14 pequeños huesecillos, exactamente igual que muchos reptiles actuales, por lo que es posible que este sea el estado ancestral de esta estructura ósea en los mosasaurios. Podemos ver este tipo de anillos escleróticos, por ejemplo, en los tres géneros de la terna santoniense del Western Interior Sea, es decir, en *Clidastes*, *Tylosaurus* y *Platecarpus*. No obstante, el último de estos, por ejemplo, presentó en la parte interior de los huesos del anillo esclerótico un reborde óseo algo peculiar, que posiblemente esté relacionado con alguna función que aún no hemos podido desentrañar. Sin embargo, los anillos oculares más curiosos entre los mosasaurios son los que presentó el propio género *Mosasaurus*, tal y como atestiguan al menos dos de sus especies, *Mosasaurus missouriensis* y *Mosasaurus hoffmannii*. Estos mosasaurinos tardíos tuvieron solo 12 huesos en sus anillos escleróticos y, además, adoptaron una disposición de estos bastante diferente a la de los otros mosasaurios de los que tenemos registro. ¿Responde esto a alguna necesidad, a alguna función que estos anillos pudieron haber tenido en las especies de este género? Por ahora, no lo sabemos.

Si queremos seguir hablando de la visión entre los mosasaurios, inevitablemente debemos mencionar a una peculiar especie del Maastrichtiense temprano de la isla de Hokkaido, en Japón. Nos referimos aquí a *Halisaurus ponpetelegans*[43], un halisaurino de tamaño más bien modesto. Este animal no fue un gran nadador, pues su cuerpo no era excesivamente hidrodinámico y sus aletas apenas estuvieron desarrolladas, al igual que ocurría en muchos otros halisaurinos. No obstante, a pesar de sus carencias, este mosasaurio japonés supo salir adelante potenciando su sentido de la vista de una manera un tanto curiosa. Los ojos de *Halisaurus ponpetelegans* estuvieron marcadamente enfocados hacia la parte anterior del cráneo, es decir, hacia el frente. De este modo consiguió que los campos de visión de sus dos ojos se solapasen de manera más que apreciable en un ángulo de 35 grados y, gracias a ello, pudo disfrutar en esta región de lo que se conoce como *visión estereoscópica*. Esta configuración visual, que también podemos ver muy desarrollada en ciertos mamíferos depredadores, dinosaurios terópodos o en nuestra propia especie, permite poder apreciar la profundidad de aquello que miramos. Si una cierta región del espacio está dentro del campo visual de uno de nuestros ojos, podremos ver lo que hay allí, aunque con ciertas limitaciones. No obstante, si esta región del espacio cae dentro del campo visual de nuestros dos ojos, es decir, que los campos visuales de ambos se solapan al mirar esa zona, entonces podremos percibir a mayores la profundidad de aquello que estamos observando. A nuestro cerebro, el hecho de recibir información de

43 Descrito originalmente como *Phosphorosaurus ponpetelegans*.

dos puntos diferentes, es decir, de cada uno de nuestros dos ojos al mirar un cierto punto, le permite deducir a qué distancia se encuentra ese punto y, por ende, le permite apreciar la profundidad de aquello que miramos. Aunque, claro, ¿en qué le pudo ayudar todo esto a *Halisaurus ponpetelegans*? ¿Disfrutaron otros mosasaurios también de esta visión estereoscópica?

Poder distinguir la profundidad es algo crucial si eres un cazador que acostumbra a perseguir o acechar a sus presas. A mayores, en ciertos lepidosaurios, como algunas serpientes, se ha relacionado el desarrollo de campos de visión solapados en un gran ángulo con hábitos nocturnos. Y lo curioso aquí es que, si miramos al registro fósil, a las facies del Maastrichtiense inferior de Hokkaido, lo que nos encontramos cuadra perfectamente con estas dos observaciones. En estas formaciones son frecuentes los restos fósiles de calamares y de peces mictófidos, más conocidos como peces linterna. Ambos son animales que presumiblemente mostraron algún tipo de bioluminiscencia, y esto posiblemente nos indique que el paleoambiente que estamos observando es uno de aguas profundas y baja iluminación. ¡Qué casualidad que justamente aquí es donde aparece nuestro mosasaurio con visión estereoscópica!

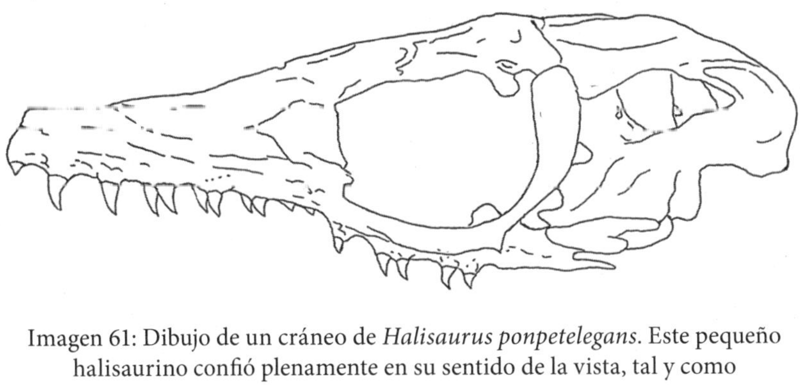

Imagen 61: Dibujo de un cráneo de *Halisaurus ponpetelegans*. Este pequeño halisaurino confió plenamente en su sentido de la vista, tal y como atestiguan sus enormes cuencas oculares y su visión esteroscópica.

No obstante, esta visión no fue ni mucho menos exclusiva de nuestro reptil marino japonés. Otros mosasaurios también presentaron campos de visión solapados, aunque en ningún caso llegaron a acercarse al nivel de *Halisaurus ponpetelegans*. Este último poseyó visión en profundidad en un campo angular al menos 5 grados superior al de cualquier otro mosasaurio analizado. Además, los campos de visión de *Halisaurus* comenzaron a solaparse ya a la altura de la punta de su hocico y no lejos de la cabeza, como en otros parientes suyos. ¿Y todo esto qué implica? Pues que este modesto mosasaurio, que no fue un nadador demasiado eficiente, gracias a su potente visión estereoscópica pudo especializarse lo suficiente como para evitar la competencia con otros mosasaurios más rápidos o de mayor tamaño. Resulta que en las mismas facies de *Halisaurus* aparece la especie *Mosasaurus hobetsuensis*[44], un gran nadador con el que nuestro halisaurino con visión esteroscópica no podría competir ni en velocidad ni agilidad. No obstante, gracias a sus campos de visión solapados, *Halisaurus* posiblemente podría evitar competir con este mosasaurino descendiendo en la columna de agua hacia zonas de penumbra o, tal vez, simplemente cazando de noche. Poniendo el objetivo en calamares bioluminiscentes y peces linterna, animales que posiblemente quedarían fuera del alcance de *Mosasaurus hobetsuensis*, *Halisaurus* conseguiría sobrevivir en unos ecosistemas en los que él no era ni mucho menos el depredador más fuerte, feroz ni rápido. Por lo tanto, estudiar la visión entre los mosasaurios no nos lleva únicamente a interesantes explicaciones biológicas o morfológicas, sino que nos puede ayudar a entender complejas especializaciones y particiones de nichos ecológicos, como la del curioso *Halisaurus ponpetelegans*.

Hasta ahora ya hemos hablado bastante de la vista, pero ¿qué hay del olfato? ¿Qué sabemos de este otro sentido, presuntamente tan importante para los mosasaurios? Pues resulta que esta cuestión va irremediablemente ligada a otro interesante aspecto de la biología de estos animales: ¿cómo fueron las lenguas de los mosasaurios? ¿Tuvieron lenguas bífidas, al igual que el resto de los lepidosaurios?

A pesar de que estos tejidos blandos no fosilizan, la respuesta a esta última pregunta posiblemente sea un rotundo sí. ¿Y cómo podemos saber esto? Pues haciendo uso de una herramienta de análisis filogenético llamada *corchete filogenético actual*, mucho más conocida una vez más por sus siglas en inglés EPB (*extant phylo-*

44 A fecha de edición de este libro, esta especie aún está pendiente de ser validada.

genetic bracket). Si has entendido el concepto de clado, es decir, de agrupación filogenética en la que se incluyen todos los descendientes de un ancestro común, te será fácil entender cómo funciona el EPB. Gracias a este podremos descubrir si es razonable esperar que un animal extinto presente una cierta característica o no. Por ejemplo, en nuestro caso lo utilizaremos para analizar si los mosasaurios pudieron poseer lengua bífida. El modo de utilizar el EPB es muy simple: nos situamos sobre un cladograma en el que se encuentre nuestra especie en cuestión y vemos cuáles son los dos grupos no extintos más cercanos a ella, uno a su derecha y otro a su izquierda. Se dice entonces que hemos construido nuestro corchete entre estos dos grupos actuales. Ahora simplemente nos preguntamos lo siguiente: aquella característica que queremos analizar ¿está presente en los dos grupos no extintos de nuestro cladograma, es decir, en los extremos de nuestro corchete? Si la respuesta es afirmativa, sería más que razonable que esta estuviese presente también en nuestra especie extinta en cuestión. Si no está en ninguno de los grupos o únicamente en uno de ellos, *a priori* nada nos garantiza que esta vaya a estar en la especie extinta.

Antes de nada, debemos aclarar que el EPB no es definitivo, no nos dice si un cierto animal extinto presentó o no una cierta característica, sino que únicamente nos informa acerca de si ese caracter pudo haber estado en los integrantes más antiguos de su clado, es decir, de si fue o no un *caracter ancestral*. Evidentemente, puede que el animal en cuestión haya desarrollado la característica de manera independiente, desentendiéndose de los caracteres ancestrales de su grupo, pero esto siempre se suele considerar como menos probable desde un punto de vista evolutivo. Lo más lógico, de manera general, suele ser mantener los caracteres ancestrales. Aunque, claro, lo lógico no es siempre lo que sucede, por lo que el EPB tan solo nos informa acerca de lo que cabría esperar.

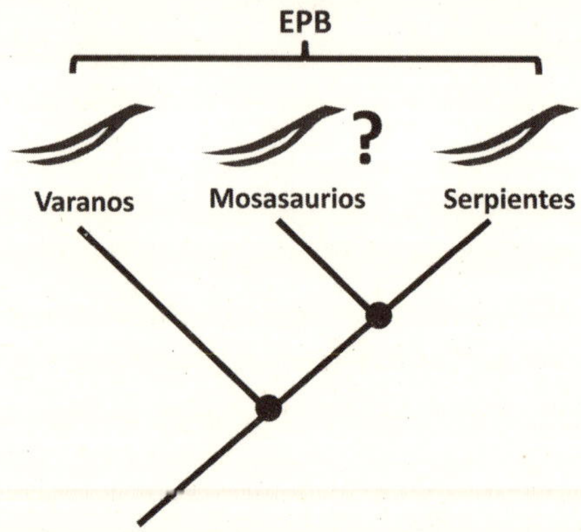

Imagen 62: EPB del clado de los mosasaurios para analizar la posible presencia de lengua bífida.

Al aplicar el EPB sobre los mosasaurios, la respuesta que obtenemos es bastante clara: varanos y serpientes, los grupos no extintos a ambos lados en el cladograma, poseen lenguas bífidas, por lo que cabría esperar que los mosasaurios también las hubiesen tenido. No obstante, resulta que existen muchos tipos de lenguas bífidas, ya que no todos los lepidosaurios poseen lenguas similares. Algunos, como las iguanas, presentan lenguas cortas y fuertes que tan solo llegan a bifurcarse ligeramente en su extremo final. Por otro lado, las serpientes y la mayoría de los varanos tienen una lengua bífida distinta, muy esbelta y con una bifurcación muy acusada. En nuestro caso todo parece apuntar a que los mosasaurios presentaron una lengua bífida esbelta y claramente bifurcada, al igual que casi todos los varanos y las serpientes, ¿verdad?

¡Pues no! Y la razón de esta aparente contradicción es que hay un pequeño varanoideo que parece saltarse esta norma. Nuestro protagonista en este caso es la especie *Lanthanotus borneensis*, un pequeño lagarto que habita en la actual isla de Borneo. Este animal, también conocido como el lagarto monitor desorejado, tuvo una lengua bífida muy robusta, mucho más gruesa que las de otros varanos y serpientes. El problema de este animal es que, dada su posición en el árbol filogenético de la vida, tal vez ponga en duda el carácter ancestral de las lenguas bífidas esbeltas. Resulta que, si vamos a grupos de lepidosaurios más externos, enseguida veremos que las lenguas bífidas robustas son dominantes, por lo que muy posiblemente este sea el caracter ancestral de todo el clado. No obstante, el hecho de que casi todos los varanos y serpientes tengan una lengua bífida esbelta, pero no todos, nos pone ante un dilema en el que aparecen dos escenarios posibles. Por un lado, puede que el ancestro lepidosaurio de varanos y serpientes desarrollase la lengua bífida esbelta y que *Lanthanothus* simplemente evolucionase una lengua robusta de manera convergente a los lepidosaurios ancestrales. No obstante, también existe la posibilidad de que serpientes y ciertos varanos, de manera independiente, desarrollasen lenguas bífidas esbeltas. Y claro, estando los mosasaurios en una posición cercana pero externa a las serpientes, nadie nos garantiza que poseyesen también lengua bífida esbelta. De hecho, muchos investigadores optan por reconstruir la lengua de estos lepidosaurios marinos como muy similar a la del lagarto monitor desorejado, es decir, bífida robusta.

Es increíble cómo una simple e inocente especie puede hacer tambalear todas tus inferencias e interpretaciones, ¿verdad? Hoy en día, el consenso parece ser que los mosasaurios tuvieron lenguas bífidas y, profundizando un poco más, las *lenguas bífidas robustas* parecen encajar mejor con el modo de vida y alimentación que presuponemos para estas antiguas bestias marinas. Aunque, claro, aún hay ciertas cuestiones de estos animales que no hemos resuelto: ¿qué diferencias hay entre lenguas bífidas robustas y esbeltas? ¿Por qué es más posible que los mosasaurios tuviesen las primeras y no las segundas? Y habíamos dicho que íbamos a hablar acerca del sentido del olfato en los mosasaurios, así que ¿qué tiene que ver aquí la forma de su lengua?

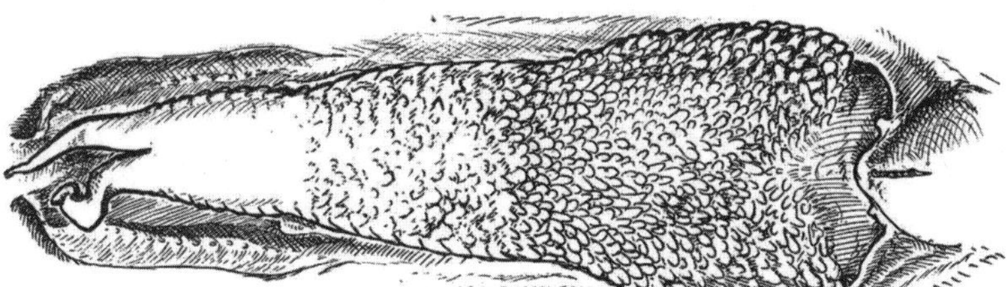

Imagen 63: Lengua bífida robusta del actual *Lanthanotus borneensis*, muy similar a la que se cree que poseyeron los mosasaurios.

La lengua es un elemento vital para el olfato de los lepidosaurios, pues estos no huelen el aire que aspiran por las narinas, es decir, por el equivalente a nuestros agujeros de la nariz. Para poder oler e inspeccionar su entorno, los lagartos o serpientes sacan su lengua bífida al exterior para recoger esencias y otras sustancias químicas. Estas son transportadas hacia el interior de la boca y aquí viajan a través de unos agujeritos que atraviesan el paladar hasta un órgano receptor que se conoce como *órgano de Jacobson* o *vomeronasal.* Este es el destino final de las sustancias químicas que recogieron las puntas de la lengua bífida y es aquí donde podríamos decir que verdaderamente reside el sentido del olfato. A todo este conjunto de procesos es a lo que suele denominarse *vomerolfato.* Pero ¿qué importancia tiene aquí la lengua bífida? ¿Otorga alguna ventaja a aquellos animales que utilizan el vomerolfato? Pues sí, una en cierto modo muy similar a la que otorgaba la visión estereoscópica. Gracias a la lengua bífida, el reptil es capaz de detectar las sustancias químicas de su entorno en dos puntos distintos, en cada extremo de la lengua bífida. De este modo, al cerebro del animal le llegarían señales de dos puntos diferentes, con lo que, de manera análoga a como ocurría cuando se solapaban dos campos de visión, este podría detectar la profundidad mediante el vomerolfato, es decir, algo así como oler en tres dimensiones, pudiendo de este modo detectar más fácilmente las fuentes de estos olores.

Para potenciar al máximo el vomerolfato, algunos lepidosaurios han desarrollado una lengua bífida esbelta, tal y como hemos visto en serpientes y casi todos los varanos. Este elemento estrecho y largo presenta una gran movilidad y puede extenderse fuera de la boca una distancia importante. No obstante, especializar tanto la lengua no les ha salido gratis a estos animales, ya que, al ser esta tan esbelta, inevitablemente ha perdido otras de sus funciones originales. A mayores de la quimiorrecepción que ya hemos visto en aquellos que hacen uso del vomerolfato, en los amniotas la lengua suele asistir a la hora de tragar la comida. Sin nuestra lengua robusta, los humanos seríamos incapaces de engullir alimentos sólidos. Los varanos, por su parte, presentan lenguas bífidas esbeltas, pero han sabido esquivar este problema mediante un ingenioso método denominado *tragado inercial.* Para ingerir la comida, colocan sus mandíbulas mirando hacia el cielo, con lo que aquello que pretenden engullir termina descendiendo hasta la garganta únicamente por gravedad. De este modo, a pesar de haber desarrollado una lengua hiperespecializada, estos animales pueden seguir tragando su alimento. No obstante, en los mosasaurios todo este sistema de tragado inercial se complicaría bastante, ya que no es lo mismo llevarlo a cabo en el aire que en el agua. Aquí la comida ya no descendería por la garganta por gravedad o, al menos, ya no lo haría de un modo tan rápido. Por lo tanto, o bien los mosasaurios salieron a la superficie para realizar un tragado inercial de sus capturas, lo que implicaría sacar la cabeza fuera del agua cada vez que quisiesen engullir algo, o bien utilizaron otro sistema. Una lengua bífida robusta, como la de *Lanthanothus borneensis*, soluciona este inconveniente.

La lengua bífida robusta que se presupone para los mosasaurios sería prácticamente idéntica a la de este varano de Borneo y constaría de dos partes. Por un lado tendría una parte anterior bifurcada y extensible, aunque marcadamente más gruesa y menos móvil que la de las serpientes. Esta sería la encargada de la quimiorrecepción. Más atrás, la parte posterior de la lengua ya sería mucho más similar a la que presentamos, por ejemplo, los humanos, un robusto elemento asociado a varios músculos que les ayudaría a ingerir sus capturas. No obstante, ¿sería realmente necesario que la lengua de los mosasaurios fuese así para poder tragar debajo del agua? Pues puede que no o, al menos, no para todos los mosasaurios, ya que para algunos ruselosaurinos como *Plioplatecarpus* se ha propuesto el conocido como *ratchet feeding*. Mediante complejos movimientos craneales, estos mosasaurios tal vez podrían haber tragado progresivamente a sus presas, poco a poco, al igual que hacen las serpientes actuales. Sin embargo, este modo de alimentación no es posible para todos los mosasaurios, pues muchos de ellos han perdido a lo largo de su historia evolutiva buena parte de su kinesis craneal.

No obstante, existe a mayores otro modo de alimentación subacuático que no hemos tratado: la *alimentación por succión*. Algunos amniotas marinos, y especialmente muchos peces, utilizan este curioso método de caza radicalmente distinto a todo lo que hemos visto hasta ahora. El atacante en cuestión abriría rápidamente sus fauces y, mediante complejos movimientos de la garganta, crearía un fuerte gradiente de presión que instantáneamente absorbería a su presa hasta el interior de la boca. En los amniotas, este tipo de alimentación va siempre asociado a un complejo *aparato hioideo*[45], capaz de producir estas bajas presiones. Sin embargo, algo así no ha sido reportado hasta la fecha en absolutamente ningún mosasaurio. Por lo tanto, nuestros lepidosaurios marinos no fueron succionadores de presas, ya que, además, su dentición tampoco se amolda en absoluto a la de este tipo de depredadores. Es probable que tuvieran lenguas bífidas robustas, como la de *Lanthanothus*, y que gracias a estas pudiesen disfrutar del vomerolfato y tragar a sus presas bajo el agua. De hecho, solo con una rápida inspección a los cráneos de los mosasaurios podemos prácticamente asegurar que estos hicieron uso activo del vomerolfato. ¿Recuerdas aquellos pequeños agujeros en el paladar a través de los que las sustancias químicas recogidas por la lengua llegaban hasta el órgano de Jacobson? Estas pequeñas ventanas se conocen como *fenestras vomeronasales* y pueden distinguirse fácilmente sobre el cráneo de un mosasaurio cualquiera.

Tal y como hemos visto, el tema del olfato y la lengua bífida en los mosasaurios es complejo y depende en cierto modo de cómo son las relaciones filogéneticas de estos antiguos reptiles con sus parientes actuales más próximos. No obstante, a pesar de ello, la postura más aceptada en la actualidad es que los mosasaurios tuvieron lenguas bífidas robustas, que les permitirían tanto hacer uso del vomerolfato como poder tragar debajo del agua. Sin embargo, esta no es la única inferencia que puede hacerse sobre los mosasaurios con base en sus ancestros. Si observamos el corchete filogénetico que habíamos construido unas páginas atrás, nos daremos cuenta de que las serpientes y los varanos tienen otra importante característica en común: son venenosos. Y posiblemente ninguno de los que estéis leyendo estas líneas os hayáis hecho nunca esta pregunta, pero ¿fueron los mosasaurios venenosos?

45 El aparato hioideo es el conjunto de huesos, cartílagos y músculos que sostienen la lengua y la laringe.

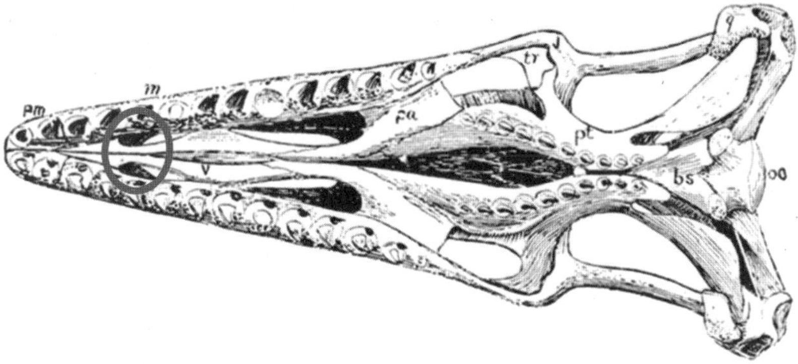

Imagen 64: Cráneo de un *Platecarpus* visto desde abajo. Se han destacado aquí las fenestras vomeronasales, que conectarían con el órgano de Jacobson del animal. Más a la derecha puede apreciarse también la dentición del hueso pterigoideo.

A veces se suele agrupar a varanos, serpientes y otros reptiles en un clado conocido como Toxicofera. Todos estos animales tienen una característica en común: son capaces de producir ciertas proteínas asociadas a la producción de veneno para incapacitar a sus presas, lo cual, eso sí, no tiene por qué significar que sean venenosos. Es muy probable, por tanto, que, dada la posición filogénetica de los mosasaurios con respecto a estos otros lepidosaurios, también pudiesen producir este tipo de proteínas. Pero, una vez más, insistimos en que esto no significa que los mosasaurios produjesen veneno de manera activa, sino simplemente que sus caracteres ancestrales quizá se lo permitiesen. Ser venenoso en un ecosistema acuático no es lo mismo que serlo en uno terrestre, pues, para poder inyectarle el veneno a tus presas, necesitas contar con colmillos huecos u otra adaptación similar. Hasta la fecha, nada parecido ha sido hallado en ningún resto de mosasaurio. Por lo tanto, en cuanto a restos fósiles, a día de hoy la conclusión a este debate es muy clara: no hay evidencias que apunten a que ningún mosasaurio pudiese haber sido venenoso. Todo parece indicar que algún ancestro de los mosasaurios pudo producir veneno, pero que estos perdieron esa capacidad a lo largo de su historia evolutiva.

El Campaniense fue una época intrigante y complicada para los mosasaurios. En unos pocos millones de años, los todopoderosos ruselosaurinos fueron destronados por sus más letales competidores: los mosasaurinos. Ellos fueron los que supieron sacar un mejor partido a la flexibilidad ecológica que les ofrecían los gremios de Massare, tal y como vimos en tribus como Globidensini, Prognathodontini o Mosasaurini. No obstante, al avanzar en este capítulo, también descubrimos que el mundo de los mosasaurios no se redujo únicamente a especializaciones dentales, sino que hubo una infinidad de estrategias sobre la mesa para tratar de hacerse un hueco en los agitados mares cretácicos. Comentamos que los plioplatecarpinos tardíos, unos acrobáticos y curiosos nadadores, tal vez pudiesen haber ingerido a sus presas de manera similar a las serpientes. También analizamos cómo el halisaurino *Halisaurus ponpetelegans* optó por potenciar su visión en profundidad para tratar de esquivar a otros mosasaurios más rápidos y agresivos. Todo valía con tal de sobrevivir un día más al imparable avance de los mosasaurios mosasaurinos.

El primer evento de diversificación de los mosasaurios tuvo lugar a finales del Coniaciense y principios del Santoniense y tuvo unos claros protagonistas: los ruselosaurinos. No obstante, sus parientes de aletas osificadas, los mosasaurinos, serían los indiscutibles actores principales en las otras dos grandes diversificaciones de los mosasaurios. Se suele hablar de la *segunda diversificación de los mosasaurios* ya bien entrado el Campaniense, cuando empiezan a expandirse las tribus Globidensini, Prognathodontini y Mosasaurini. Sin embargo, por estos momentos tilosaurinos y plioplatecarpinos aún seguían teniendo un peso muy importante en los mares del Cretácico superior. Tendría que pasar algo grande e inesperado, una catástrofe como la crisis del Campaniense medio, para que las tornas cambiasen del todo en estas aguas. A finales del Campaniense y principios del Maastrichtiense, los mosasaurios volvieron a mostrar un pico en diversidad y extensión, el cual se conoce como la *tercera diversificación de los mosasaurios*. Aquí ya los mosasaurinos se consolidarían como los dueños absolutos e indiscutibles de los océanos, como los nuevos reyes del mar…

El gélido mundo polar

Los mosasaurios fueron increíblemente diversos, desarrollaron una gran cantidad de estrategias fisiológicas para adaptarse a su entorno y, además, alcanzaron una distribución amplísima a lo largo del globo. Ya hemos visto cómo, a pesar de originarse y diversificarse en lugares como el mar de Tetis o el mar Interior Norteamericano, estos enormes lepidosaurios pronto se lanzaron a la conquista de nuevas regiones geográficas, como el Indo-Pacífico o, tal y como veremos en el próximo capítulo, parte del continente africano. Sin embargo, en buena parte de estos lugares siempre nos encontramos paleoambientes muy similares: mares someros y aguas cercanas al litoral de latitudes medias. Pero, claro, ¿qué ocurriría si empezásemos a subir y subir en latitud, es decir, si nos acercásemos poco a poco a los polos? ¿Seguiríamos siendo capaces de encontrar mosasaurios o, por el contrario, descubriríamos que estos animales estuvieron restringidos a una cierta franja latitudinal? El mundo polar[46], independientemente del clima y la época en la que nos encontremos, siempre ofrece importantes inconvenientes y obstáculos que salvar, por lo que ¿consiguieron los mosasaurios colonizar estas aguas?

Antes de responder a todas estas preguntas, deberíamos, en primer lugar, aclarar que el mundo polar en el Cretácico superior fue muy distinto al de la actualidad. Hoy en día esperaríamos encontrar aguas a unas temperaturas muy frías, muy cerca del punto de conge-

46 Estrictamente el mundo polar sería aquel ubicado por encima de los círculos polares, aunque nosotros lo ampliaremos ligeramente para nuestro análisis, incluyendo también las zonas aledañas algo más templadas. Los círculos polares se encuentran a unos 66° 33’ de latitud norte o sur.

lación y, en muchas zonas, gigantescas masas de hielo. Y no solo estamos hablando aquí de los glaciares continentales de Groenlandia y la Antártida, que actualmente constituyen una de las mayores reservas de agua dulce del planeta, sino también de otro tipo de hielo relacionado mucho más directamente con el mar. Tanto sobre los océanos Ártico como Antártico, durante las estaciones frías se crea una capa de agua helada sobre la superficie marina que, generalmente, suele tener un grosor bastante limitado. Estas capas de hielo se conocen como *banquisas* y son esenciales para entender las regiones polares marinas de la actualidad, ya que permiten la proliferación de ecosistemas únicos en las gélidas aguas subyacentes y tienen un factor clave en el clima. Evidentemente, cuando pensamos en los mares de las regiones polares, posiblemente lo primero que se nos venga a la mente sea una imagen afín a todo lo que acabamos de mencionar: enormes llanuras de hielo bajo las que se abre un océano vasto e inexplorado y, quizá, al fondo de la escena, alguna porción de tierra emergida totalmente cubierta por imponentes glaciares. Este es el mundo polar al que todos estamos acostumbrados, nadie lo pone en duda, pero a finales del período Cretácico toda esta imagen sería radicalmente distinta.

Imagen 65: Escena de un litoral de latitudes polares actual. Las altas temperaturas del Cretácico superior harían que este tipo de ambientes fuesen muy distintos por aquel entonces.

Si recuerdas los primeros capítulos de este libro, habíamos visto que a finales del Cenomaniense y principios del Turoniense se dio un máximo térmico, es decir, un momento con unas temperaturas increíblemente altas a nivel global, superiores tanto a las existentes unos millones de años antes como a las inmediatamente posteriores. Por aquel entonces prácticamente toda el agua del planeta se encontraba en estado líquido y gaseoso, pues estas condiciones climáticas no permitían la existencia de masas de hielo importantes. El mundo se encontraba sobrecalentado, pero, por fortuna, no permanecería así eternamente. Tras unos cientos de miles de años, las temperaturas comenzaron ya a descender de manera más que apreciable, aunque en todo momento se mantuvieron muy por encima de cualquier medida actual. De este modo, un poco más avanzado el Cretácico superior, los ecosistemas polares estarían frescos, pero no serían en absoluto comparables a los gélidos mares de las altas latitudes de hoy en día. Nada de glaciares, nada de banquisas[47], únicamente praderas infinitas de tonos azulados ondeadas al son del viento. Sin duda el mundo polar del final de la era secundaria sería muy distinto al actual, aunque eso no quita que sus criaturas no tuviesen que lidiar con una gran cantidad de problemas e imprevistos, muy diferentes a los de otros ecosistemas de latitudes más bajas. Pero, antes de analizar todo este asunto, volvamos sobre nuestra pregunta inicial: ¿hubo mosasaurios en los mares polares?

Pues, aunque pueda parecer extraño, sí, no son pocos los mosasaurios que se han descubierto en este tipo de entornos extremos y resulta que algunos de estos hallazgos han aportado muchísimo a la compresión de la biología y el modo de vida de estos magníficos reptiles marinos. Pero, por si todo esto no fuera suficiente, resulta además que los primeros mosasaurios de latitudes altas aparecieron muy pronto en su historia evolutiva, allá por el piso Turoniense. En el lejano este ruso, muy cerca de la ciudad de Anadyr, que se encuentra prácticamente sobre el Círculo Polar Ártico en la actualidad, se han hallado restos de tilosaurinos de esta época. Además, en otras

47 En algunos momentos se ha discutido la posibilidad de que existiesen pequeñas banquisas durante los últimos compases del Cretácico superior, pero estas tendrían en todo caso un tamaño muy limitado y se encontrarían muy localizadas.

regiones de la costa pacífica de Rusia un poco más meridionales se han descubierto restos de mosasaurios de momentos más tardíos y, por lo tanto, más fríos que el Turoniense. La antigua región del Pacífico septentrional, muy inexplorada incluso en la actualidad, parece que dio cobijo a importantes faunas de mosasaurios de las que aún sabemos muy muy poco. Pero ¿tenía algo de especial esta zona del planeta? ¿Por qué estos reptiles gigantes aparecieron en lugares tan aparentemente inhóspitos? Se ha propuesto que el entorno del actual estrecho de Bering, aquel que separa Alaska de Eurasia, sería una zona de importantes *surgencias de aguas marinas*[48] durante el Cretácico superior, es decir, que en estos lugares ascenderían corrientes frías de aguas profundas cargadas de nutrientes. En consecuencia, esta antigua región, ubicada apenas unos grados por debajo del Círculo Polar Ártico, sería ampliamente productiva y bulliría en vida y biodiversidad.

Pero al otro lado del Pacífico, ya sobre el continente americano, podemos seguir encontrando a mosasaurios en latitudes muy altas. Este es el caso, por ejemplo, de un tilosaurino aún poco estudiado, designado tentativamente como *Tylosaurus borealis*. Este animal aparece al norte del Western Interior Sea en algún momento de finales del Santoniense o principios del Campaniense, y no solo fue encontrado a unos 62º de latitud norte, sino que además presenta unas características muy peculiares. Si recuerdas de capítulos anteriores, habíamos hablado de que los tilosaurinos presentaron todos un aspecto bastante similar, cayendo en el espectro de depredadores generalistas u oportunistas, tal y como nos mostraban tanto sus restos estomacales como sus dientes claramente incluidos dentro del gremio de Massare *Cut*. Pues *Tylosaurus borealis* tal vez fuese una de las pocas excepciones a esta aparente regla. La altura de los huesos de su mandíbula superior, especialmente del maxilar, fue bastante menor a la de otros tilosaurios, y esto hizo que el aspecto general de su hocico fuese mucho más alargado de lo habitual. Por otro lado, los dientes de este animal parecieron estar mucho más espaciados entre sí que los de otros tilosaurinos y, además, fueron algo más largos que el estándar de estos mosasaurios, acercándose al espectro

48 Trataremos las surgencias de aguas marinas con más detalle en el próximo capítulo.

de *Pierce generalista*. Tanto esta especialización dental como el *cráneo longirrostrino* de este animal posiblemente estén detrás de una importante especialización: la *piscivoría*, es decir, el consumo de peces. Pero ¿por qué centró su dieta en el pescado este tilosaurino? La respuesta a esta pregunta no es sencilla, pero es posible que una gran competencia en el Western Interior Sea provocase la especialización alimenticia de estos mosasaurios de tamaño moderado (se le estiman algo menos de 9 metros de longitud), aislándolos, además, paulatinamente en aguas más y más septentrionales.

Pero en el Western Interior Sea estos mosasaurios no eran los únicos que estaban siendo aislados, sino que, en cierto modo, el propio mar Interior Norteamericano estaba cayendo en el olvido. Según avanzasen los últimos compases del Cretácico superior, esta gran masa de agua intracontinental, poco a poco, iría haciéndose más y más pequeña, estrechándose año tras año. La tierra pareció ir ganándole la batalla al mar y, para finales del extenso piso Campaniense, el Western Interior Sea ya sería solo una sombra de lo que en su día había llegado a ser. Esta importantísima paleorregión, vital para comprender tanto a los mosasaurios como a buena parte de las faunas oceánicas del final del Cretácico, se estaba muriendo. Los miles de kilómetros de anchura que había ostentado durante su apogeo, allá por principios del Cretácico superior, se habían visto menguados hasta límites insospechados. Tan solo faltaba un pequeño detalle para condenar del todo a este mar interior y era cortarle sus comunicaciones. Por el norte el Western Interior Sea se abría hacia las aguas frías del Ártico y, por el sur, hacia el antiguo Caribe. No obstante, para principios del Maastrichtiense, esta gran masa de agua colapsaría. De repente, donde desde hacía decenas de millones de años se levantaba un mar somero, emergió la tierra. El Western Interior Sea quedó dividido en una rama norte y otra sur, que poco a poco fueron a su vez estrechándose más y más. Los dos lados de la bisectada Norteamérica, separados desde tiempos inmemorables, al fin volvieron a tocarse, dando forma a lo que hoy conocemos como el golfo de México en su extremo meridional. Todo esto tendría un impacto enorme sobre las faunas del final del Cretácico, tanto marinas como terrestres. La tierra le estaba ganando la partida al océano y una de las vías de escape de este mar menguante era por el norte, por las frescas aguas polares. Pero, claro, ¿estarían lo suficientemente adaptados los mosasaurios como para cruzar las aguas del Ártico? ¿Podrían escapar del Western Interior Sea antes de que se secase por completo?

Tenemos constancia de mosasaurios viviendo en latitudes muy altas, por lo que, en un principio, estos lepidosaurios no deberían tener ningún problema en cruzar estos mares. Tal y como hemos visto, sus aguas no serían gélidas, aunque sí bastante más frías que las de cualquier otro punto del globo. Pero, si no teníamos grandes masas de hielo en estos momentos, ¿qué retos presentaban las aguas polares para los mosasaurios? Y ¿cómo consiguieron adaptarse a ellos?

Las latitudes altas, independientemente de la temperatura a la que se encuentren sus ecosistemas, siempre van a presentar un claro e ineludible inconveniente: las horas de luz. A partir de una cierta latitud, las noches y los días comienzan a alargarse enormemente, desdibujándose y perdiendo prácticamente todas sus connotaciones temporales. Durante el invierno, cerca de los círculos polares las noches no duran unas pocas horas, sino que, dependiendo de la latitud, pueden llegar a extenderse incluso por meses, meses de oscuridad prácticamente absoluta, meses sumidos en una perpetua e ineludible penumbra, meses sin ver la luz del sol. Cualquiera podría volverse loco en uno de estos ambientes si no se prepara a conciencia para ello, pues los *ritmos circadianos*, muy relacionados con los cambios de luminosidad diarios, terminarían completamente alterados. Además, el problema de estas latitudes no es únicamente esta noche aparentemente eterna, pues también ocurre algo muy parecido en verano, solo que al revés. En estos momentos del año podemos encontrarnos con que, día tras día, el atardecer parece no llegar a concretarse. El sol comienza a descender hacia el horizonte, pero, antes de esconderse tímidamente tras él, rectifica su rumbo y vuelve a ascender por el cielo. El resultado: durante los meses de verano, la noche no logra imponerse al día y, donde medio año atrás había una oscuridad casi perpetua, ahora tenemos una luz que nunca parece querer apagarse. La noche y el día, en las altas latitudes, dejan de tener sentido, y cualquier animal que viva en estos ecosistemas debe adaptarse a estas anómalas condiciones. Así que ¿pudo afectar todo esto a los mosasaurios? ¿Cómo detectaron estos cambios de luminosidad estacionales?

Para responder a estas preguntas, lo mejor es ponernos en el lugar de los mosasaurios más septentrionales, aquellos que se habían encontrado en el lejano este ruso, casi sobre el Círculo Polar Ártico. En las altas latitudes en las que estos reptiles marinos vivieron, a la altura del norte de la actual península de Chukotka, durante al menos un par de meses de invierno reinaría una inevitable oscuridad. Eso es mucho tiempo para un lepidosaurio, pues estos, generalmente, son bastante sensibles a los cambios de iluminación de su entorno, tanto para definir sus ritmos circadianos como para orientarse o cazar. Los mosasaurios, además, parece que no fueron una excepción aquí, sino que posiblemente también gestionasen buena parte de sus actividades y metabolismo en función de la luz ambiental. Pero ¿cómo podemos saber esto? Pues, aunque no lo pueda parecer en primera instancia, basta con hacer una simple y rápida inspección a sus cráneos para poder llegar a esta conclusión.

Si miramos un cráneo de un mosasaurio directamente desde arriba, desde un punto de vista cenital, veremos que entre sus huesos frontales y parietales aparece un pequeño orificio. Esta discreta oquedad se conoce como el *foramen parietal* y es la apertura del que se conoce como ojo parietal, que se encuentra muy desarrollado en varios grupos de reptiles. Pero... espera un momento. ¿Estamos diciendo que los mosasaurios y otros de sus parientes tuvieron un tercer ojo en la parte alta de la cabeza? Pues en cierto modo sí, aunque este último no les permitiría formar imágenes. Este tercer ojo, también conocido como *ojo pineal*, únicamente es capaz de detectar cambios en la iluminación de su entorno. No obstante, esto no significa que este curioso e interesante receptor únicamente sirva para saber cuándo es de día y cuándo de noche, pues, a mayores, posee importantes funciones relacionadas con la orientación respecto a los rayos de sol o el mantenimiento de los ritmos circadianos. ¿Y cómo sabemos esto último? Pues por simple analogía con especies de hoy en día.

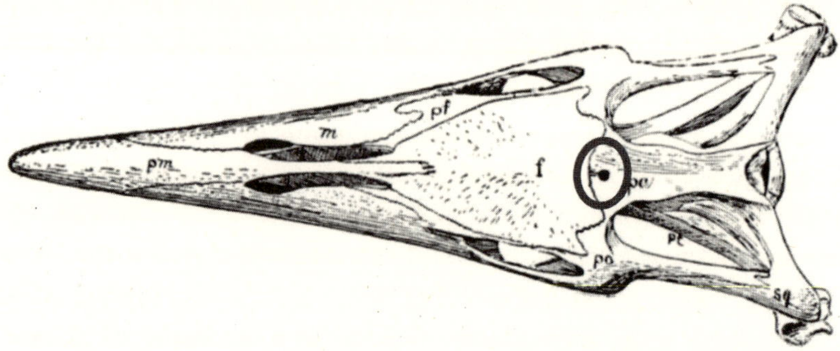

Imagen 66. Vista cenital de un cráneo de un ejemplar de *Tylosaurus*. Se ha destacado el foramen parietal, allí donde se ubicaría el ojo pineal del mosasaurio.

Resulta que se han llevado a cabo diversos experimentos con lagartos actuales para verificar el impacto que el ojo pineal podría tener en la orientación espacial y los resultados han sido bastante claros. Si se sacaba a estos lepidosarios de sus madrigueras o lugares de origen, aquellos a los que no se les tapaba intencionadamente el ojo pineal casi siempre terminaban regresando a su hogar, mientras que aquellos a los que se les ocultaba este receptor solían perderse con una mayor frecuencia. Las conclusiones fueron evidentes: muchos reptiles dependen de este órgano detector para orientarse. Pero, yendo incluso más lejos, se ha propuesto que las migraciones de las tortugas laúd actuales, la especie *Dermochelys coriacea*, pueden estar regidas por los cambios de iluminación ambiental que detectarían mediante sus ojos pineales. Estos magníficos animales viajan estacionalmente desde las cálidas aguas del mar Caribe hasta el frío Atlántico Norte, recorriendo miles de kilómetros en el camino. Es posible que el factor desencadenante de estas homéricas travesías, lo que les hace dejar su ecosistema para recorrer el océano, sea el cambio de luz entre diversas épocas del año, y aquí el ojo pineal jugaría un factor clave. Volviendo de nuevo sobre nuestros mosasaurios del lejano este ruso, dado que es probable que no pudiesen sobrevivir a varios meses de oscuridad completa, lo más lógico sería pensar que migraron. Durante las estaciones cálidas y templadas, estos lepidosaurios rondarían las productivas aguas del Pacífico Norte, pero, durante el invierno, migrarían a zonas del sur, hacia allí donde las noches no se eternizasen. Sabemos, además, que los mosasaurios poseyeron ojos pineales, por lo que puede que utilizasen estos receptores para saber cuándo debían comenzar su migración, al igual que se ha sugerido para las tortugas laúd.

También se ha propuesto que el tamaño del foramen parietal, es decir, del hueco en el cráneo de los mosasaurios a través del cual se asomaba el ojo pineal, podría estar relacionado con el tipo de vida que estos pudieron haber llevado. El caso más destacado aquí sería el de los géneros *Platecarpus* y *Plioplatecarpus*. El primero tendría un amplio foramen parietal, pero el segundo sería con bastante diferencia el mosasaurio con un foramen parietal más grande respecto al tamaño de su propia cabeza. Se ha propuesto que este animal fue un ávido *migrador estacional* y que algunas de sus especies recorrerían de arriba abajo el menguante Western Interior Sea. No obstante, poco podemos decir del resto de mosasaurios, pues buena parte de ellos parece que tuvieron unos ojos pineales bastante similares entre sí, al menos en lo que a tamaño respecta. En esencia, los ojos pineales de los mosasaurios podrían haberles sido de gran ayuda para colonizar aguas de altas latitudes, ya que quizá les indicasen cuándo sería el momento más adecuado para iniciar sus necesarias migraciones a zonas en las que no fuese a imponerse una oscuridad absoluta durante meses. Además, es probable que, al igual que muchos lagartos actuales, los mosasaurios también hiciesen uso de sus ojos pineales para orientarse.

Sin embargo, aunque estos interesantes reptiles marinos pudiesen escapar de las anómalas condiciones de luminosidad del mundo polar, aún deberían hacer frente a otro reto más. Y es que, aunque no nos encontrásemos con capas o bloques de hielo, los mares de las altas latitudes de los últimos compases del Cretácico superior sí que serían bastante frescos. Y eso, si eres un lepidosaurio, generalmente es un problema… Las serpientes marinas, unos de los animales no extintos más cercanos a los mosasaurios, se encuentran restringidas a las regiones ecuatoriales y tropicales de nuestro planeta. Esto es principalmente debido a que tienen que mantener una temperatura corporal alta para que no decaiga su tasa de metabolismo. ¿Y cuál es el problema aquí? Pues que, como estos reptiles son incapaces de regular su temperatura interna, necesariamente deben vivir en lugares en los que haga calor todo el año, y eso es lo que les impide extenderse más allá de los trópicos. Por suerte, tal y como ya vimos, los mosasaurios fueron capaces de regular su temperatura interna corporal, es decir, que fueron endotermos o, al menos, parcialmente. ¡Pues ya está! Los mosasaurios, como serían capaces de mantener la temperatura de su cuerpo relativamente constante, no tendrían ningún problema en nadar por aguas frescas o incluso tal vez hasta frías. El problema de nuestros reptiles marinos protagonistas ya estaría así solventado. Aunque, si has estado atento a las últimas páginas y recuerdas los capítulos anteriores de este libro, seguramente te hayas dado cuenta de una pequeña incoherencia…

Cuando argumentamos que los mosasaurios eran animales endotermos, lo hicimos estimando las temperaturas internas de sus cuerpos y comparándolas con las de otros animales de su entorno. Entre estos se encontraba una tortuga marina, la cual parecía estar mucho más fría que los mosasaurios, y esto concordaba con que fuese un animal incapaz de regular su temperatura interna corporal, es decir, ectotermo. Pero, si las tortugas marinas son animales ectotermos, ¿por qué hemos hablado unos párrafos atrás acerca de la migración de la tortuga laúd hasta aguas frías en el Atlántico Norte? ¿No debería pasarle lo mismo que a las serpientes marinas? ¿No debería estar restringida a aguas tropicales?

Las tortugas marinas suelen tener un metabolismo bastante menos activo que otros animales cazadores, aunque, en el fondo, el factor decisivo que explica esta aparente anomalía es otro bien distinto. Esta vez se trata de uno de esos casos en los que el tamaño, por mucho que nos digan lo contrario, sí que importa. Resulta que un animal grande, por normal general, es capaz de retener calor de manera mucho más eficiente que uno pequeño, y esto en parte es lo que hace que en las aguas del norte del Atlántico podamos encontrar tortugas laúd pero no serpientes marinas. Por suerte, la explicación a todo esto es muy sencilla. Solamente hace falta que tengas un concepto claro para comprenderlo: un cuerpo disipa calor a su entorno por su superficie externa.

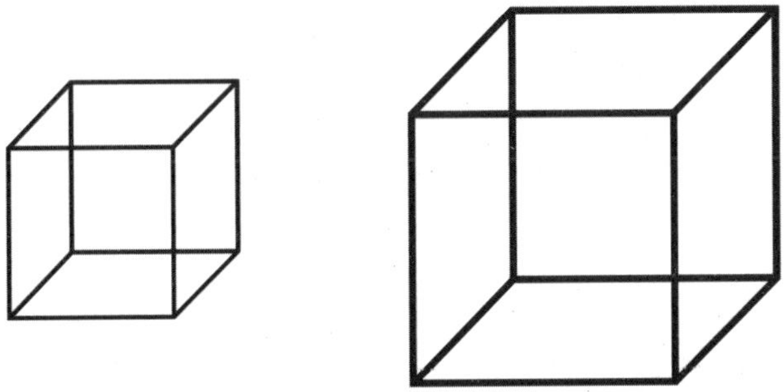

Cubo 1	Cubo 2
Arista: 1 m	Arista: 2 m
Superficie: 6 m^2	Superficie: 24 m^2
Volumen: 1 m^3	Volumen: 8 m^3

Imagen 67: Ley del cuadrado-cubo. El volumen suele crecer más rápido que la superficie al aumentar de tamaño.

Dicho esto, para entender por qué los animales grandes conservan el calor mejor que los pequeños, únicamente nos hace falta poner un ejemplo. Imaginémonos un cubo de 1 metro de arista. Evidentemente su volumen será de 1 m^3, pues resultará de multiplicar la longitud de su arista por sí misma dos veces. Su superficie externa, por otro lado, es la suma de la superficie de sus seis caras de 1 m^2, es decir, que sería de 6 m^2. Todo claro, ¿verdad? Ahora tomemos un cubo más grande, de 2 metros de arista. Tras unos sencillos cálculos, llegaremos a que su volumen esta vez es de 8 m^3 y su superficie externa de 24 m^2. Y ahora, si lo comparamos con el caso anterior, es cuando sucede la magia. Al doblar el tamaño de la arista, la superficie externa se ha multiplicado por 4, pero el volumen, al parecer, ha crecido más rápido, pues se ha multiplicado por 8. Si extrapolamos este sencillo montaje geométrico a un animal, llegaremos rápidamente a una conclusión general bastante potente: según un animal va haciéndose más grande, su superficie externa crece más despacio que su volumen. Esto es lo que se conoce como la *ley del cuadrado-cubo*. Por lo tanto, como el calor generado está directamente relacionado con la masa y el volumen del animal, y la superficie externa con la disipación de este calor, llegamos a nuestra idea original. Un animal pequeño disipará calor mucho más rápido que uno grande. Las tortugas laúd, gracias a su gran tamaño[49], son capaces de nadar en aguas frías, pues disipan poco calor al ambiente. Las serpientes, por su parte, disipan mucho más calor proporcionalmente y son incapaces de vivir en aguas que no sean cálidas o templadas.

Y todo esto es importante, porque una vez más vuelve a tener impacto sobre nuestros protagonistas, es decir, sobre los mosasaurios. Porque claro, sobresimplificando este asunto, un animal puede mantener su temperatura corporal alta mediante dos grandes mecanismos. Por un lado, puede ser realmente capaz de regular su temperatura interna, lo que lo convertiría en un animal auténticamente endotermo. Pero, por otro lado, puede que consiga mantenerse caliente simplemente por el hecho de ser grande y masivo, lo que se conoce como *gigantotermia*. Entonces, ¿fueron los mosasaurios verdaderamente endotermos, es decir, capaces de regular su temperatura interna corporal, o, por otro lado, fueron simplemente gigantotermos, o sea, que se mantuvieron calientes únicamente por el hecho de ser grandes? Para responder a esta pregunta debemos volver por unos instantes a nuestro análisis de temperaturas llevado a cabo sobre la antigua terna del Western Interior Sea. Si recuerdas, aquí se estimó la temperatura interna corporal de tres mosasaurios de tamaños muy diferentes: el pequeño *Clidastes*, el mediano *Platecarpus* y el enorme *Tylosaurus*. Si los mosasaurios fuesen animales únicamente gigantotermos y no fuesen capaces de regular su temperatura interna corporal, cabría esperar temperaturas más altas para los mosasaurios más grandes. No obstante, eso no es lo que observamos en nuestro estudio. La temperatura más baja era la del pequeño *Clidastes*, de unos 33 °C, pero la del más grande, la de *Tylosaurus*, era bastante similar, de unos 34 °C. Sin embargo, lo verdaderamente sorprendente aquí es que la temperatura del mosasaurio mediano, de *Platecarpus*, fue de cerca de 37 °C, muy superior a la de ambos. Todo esto, sumado al hecho de que estas temperaturas están muy por encima de la de otros animales ectotermos analizados, nos sugiere que los mosasaurios debieron tener algún

49 Las tortugas laúd miden unos 2 metros de longitud y pueden superar los 700 kg de peso.

mecanismo de regulación de su temperatura interna a mayores de su propio tamaño. En esencia, los mosasaurios fueron, al menos en parte, auténticamente endotermos. Además, justamente el plioplatecarpino, el género *Platecarpus*, es el que muestra un mayor grado de endotermia, algo que tiene sentido si pensamos que sus parientes del posterior género *Plioplatecarpus* fueron unos de los mosasaurios que más se han asociado con migraciones hacia regiones frías.

Imagen 68: Tortuga laúd actual. Fíjate en los tonos oscuros de su superficie.

No obstante, a parte de la tasa metabólica, del tamaño y de los mecanismos de regulación interna, hay otro modo de elevar la temperatura corporal que sí podemos rastrear hasta el registro fósil. Este, además, no solo es utilizado por animales endotermos, sino que también es una estrategia recurrente para las tortugas, como, por ejemplo, para nuestra tortuga laúd. ¿Nunca te has preguntado por qué son de un color tan oscuro? Resulta que los tonos negros y marrones oscuros absorben la radiación visible de una manera mucho más eficiente que cualquier otra gama cromática, por lo que retienen calor más fácilmente. Esto es bastante fácil de comprobar mediante un sencillo experimento: un día soleado, saca a la calle dos prendas de ropa, una negra y la otra de tonos más claros. Déjalas a la intemperie durante unas horas y, cuando haya pasado un tiempo, regresa a por ellas. ¿Cuál está más caliente? Evidentemente la prenda negra, porque este color no refleja apenas radiación solar, es decir, que la absorbe casi toda y luego la vuelve a reemitir en forma de calor. Por lo tanto, teñirse de un negro intenso o de un marrón oscuro es una gran idea si deseas elevar tu temperatura corporal. Pero, claro, ¿cómo podemos rastrear esto en el registro fósil?

Resulta que esta coloración de la piel viene dada por un pigmento conocido como *eumelanina*, el cual, a nivel microscópico, presenta formas muy alargadas. Este pigmento, o al menos ciertas trazas de él, puede preservarse en el registro fósil bajo las condiciones adecuadas. Y lo interesante aquí es que la eumelanina se ha encontrado en restos de ictiosaurios y mosasaurios, lo que nos sugiere que estos animales presentaron una coloración oscura. ¡Un nuevo modo de mantener una alta temperatura incluso en los fríos ambientes polares! Pero la coloración no solo puede servir para calentarse, sino también para camuflarse. Y, claro, ¿cómo se camuflaron los mosasaurios? ¿Qué dibujos o contornos tendrían sobre sus escamas? Aunque ya no podamos confirmar nada acerca de su patrón de pigmentación, pues únicamente sabemos que la eumelanina estuvo presente al menos en algunos de ellos, sí que podemos de nuevo lanzar hipótesis basándonos en animales actuales.

En el mundo marino, uno de los patrones de camuflaje más utilizados por grandes animales es el *contrasombreado*, que no solo ha sido desarrollado por cetáceos, como delfines o ballenas, sino también por otros vertebrados como tiburones, rayas o pingüinos. Pero ¿en qué consiste? Para visualizarlo, imaginémonos a un buzo sumergido en mitad del océano, con unos cuantos metros de agua tanto por encima como por debajo. Si mirase hacia arriba, vería los rayos del sol filtrándose por la superficie del mar, es decir, que predominarían los tonos claros y blanquecinos. Por otro lado, si mirase hacia abajo, lo que se encontraría ante sus ojos sería un mundo más oscuro según va descendiendo en la columna de agua, un ambiente en el que, poco a poco, hasta el más vivaz de los colores parece tender a apagarse. Pues justamente con este simple y cotidiano hecho, el que hacia arriba predominen los tonos claros y hacia abajo los oscuros, es con lo que juega el contrasombreado. Ahora imaginémonos que un tiburón pasa nadando justo por debajo del buzo y otro justo por encima. La parte baja de los tiburones, es decir, la parte ventral, es de un color blanquecino. Gracias a esto, si nuestro buzo mirase hacia arriba justo cuando pasase nadando uno de los escualos, su vientre níveo se confundiría fácilmente con los rayos de sol que caen desde el cielo. Por otro lado, la parte alta de los tiburones, es decir, la parte dorsal, suele ser de un gris más o menos oscuro. Entonces, si nuestro buzo mirase hacia abajo justo cuando el otro escualo pasase por allí, los tonos oscuros de un mar cada vez más profundo y menos iluminado se confundirían con su dorso. Gracias al contrasombreado, que consiste en tener una parte ventral clara y una dorsal más oscura, tiburones, pingüinos o ballenas son más difíciles de distinguir en mar abierto. Y dado que esta estrategia de camuflaje ha sido desarrollada de manera completamente independiente por muchos grandes animales marinos, no resulta nada descabellado pensar que los mosasaurios también pudiesen haber hecho uso de ella.

Resulta fascinante comprobar cómo los descendientes de unos simpáticos reptiles afines a varanos y serpientes lograron llegar tan lejos. No solo hicieron acto de presencia en las aguas cálidas y templadas de los mares someros, sino que consiguieron extenderse hasta las regiones más frías y oscuras del planeta, hasta los ecosistemas extremos y cambiantes cercanos a los polos. No obstante, no se han descubierto mosasaurios polares únicamente cerca del Ártico, sino que las inhóspitas y desconocidas aguas del sur también fueron testigo de su gran éxito. Buena parte de todos estos mosasaurios australes suelen asociarse a una gran ecorregión conocida como la *provincia Weddeliana*, que comprende la actual Patagonia, la zona occidental de la Antártida y el muchas veces olvidado archipiélago neozelandés. *A priori*, ninguno de estos lugares podría parecernos útil para desentrañar la compleja e interesante historia evolutiva de los mosasaurios, pero, nada más lejos de la realidad, lo cierto es que ha brindado algunos hallazgos muy reveladores.

En primer lugar, fue en Nueva Zelanda donde se nombró a la interesante especie *Taniwhasaurus oweni*, uno de los tilosaurinos tardíos de mayor éxito, así como al enorme e intrigante *Prognathodon waiparaensis*, un gigantesco y robusto mosasaurio de filogenia aún incierta. También en este país, en los estratos campanienses y maastrichtienses del arroyo de Mangahouanga, se descubrió el holotipo del mosasaurino *Moanasaurus mangahouangae*. Este animal sin duda podría ubicarse en el espectro de mosasaurios de gran tamaño, pues, con base en su cráneo de más 70 centímetros y en las proporciones generales que se le suponen, fácilmente podría superar los 10 metros de longitud. Sería otro titán de los mares del sur, uno más a la lista de los posibles competidores de los últimos tilosaurinos. Durante tiempo, además, se pensó que este gran mosasaurio fue endémico de la actual Nueva Zelanda, que fue algo así como una extraña rama de mosasaurinos aislada en un curioso lugar del planeta. No obstante, hoy en día se sabe que los restos de esta especie, o al menos los del género *Moanasaurus*, también pueden hallarse en otros lugares, como, por ejemplo, en el Cretácico final de la región antártica. De este modo, aunque a primera vista pueda parecernos que las comunidades de mosasaurios neozelandeses fueron una rareza, unos pocos colonos de aguas lejanas, lo cierto es que formaron parte de un complejo mucho mayor y aún poco estudiado que se extiende por varios continentes actuales: la antigua provincia Weddeliana.

Partiendo de las lejanas tierras maoríes, si viajamos hacia el oeste nos acabaremos topando con la Patagonia, una gigantesca extensión de cordilleras y llanuras muy frías y escasamente pobladas. Aquí se han reportado hallazgos menos interesantes que en Nueva Zelanda, aunque es probable que durante los próximos años nuevos descubrimientos hagan que esta zona de la antigua región Weddeliana no se quede atrás en lo que a mosasaurios respecta. Se han hallado restos muy prometedores de mosasaurinos y plioplatecarpinos en formaciones del final del Maastrichtiense de la cuenca del Neuquén, por lo que puede que próximamente nos llegue alguna que otra sorpresa de estas amplias e inhóspitas tierras…

Imagen 69: Reconstrucción del misterioso *Prognathodon waiparaensis*, a veces llamado *la bestia de Waipara*.

Sin embargo, aunque no podamos pasar por alto los descubrimientos de Nueva Zelanda y el sur de Sudamérica, las auténticas revelaciones en el mundo de los mosasaurios proceden de la parte más inaccesible de la provincia Weddeliana, es decir, de la Antártida. Son varios los descubrimientos significativos que se han hecho aquí y no solamente asociados a mosasaurios, sino también a otros titanes de los mares cretácicos o a algunos fascinantes paleoambientes. Pero no te abrumes, que los trataremos por partes.

En primer lugar, cabe destacar a la isla James Ross, una de las muchas porciones de tierra emergida que forman la curiosa «cola» del continente helado. Aquí nos encontramos con la formación Santa Marta, datada aproximadamente en la frontera entre los pisos Campaniense y Maastrichtiense. Este lugar es uno de los bastiones australes de tilosaurinos tardíos más importantes, uno de aquellos en donde aparecía la interesante especie *Taniwhasaurus antarcticus*. Pues resulta que uno de sus restos dio pie a un interesante estudio que podría arrojar un poco más de luz sobre uno de los temas que más controversia suscitan entre los tilosaurinos. Porque ¿qué utilidad pudo haber tenido su *rostrum* premaxilar, es decir, aquella proyección ósea que presentaban en sus hocicos? ¿Pudo ser utilizada como ariete? ¿Pudo ser un distintivo de longevidad y experiencia? ¿O tal vez algo un poco distinto, algo relacionado con la percepción sensorial del entorno? Justamente en esta dirección apunta el estudio al que nos referimos, una investigación que llevó al análisis interno del *rostrum* premaxilar de un *Taniwhasaurus*. Bajo el duro hueso, este animal pareció tener en su hocico una intrincada red de nervios. Gran cantidad de huecos y túneles perforaron la parte interna de su *rostrum*, dando lugar seguramente a un complejo sistema neurovascular que estaría conectado con el exterior del hueso a través de numerosos forámenes. No obstante, quizá esto no debería parecernos extremadamente sorprendente.

Resulta que este tipo de estructuras aparecen también en otras grandes dinastías de reptiles marinos, como en pliosaurios, ictiosaurios o policotílidos, es decir, que no son exclusivas de los tilosaurinos. Es más, aparecen también en otros mosasaurios muy distantes filogenéticamente, aunque con un grado de desarrollo mucho más limitado. Estos huecos y canales generalmente suelen relacionarse con sistemas mecanosensoriales o electrosensoriales conectados al importante *nervio trigeminal*, tal y como sugiere la similitud que existe entre estas estructuras y las presentes en los cocodrilos actuales. Por lo tanto, puede que los mosasaurios tilosaurinos desarrollasen un alargado *rostrum* premaxilar para detectar mejor a sus presas o para rastrear su entorno con mayor facilidad. Quizá estos extraños hocicos, al fin y al cabo, no sean más que el envoltorio externo de un sistema sensorial especializado y muy desarrollado. Aunque tener un hocico con gran cantidad de terminaciones nerviosas puede ser pernicioso en ocasiones… Si este animal se golpease con mucha fuerza el *rostrum*, sus nervios puede que jugasen en su contra, haciéndole sentir un dolor agudo y punzante, no solo incómodo, sino quizá incluso inhabilitante. Por lo tanto, si su hocico no estaba bien protegido, utilizarlo como ariete para golpear a otros animales puede que no fuera la mejor de las ideas.

Y de la formación Santa Marta nos moveremos directamente a otra de las joyas de la Antártida, al paraíso insular conocido como la isla de Seymour[50]. Esta pequeña porción de tierra emergida, poco importante a nivel geográfico o político, es un auténtico jardín del edén para los paleontólogos. Las duras condiciones climáticas que los científicos deben soportar aquí durante las excavaciones se ven indudablemente recompensadas cuando analizan todo lo que han descubierto. Y es que, entre los restos helados de roca y sedimento, aparecen algunos de los hallazgos más interesantes que se han hecho en el mundo de los reptiles marinos. Todos estos indicios de vida pasada proceden de la formación López de Bertodano, que fue depositada durante los últimos cientos de miles de años del piso Maastrichtiense en unas condiciones que, tal y como veremos más adelante, fueron bastante peculiares.

En primer lugar, es posible que el último de los tilosaurinos sobre la faz de la Tierra proceda de esta curiosa formación. Se trata de la especie *Kaikaifilu hervei*, un gran mosasaurio con *rostrum* premaxilar que únicamente se conoce de esta pequeña región de la Antártida (o al menos hasta la fecha). Este animal, cuya clasificación no fue en absoluto sencilla y aún algunos ponen en duda, pudo ser el último integrante de la dinastía que verdaderamente dio pie a la primera

50 También conocida como isla Marambio.

explosión en diversidad de mosasaurios de grandes dimensiones. Durante décadas muchos científicos pensaron que los tilosaurinos no llegaron hasta los últimos millones de años del Cretácico, es decir, que el imparable avance de los exitosos mosasaurinos los llevó a la extinción antes de que finalizase este período geológico. No obstante, *Kaikaifilu* quizá sea la prueba de que esto no fue así. Aunque los tilosaurinos estuviesen heridos de muerte, puede que aun merodeasen por los mares antárticos durante los últimos miles de años del piso Maastrichtiense. De este modo, la Antártida podría consagrarse como el último bastión conocido de los tilosaurinos, un baluarte al que se aferraron con todas sus fuerzas y por el que lucharon hasta el último aliento. Sin embargo, *Kaikaifilu hervei* no es el único mosasaurio que aparece en la interesante formación López de Bertodano, pues entre su variadísima fauna marina también podemos encontrar plioplatecarpinos y mosasaurinos.

Pero la isla de Seymour no solo es conocida por sus mosasaurios, sino también por sus emblemáticos elasmosaurios. Y es que esta zona del planeta, la provincia Weddeliana, tuvo mucho que hablar en lo que a estos plesiosaurios de cuello largo respecta[51]. En esta antigua ecorregión proliferó un grupo de elasmosaurios conocidos como *aristonectinos*[52], que pareció abandonar los esquemas tradicionales de estos piscívoros gigantes. Estos animales adoptaron unos cuellos más cortos que los de otros elasmosaurios y desarrollaron una cabeza más alargada, tal y como podemos ver en algunos de sus géneros más conocidos, como *Aristonectes*, *Alexandronectes* o *Kaiwhekea*, procedentes de cada uno de los rincones de la región Weddeliana, tanto de la Patagonia y la Antártida como de Nueva Zelanda. No obstante, nosotros nos centraremos en el aristonectino gigante de la isla de Seymor, en la especie *Aristonectes quiriquinensis*, que perfectamente podría alcanzar dimensiones de entre 11 y 12 metros de longitud y pesos de hasta 14 toneladas. Este animal tal vez no persiguiese grandes bancos de peces de modo lento pero incansable, sino que quizá optase por un modo de alimentación algo

51 De hecho, el clado en el que se encuentran los elasmosaurios que trataremos a continuación se conoce como Weddelonectia, que literalmente significa *nadadores de Weddel.*

52 Subfamilia Aristonectinae.

diferente y mucho más afín al de las ballenas jorobadas actuales. La cabeza alargada de este animal le permitiría engullir bocanadas de agua y sedimento de las zonas cercanas al fondo marino, atrapando en el proceso gran cantidad de pequeños animales, como decápodos. Atrás quedaría la necesidad de un cuello exorbitantemente largo para estos animales, lo que explica por qué este es relativamente corto si lo comparamos con el de otros elasmosaurios. Sin embargo, también hubo cuellos largos entre los reptiles marinos de la formación López de Bertodano, ya que junto a los extraños aristonectinos podemos encontrar elasmosaurios de otros grupos distintos, auténticos acosadores de peces, como la especie *Aphrosaurus furlongi*.

Imagen 70: Aquí podemos ver un elasmosario aristonectino de la especie *Aristonectes parvidens* nadando entre varios amonites del género *Diplomoceras*.

Las aguas del final del Maastrichtiense de la Antártida, lejos de ser inmensos mares fríos y estériles, bulleron de vida y diversidad, tal y como nos muestra la singular presencia de varios morfotipos de elasmosaurios o la interesante fauna de mosasaurios, donde podemos encontrar al último de los antaño grandiosos tilosaurinos. No obstante, en estas misteriosas regiones oceánicas también aparecieron invertebrados muy singulares, que, en ciertos casos, pueden revelarnos antiguos paleoambientes dignos de cualquiera de las novelas de Julio Verne. Ya habíamos hablado de los amonites, de estos curiosos cefalópodos con concha que proliferaron en los mares mesozoicos y a los que se les acusa de estar detrás de buena parte del desgaste dental de muchos mosasaurios. Pues resulta que estos simpáticos moluscos no siempre tuvieron una concha en forma de espiral, sino que algunas de sus especies optaron por morfologías mucho más locas que, ciertamente, suponen en muchos casos un auténtico quebradero de cabeza para aquellos que pretenden investigar su antiguo estilo de vida. Todos estos extravagantes y bizarros cefalópodos amonoideos, aquellos que se desentendieron del canon de conchas planiespiraladas, suelen conocerse como *amonites heteromorfos*, y justamente fue durante los últimos compases del Cretácico cuando tuvieron un mayor éxito. Volveremos sobre estos misteriosos animales más adelante en este libro, por lo que por ahora nos centraremos únicamente en lo concerniente a la formación López de Bertodano. Aquí aparece uno de estos amonites heteromorfos, un molusco que nos recuerda por su forma a un clip: el género *Diplomoceras*.

Es justamente este peculiar amonite el que nos abrirá las puertas de uno de los antiguos paleoambientes de la formación López de Bertodano, como si de una llave se tratase. Pero ¿dónde está escondido este secreto? Pues en lo más profundo de su concha. Mediante análisis isotópicos y estructurales de esta, no muy distintos de los que vimos para los dientes de ciertos mosasaurios hace unos capítulos, podemos llegar a conclusiones sorprendentes. Gracias a este modo de estudio no solo podemos descubrir que *Diplomoceras* creció moderadamente rápido, alcanzando los 1,5 metros de concha en apenas diez años, sino también que vivió en aguas profundas, muy cerca del fondo marino y en un ambiente muy especial… Seguro que muchos habéis oído hablar de las fumarolas oceánicas, de los complejos ecosistemas que aparecen en torno a estas chimeneas naturales que en muchos casos se encuentran a miles de metros de profundidad. En ocasiones estos ambientes se conocen como *emanaciones calientes*, simplemente porque las sustancias emitidas por estas fumarolas están a mucha temperatura. Pero ¿has oído hablar alguna vez de las *emanaciones frías*? Estos ecosistemas ya no son tan conocidos, pero son muy similares a los de las fumarolas volcánicas y, gracias a los extraños precipitados de carbono que hallamos en la concha de nuestro *Diplomoceras*, sabemos que este amonite con forma de clip solía frecuentarlos. Pero, claro, ¿qué son las emanaciones frías?

Muchos quizá estéis pensando lo siguiente: si las fumarolas y fuentes hidrotermales expulsan sustancias muy calientes, entonces las emanaciones frías expulsarán sustancias muy frías, ¿no? Lo lógico sería decir que sí, pero no. Realmente las emanaciones frías suelen estar a una temperatura ligeramente superior a la del agua de su alrededor, por lo que de frías no tienen nada, o al menos siempre y cuando no las comparemos con las fuentes hidrotermales. Las emanaciones frías son filtraciones de hidrocarburos o sulfuros de hidrógeno que a veces llegan a originar curiosas balsas de salmuera. Si iluminásemos una de estas emanaciones frías, podríamos ver cómo en la zona del fondo el agua adoptaría de repente un color blanquecino y podríamos distinguir perfectamente el agua marina libre de estas sustancias del de estas zonas contaminadas. ¡Serían auténticas piscinas dentro del propio océano! Pues justamente en estos desconocidos e intrigantes ambientes es donde deberíamos imaginarnos a los curiosos *Diplomoceras*, con sus conchas en forma de clip orientadas verticalmente, apareciendo de entre las cercanías de alguna de estas balsas de salmuera.

Los ecosistemas que se forman alrededor de las emanaciones frías, al igual que los asociados a las emanaciones calientes, son muy distintos de los que encontramos en la superficie. Aquí no hay plantas ni algas verdes, sino que abundan las *bacterias quimiosintéticas*, que obtienen su energía vital a partir de la degradación de los sulfuros e hidrocarburos que se filtran desde el fondo. De hecho, en cuanto comienza una de estas emanaciones frías, estas bacterias siempre son las primeras que aparecen en el lugar, formando extensos mantos que se pegan sobre el fondo como si fuesen alfombras. Posteriormente en estos ecosistemas ya empiezan a aparecer animales más complejos, como bivalvos que viven en simbiosis con estas bacterias o gusanos tubícolas. Pero lo realmente curioso de estas comunidades es que son completamente independientes de la luz del sol, pues en la base de sus redes tróficas no encontramos a plantas ni algas fotosintéticas, sino a las bacterias especializadas en la degradación de sustancias químicas que mencionábamos antes. Ellas son el origen, la fuente y la razón de ser de estos ecosistemas fantasmagóricos. Poco a poco, por desgracia, las emanaciones llegan a su fin, pues los sulfuros e hidrocarburos se terminan agotando. Los intrépidos *Diplomoceras* que bajaban hasta estos profundos ambientes verían cómo aquel mundo, día tras día, iba cayendo en el olvido. Sin una fuente de energía, ningún ecosistema es sostenible.

Imágenes 71 y 72: Sobre estas líneas podemos ver una fuente hidrotermal, es decir, un tipo de emanación caliente. En la página siguiente, por otro lado, tenemos una piscina de salmuera sobre una emanación fría del fondo oceánico.

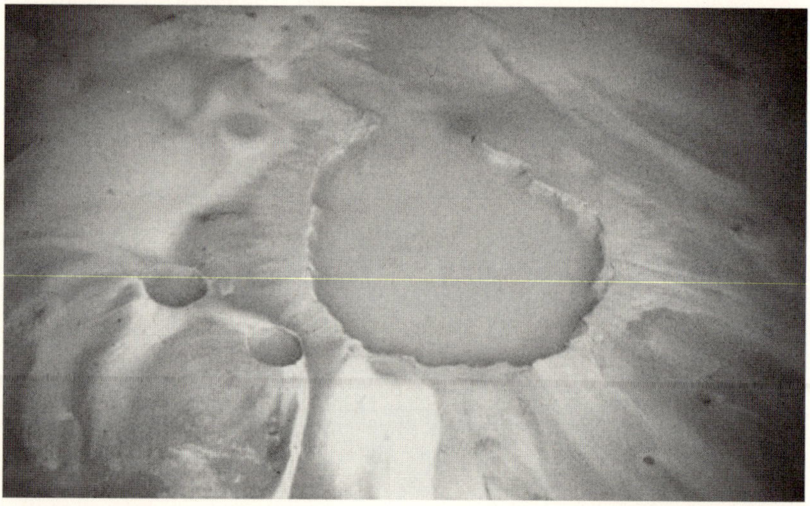

Bajo las aguas someras en las que abundaban peces, elasmosaurios y mosasaurios, en el fondo de los antiguos mares de la isla de Seymour, cientos de emanaciones frías filtrarían al agua oceánica toneladas de sulfuros e hidrocarburos. Y esto, como veremos más adelante, probablemente fuese crucial para la formación López de Bertodano, ya que la dotaría de unas condiciones únicas e ideales para la preservación de hasta los fósiles más insospechados. Porque es que, para ser sinceros, aún no hemos revelado cuál es la auténtica gallina de los huevos de oro de este lugar, cuál es el que posiblemente sea el descubrimiento más trascendental de estos estratos del final del Maastrichtiense. Pero, para revelar este último misterio antártico, antes debemos introducir otro importante campo de estudio dentro del mundo de los mosasaurios, porque ¿cómo se reprodujeron estos gigantes? ¿Pusieron huevos como sus ancestros? ¿Tenemos alguna evidencia sobre ello en el registro fósil? ¿Qué tiene que decir la formación López de Bertodano en todo este asunto?

Comencemos por el principio. Ya hemos visto en multitud de ocasiones que los mosasaurios fueron lepidosaurios, por lo que el primer paso lógico a la hora de abordar este asunto es echar la mirada a los lagartos, varanos y serpientes de hoy en día. Siempre hay infinidad de detalles que no llegan a fosilizar y que, de no ser por la presencia de parientes cercanos vivos, nos sería imposible intuir. En el caso de los lepidosaurios, cabe destacar que su reproducción presenta unas cuantas peculiaridades, o al menos ciertos puntos como poco curiosos que merece la pena destacar y que, muy probablemente, se diesen también entre los mosasaurios.

Empecemos por algo que tal vez no nos sorprenda demasiado, como es el hecho de que los machos de muchos lepidosaurios actuales tiendan a reproducirse con tantas hembras como puedan; cuantas más, mejor. Nada de monogamia. No obstante, las hembras aquí se guardan un as debajo de la manga, pues pueden almacenar el semen de uno o varios machos para más tarde, decidiendo en qué momento quedarse encintas, incluso aunque el acto sexual haya ocurrido semanas atrás. De hecho, en ocasiones las hembras de los lepidosaurios pueden llegar a guardar el semen de los machos durante años. Todo esto de por sí ya nos debería resultar bastante curioso, pero es que los órganos reproductores e inseminadores de los lepidosaurios también presentan sus propias extrañezas. Para empezar, los machos no tienen un pene, sino una estructura conocida como *hemipene* que, en el fondo, son dos penes simétricos. No obstante, lo verdaderamente intrigante viene cuando comparamos los hemipenes y órganos reproductores femeninos de varias especies entre sí. Aunque estemos ante lagartos, varanos o serpientes muy cercanos evolutivamente, los órganos reproductores presentan cambios muy fuertes en morfología. Hay grandes diferencias si los comparamos con los de otras especies. Y esto ¿por qué es así? Pues existe una idea, conocida como la *teoría del cierre y la llave*, que nos dice que tal vez esto sea un mecanismo para prevenir la hibridación. De este modo, los órganos reproductores masculinos y femeninos serían respectivamente como llaves y cerraduras: si no tienes las que casan entre sí, la reproducción es imposible ya desde el propio acto sexual.

Pero espera, porque es que aún hay más, pues los lepidosaurios son unos de los animales complejos en los que se ha reportado un tipo de reproducción asexual conocido como *partenogénesis*. Esto es que, bajo ciertas condiciones, una hembra puede reproducirse sin necesidad de un macho, es decir, de manera totalmente asexual. La cría que de aquí salga será a todas luces una copia de su madre, ya que el ADN de esta no se ha recombinado con el de ningún macho. Algunas especies de geckos o serpientes se reproducen con cierta frecuencia de este modo. Por otro lado, los varanos, aunque son capaces de reproducirse también por partenogénesis, casi nunca suelen recurrir a ella. Por lo tanto, haciendo uso de nuestro corchete filogénetico actual (el EPB, discutido en el capítulo anterior), podemos prácticamente asegurar que los mosasaurios fueron capaces de hacer uso de la partenogénesis. Por desgracia, el registro fósil no nos permite llegar más allá, por lo que tal vez nunca sepamos si estos titanes del mar recurrían a este tipo de reproducción únicamente en caso de extrema necesidad, o si, por el contrario, la utilizaban con cierta frecuencia. Estudiar los estratos y fósiles de hace decenas de millones de años nos limita enormemente y, por desgracia, quizá no podamos comprobar nunca si los mosasaurios presentaron este tipo de peculiaridades y comportamientos. No obstante, sí que hay muchas otras cuestiones relacionadas con la reproducción de estas magníficas bestias a las que podemos contestar decididamente y, entre ellas, se encuentran algunas de las preguntas que lanzamos al aire unos cuantos párrafos atrás: ¿qué hay de los huevos? ¿Cómo dieron a luz los antiguos mosasaurios?

Si retrocedes hasta el principio de este libro, hasta las primeras páginas, recordarás que los mosasaurios, al igual que prácticamente todos los vertebrados terrestres o con ancestros terrestres, son amniotas. Y eso quiere decir que o bien ellos o bien alguno de sus antepasados hizo uso del principal caracter diferenciador del clado, es decir, del *huevo amniótico*. No obstante, esto no significa que los mosasaurios fuesen ovíparos, ya que, sin ir más lejos, los humanos somos amniotas, pero nos hemos desentendido hace millones de años de los huevos. Y no solo los humanos, sino que otros muchos animales también han seguido una senda similar, abandonando la idea de poner huevos. Pero, claro, ¿qué camino tomaron los mosasaurios? ¿Dieron a luz a crías vivas, es decir, fueron vivíparos, o mantuvieron sus huevos amnióticos?

Tal y como discutiremos más adelante, este dilema está más que resuelto gracias a varias evidencias fósiles. No obstante, aunque jamás hubiésemos encontrado ningún resto que nos diese una pista directa sobre esta cuestión, podríamos contestar a ella con bastante seguridad. Porque resulta que los mosasaurios fueron... ¡vivíparos! O al menos desarrollaron algún grado de viviparismo de manera necesaria, al igual el resto de grandes dinastías de reptiles marinos, como los plesiosaurios e ictiosaurios. ¿Y cómo podemos saber esto? ¿Por qué los paleontólogos siempre han estado tan seguros de que estos animales no pusieron huevos? Pues muy simple: el huevo amniótico, aunque sea una ventaja para poder conquistar la seca tierra firme, es un gran impedimento si deseas volver al agua.

Si recordáis una vez más de las primeras hojas de este libro, el huevo amniótico presentaba una capa que impermeabilizaba su interior, evitando así que el embrión muriese por desecación. Pues esta genialidad, este artefacto natural que le permitía al amniota en cuestión desarrollarse fuera del agua y de su madre, no aislaría por completo al embrión del mundo exterior. Al igual que un adulto, un embrión necesita respirar, por lo que tiene que producirse necesariamente un intercambio de gases entre el interior del huevo y el mundo externo. Este ocurre a través en una gran cantidad de pequeños poros, imperceptibles a simple vista, pero que podemos ver, por ejemplo, en un huevo de gallina haciendo uso de una lupa potente o de un microscopio. Si ampliamos la cáscara del huevo de un pollo, veremos los pequeños agujeritos por los que respira el embrión. Un huevo de gallina tiene de media más de 6000 de estos poros, por lo que, si te animas a coger tu lupa, seguramente encuentres alguno. Estos agujeros de los huevos amnióticos consiguen que el animal en desarrollo no muera de asfixia; pero, claro, todo cambia si tiramos el huevo al agua. Aquí ya los poros no estarían en contacto con el aire y no se podría producir el intercambio gaseoso. Moraleja: ¡los huevos de amniotas también se pueden ahogar!

Pero, entonces, ¿cómo puede un amniota colonizar un medio marino? Pues existen dos estrategias principales: por un lado, puede salir a desovar a tierra firme, tal y como hacen las tortugas marinas cada vez que se arrastran a una recóndita playa tropical, y por otro, puede desarrollar algún grado de *viviparismo.* Si lo piensas bien, si tu cría es capaz de nacer viva, aunque des a luz en el agua, ella debería poder subir a la superficie a respirar: problema solucionado. Por lo tanto, ahora traslademos todo esto no solo a los mosasaurios, sino a cualquier grupo de grandes amniotas marinos. ¿Poner huevos o dar a luz a crías vivas? Únicamente hace falta pensar un poco para dar con la respuesta: ¿te imaginas a un mosasaurio de más de 10 metros saliendo a desovar a una playa o a un elasmosaurio con un cuello de más de 5 metros de longitud arrastrándose por la arena? Evidentemente no. Estos animales fuera del agua serían prácticamente incapaces de moverse. De hecho, es muy posible que les ocurriese lo mismo que a las ballenas y que, cuando terminaran varados en una playa, muriesen poco a poco por asfixia, pues su esqueleto no estaría preparado para sostener su gran peso fuera del agua. Por lo tanto, de manera totalmente necesaria, estos grupos de animales, o al menos sus representantes más masivos, debieron haber sido vivíparos. Y, claro, ahora viene la auténtica pregunta para la que ya necesitamos hacer uso del registro fósil: ¿en qué momento de su historia evolutiva desarrollaron los mosasaurios el viviparismo?

Pues, al igual que suele ocurrir en casi todos los grupos de amniotas acuáticos, sorprendentemente pronto. Y para descubrir en qué momento como mínimo debió haber ocurrido esto podemos recurrir a un viejo conocido. ¿Recuerdas al pequeño aigialosaurio *Carsosaurus marchesettii*? Este era uno de los ancestros adriáticos de los mosasaurios y procedía de estratos cenomanienses y turonienses de Eslovenia. Pues de él tenemos un esqueleto fósil exquisitamente preservado que tiene mucho que decir en lo que al viviparismo respecta.

En el interior del tronco de este ejemplar, si afinamos la vista, podremos distinguir hasta cuatro pequeños reptiles. Y no se trata de unos reptiles cualesquiera, sino de crías de su misma especie. Algunos de estos pequeños animales estaban, además, algo enrollados sobre sí mismos, como adoptando una postura embriónica. Por suerte, esto prácticamente ya nos confirma que no fueron presas de un aigialosaurio más grande, sino crías vivas en el interior de su madre. ¿Y esto por qué? Pues resulta que, cuando un animal se alimenta de otro de este modo, lo lógico es que lo trague empezando por la cabeza, algo que no cuadra con las orientaciones de estos pequeños *Carsosaurus*. Por otro lado, esta disposición de cabeza hacia atrás y cola al frente también entra en completa contradicción con el modo en el que paren los amniotas vivíparos en el agua. Para que las crías no se ahoguen, ballenas, orcas o delfines y, muy probablemente, ictiosaurios, mosasaurios y plesiosaurios harían nacer a sus crías primero por la cola, de modo que la cabeza sería la última parte del animal que saldría del cuerpo de su madre. Esto, además, concuerda con la posición del embrión ubicado más cerca de la cola de la madre de *Carsosaurus*, aquel que está ubicado en la región pélvica. Es muy probable que este embrión estuviese a punto de nacer cuando murió su madre y que, por un casual del destino, terminase fosilizando junto al resto de la camada.

El agónico parto de una madre embarazada grabado en piedra, congelado por los tiempos de los tiempos. Esa es la mayor evidencia de viviparismo que podemos encontrar y, por suerte, contamos con ella. Por lo tanto, todos los paleontólogos coinciden en que allá por principios del Cretácico superior los aigialosaurios ya habían desarrollado un cierto grado de viviparismo y que, gracias a ello, sus descendientes mosasaurios fueron capaces de colonizar los mares.

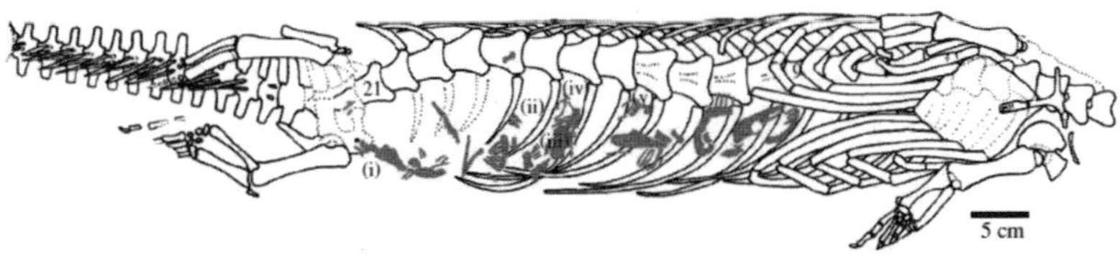

Imagen 73: Reconstrucción de parte del esqueleto fósil de nuestro *Carsosaurus marchesettii* en el que pueden apreciarse los restos de embriones en su vientre.

Por otro lado, también existe evidencia de mosasaurios prácticamente recién nacidos. En las calizas de Niobrara, aquellas depositadas en el Western Interior Sea, se conocen restos anormalmente pequeños del mosasaurino *Clidastes*. Tanto es así que los ejemplares enteros en cuestión debieron medir menos de 70 cm de longitud, es decir, que aún deberían como poco cuadruplicar su talla para alcanzar un tamaño afín al de los ejemplares adultos. Sin duda se trata de animales neonatos, que posiblemente murieron y fosilizaron cuando aún apenas habían pasado unos pocos días desde el parto, un parto que necesariamente debió haber ocurrido en el agua.

Todo parece tener sentido: los mosasaurios fueron vivíparos, fin de la cuestión. No obstante, justo aquí es donde entra en juego nuestra conocida formación López de Bertodano. En la isla de Seymor se ha encontrado un huevo de gran tamaño, que pesaría originalmente más de 6 kg y es posible que perteneciese a un mosasaurio[53]. Pero espera un momento... ¿Esto no desmonta prácticamente todo lo que

53 Tal y como suele suceder con los huevos, huellas u otros restos fósiles similares, es muy difícil asegurar al 100 % quién estuvo detrás de ellos. La propuesta de que *Antarcticoolithus* fue un huevo de mosasaurio es bastante sólida, pero hay científicos que prefieren apoyar la idea de que el huevo perteneció a un dinosaurio.

acabamos de razonar? ¿No nos está diciendo que los mosasaurios, en el fondo, fueron ovíparos? Pues no, no te alteres, todo concuerda y tiene sentido. La clave aquí está en el tipo de huevo.

El huevo de López de Bertodano no fue el típico huevo amniótico, con cáscara dura y poros, sino que fue lo que a veces se conoce como un *huevo vestigial*. Un huevo amniótico típico suele tener tres capas bien desarrolladas: la calcárea, la proteica y otra capa interior conocida como *boundary layer*. Nuestro huevo en cuestión, el holotipo de la ooespecie *Antarcticoolithus bradyi*, tuvo también estas tres capas, pero la más externa, la calcárea, fue extremadamente delgada. Esta sería aproximadamente unas diez veces menos gruesa que las típicas de los huevos amnióticos duros, es decir, fina como un papel. Además, esta no tendría poros, por lo que el huevo en cuestión no estaría diseñado para depositarse en tierra y esperar durante un largo tiempo a eclosionar. Pero claro, entonces, ¿qué sentido tendría este huevo?

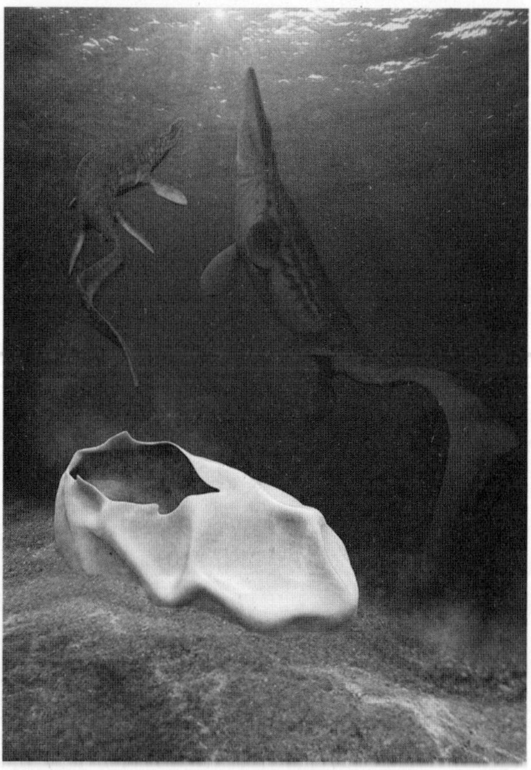

Imagen 74: Reconstrucción de un mosasaurio recién nacido saliendo de su huevo vestigial.

Resulta que muchos lepidosaurios que han desarrollado un cierto grado de viviparismo presentan huevos vestigiales muy similares a este. Blandos en apariencia externa, con una capa dura calcárea prácticamente inexistente, como si estuviesen hechos para romperse. De hecho, este es justamente el destino de los huevos vestigiales de, por ejemplo, algunas serpientes. La hembra embarazada deposita estos grandes huevos de aspecto extraño, y de ellos, muy poco tiempo después, eclosiona ya una cría con un cierto grado de independencia. Esta eclosión puede ocurrir en horas, minutos o incluso casi instantáneamente, por lo que, para los amniotas acuáticos, sería perfectamente factible como un modo de reproducción. Imaginémonos la escena: un mosasaurio de varios metros de longitud se acercaría a una zona poco profunda y, con suavidad, dejaría caer un huevo algo extraño sobre el suelo marino. Poco después, tal vez incluso antes de que este llegase a tocar el fondo, un simpático mosasaurio en miniatura rompería con presteza la blanda cáscara que durante meses lo había aislado dentro del cuerpo de su madre. Sus primeros movimientos deberían ser rápidos e instintivos; no podía entretenerse, pues el oxígeno de sus pulmones era limitado. Necesitaba subir a respirar. Unos eternos segundos después, el tímido e inocente cabeceo de este pequeño en la superficie se convertiría en la primera inspiración de aire de su vida. Con suerte, la primera de muchas.

Es probable que el grado de desarrollo de estos huevos vestigiales variase bastante dentro de los propios mosasaurios. Puede que en algunos de ellos se rompiese el huevo prácticamente al salir del cuerpo de su madre, puede que en otros este tardase unos minutos en eclosionar y puede también que ciertos mosasaurios ni siquiera presentasen huevos vestigiales. Desgraciadamente, es muy probable que nunca lleguemos a saber mucho más sobre la existencia, extensión o tipología de estos huevos entre los mosasaurios, ya que estos, como tienen una capa calcárea extremadamente fina, casi nunca fosilizan. Y es que el caso de *Antarcticoolithus* en la formación López de Bertodano es anecdótico y a la vez una auténtica maravilla para los paleontólogos. Nadie esperaba que algo de este estilo pudiese fosilizar y por eso es tan poco probable que vuelvan a descubrirse muchos más huevos vestigiales convertidos en roca. No obstante, *Antarcticoolithus* no fosilizó por simple casualidad, sino que lo hizo gracias a las curiosas condiciones paleoambientales que existían en los mares que acabarían dando origen a estos estratos antárticos.

Resulta que las emanaciones frías que abundaron en López de Bertodano tienen mucho que ver con sus condiciones ambientales y con que, al final, un delicado huevo vestigial pudiese fosilizar. ¿Pensabas acaso que todo lo hablado acerca de estos ecosistemas con bacterias quimiosintéticas era simple palabrería, simples curiosidades del mundo marino? ¡Pues no! Todo está muy relacionado con los protagonistas de este libro, con los mosasaurios, en este caso a través de este interesante huevo. Las emanaciones frías filtran gran cantidad de sulfuros al agua y, si a esto le sumamos una falta de oxígeno en los fondos marinos, conseguimos la mezcla perfecta para que fosilice hasta lo más insospechado. Estas condiciones ambientales anóxicas y a la vez sulfídicas se conocen como *euxínicas*, y no solo permiten que precipiten ciertos minerales como la pirita, sino también que fosilicen en ciertos casos tejidos blandos. Gracias a las piscinas de salmuera y emanaciones de sulfuros podemos hoy en día disfrutar de un resto fósil que, en cualquier otra situación, no se habría conservado. La Antártida, aunque a primera vista no lo pareciese, nos ha revelado algunos secretos fósiles totalmente inauditos y, a buen seguro, aún esconde entre sus frías rocas cientos de tesoros totalmente insospechados…

Ahora, si abandonamos las gélidas tierras del sur del mundo, podremos analizar un poco más cómo pudieron haber sido los primeros segundos de vida de los mosasaurios. Ya hemos visto que, nada más nacer, su primer reto puede ser que fuese romper el huevo y salir a respirar. Desde el primer instante de su existencia, su vida ya era un auténtico desafío a contrarreloj… Pero ¿cómo hicieron para romper este huevo? Tal vez aquel fuese el momento más crítico de su vida, aquella simple acción podría marcar si seguían adelante o morían ahogados en el fondo marino. ¿No tuvieron ninguna estrategia para afrontar este reto?

Pues, al igual que muchos reptiles y aves actuales, los mosasaurios tuvieron el conocido como *diente de huevo*. ¿Y esto qué es? Pues una especie de pequeño pico en la punta de su hocico que les permitiría abrir el huevo desde dentro para poder salir de él. Es como un pequeño cúter de un solo uso, que posteriormente irían perdiendo conforme crecieran. ¿Y tenemos evidencia de alguna de estas estructuras en el registro fósil? Pues sí, y una vez más esta procede de momentos muy arcaicos de la historia evolutiva de los mosasaurios. Para conocer a nuestro protagonista deberemos viajar hasta el Turoniense temprano de Texas, hasta hace unos 93,7 millones de años. En estos momentos de calor infernal, de aguas sobrecalentadas en todo el globo, vivió el ruselosaurino *Sarabosaurus dahli*. En su holotipo se conserva lo que parece ser un diente de huevo, un extraño pico en el premaxilar que sería clave para sus primeros segundos de vida. Pero este mosasaurio tremendamente temprano no solo nos reveló la existencia de esta estructura, sino que también nos dejó entrever que la división entre los dos grandes grupos de mosasaurios ruselosaurinos ocurrió muy pronto en la historia de estos animales, posiblemente allá por el final del piso Cenomaniense. Resulta que, dada la distribución de las arterias que regaban el cerebro de este mosasaurio, algo que puede intuirse de un cráneo fósil bien preservado, este animal ya fue claramente un plioplatecarpino. Por lo tanto, allá por los cálidos comienzos del piso Turoniense, tilosaurinos y plioplatecarpinos al parecer ya estuvieron claramente diferenciados.

Y bueno, ya que hemos hablado de huevos fósiles, por qué no hablar de otro tipo de deposiciones que también salían del cuerpo de los mosasaurios... Manchémonos las manos por unos instantes, hablemos de excrementos. Las deyecciones no siempre desaparecen y en ocasiones pueden fosilizar. Estas cacas fósiles conservadas para la posteridad se conocen como *coprolitos*. Pero hay un problema y es que, al igual que pasa con los huevos o con otros tipos de rastros y marcas fósiles, no podemos asociarlas con seguridad a una antigua especie concreta. Es decir, es prácticamente imposible saber qué animal exacto dejó una cierta huella o defecó un cierto excremento, y esto ha obligado a los científicos a elaborar un nuevo sistema de clasificación y nomenclatura para este tipo de evidencias de antigua vida. De este modo, para rastros fósiles y otras evidencias del comportamiento de antiguos seres vivos, es decir, para los *icnofósiles*, se utiliza la *icnotaxonomía*. Esta funciona exactamente igual que la taxonomía lineana que nos enseñaron en el colegio, solo que ahora, en vez de familias, géneros y especies, nos encontramos con icnofamilias, icnogéneros e icnoespecies. Y algo exactamente igual ocurre con los huevos, solo que con el prefijo *oo-* en vez de *icno-*. De hecho, si vuelves unas páginas atrás verás como en ningún momento nos referimos a *Antarcticoolithus bradyi* como una especie, sino que lo hicimos como una *ooespecie*. Y esto se hace así por una razón muy importante que ya hemos mencionado: no podemos asegurar que un cierto icnofósil o huevo fósil perteneciese a una especie concreta (o al menos esto casi nunca es posible), por lo que necesitamos un sistema de clasificación completamente independiente al de los seres vivos. De hecho, en el fondo ni siquiera tenemos certeza absoluta de que *Antarcticoolithus* perteneciese a un mosasaurio, aunque, dado que probablemente fuese puesto por un lepidosaurio acuático de al menos 6 metros de longitud, todo parece indicarnos que nuestras sospechas están bien dirigidas hacia estos grandes reptiles marinos.

Pero, bueno, ¿y qué ocurre entonces con los excrementos? Por desgracia, los coprolitos asociados potencialmente a mosasaurios son muy raros y han sido hasta la fecha muy muy poco estudiados. La única evidencia sólida de una de estas cacas fósiles de mosasaurio procede del Campaniense superior del norte de Canadá. Se trata de coprolitos segmentados pertenecientes a la icnoespecie *Beechybromus wellschi*. Existen también otras identificaciones de posibles coprolitos de mosasaurios de las calizas de Niobrara de Kansas y del Maastrichtiense de la Patagonia, aunque, a día de hoy, poco más se sabe sobre este interesante y escatológico campo de estudio. A lo único que se aferran muchos paleontólogos es a que, si se trata de un coprolito segmentado, es probable que perteneciese a un mosasaurio.

Imagen 75: Los coprolitos de la icnoespecie *Beechybromus wellschi* se asocian potencialmente a mosasaurios.

Tal y como hemos visto, el mundo polar no fue en absoluto ajeno a los intrépidos mosasaurios, pues se decidieron a colonizarlo muy pronto en su historia evolutiva. Esto con toda probabilidad los pondría al límite, los forzaría a hacer uso de su capacidad para retener calor, a guiarse por sus órganos pineales de orientación o a embarcarse en complejas migraciones. Por suerte, a día de hoy aún se conservan muchas evidencias fósiles de estos antiguos titanes de altas latitudes, aunque para estudiarlos tengamos que viajar en ciertas ocasiones hasta lugares tan aislados y remotos como las islas antárticas de Seymour y James Ross. Por suerte, algunos de los hallazgos de estos increíbles y recónditos parajes nos han dado grandes pistas sobre la antigua fisionomía de estos animales, sobre sus comportamientos e incluso sobre su modo de reproducción. ¿Qué más se esconderá bajo los gélidos e inaccesibles suelos polares?

Legado africano

El Maastrichtiense fue un piso muy complejo de analizar. Aunque la Tierra aún se encontraba mucho más caliente que en la actualidad, lo cierto es que las asfixiantes temperaturas típicas del Cenomaniense o Turoniense ya habían remitido. Nuestro planeta seguía estando inmerso en un potente efecto invernadero, con niveles de CO_2 atmosféricos muy altos, pero este mundo recalentado ya era mucho más llevadero y menos cálido que el de una veintena de millones de años atrás. Durante los últimos pisos los mosasaurios habían logrado expandirse por el globo y se habían vuelto algo común incluso en las gélidas aguas de los alrededores de la Antártida o en las altas latitudes del Pacífico. No obstante, las premisas clave para entender las comunidades maastrichtienses de estas bestias no son su gran éxito y extensión, sino su *regionalización* y *especialización*. Acuérdate de este par de términos, porque en ellos está la esencia principal de los conjuntos de mosasaurios más tardíos. Regionalización y especialización prácticamente nos sirven para explicar por sí solos cómo fueron los mosasaurios de los últimos compases del Cretácico y cómo interaccionaron con su entorno. Y es que en las aguas maastrichtienses no solo encontramos a enormes reptiles acuáticos firmemente anclados en el nicho de superdepredador… No, los mosasaurios por estos momentos ya se habían convertido en mucho más que solo eso.

Por lo tanto, empecemos por analizar el primero de estos dos puntos clave: la regionalización. ¿Qué significa esta palabra? Pues realmente no es nada nuevo, sino que es un concepto que, de una manera u otra, ya hemos venido introduciendo en el último capítulo de este libro. Apenas unas páginas atrás habíamos hablado de la paleorregión Weddeliana, de una fauna de reptiles marinos muy similar que podíamos encontrar en lugares como la Patagonia, Nueva Zelanda o la Antártida. Todos aquellos animales del final del Cretácico tardío, como los géneros de tilosaurinos *Kaikaifilu* y *Taniwhasaurus* o los elasmosaurios aristonectinos, formaron parte de un todo mucho más complejo, de un conjunto de comunidades marinas típico de una cierta zona del planeta. La regionalización justamente hace referencia a esta idea, al hecho de que muchas comunidades marinas estaban empezando a generar una gran cantidad de *endemismos*, de grupos o especies exclusivos de unos ciertos lugares, y también de asociaciones características de ciertas zonas. El mundo ya cada vez estaba menos globalizado, había menos intercambios faunísticos entre zonas lejanas, y eso, al final, llevaba a la creación de amplias divisiones territoriales. La provincia Weddeliana fue una de estas grandes regiones marinas del Cretácico superior tardío, pero, a decir verdad, no fue ni de lejos la más importante o, al menos, no es la que más ha sido estudiada. Para conocer cuáles fueron las dos grandes ecorregiones del Maastrichtiense, los dos mundos que más han aportado a la comprensión de los mosasaurios, debemos volver nuestra vista de nuevo al hemisferio norte. Si recuerdas, durante los primeros pisos del Cretácico superior comenzamos nuestra historia en un lugar muy particular, en las cálidas aguas del mar de Tetis. Ahora, decenas de millones de años después, regresamos a ellas una vez más…

El mar de Tetis fue la gran extensión de agua salada que terminaría dando origen al mar Mediterráneo y al mar Rojo. Las distancias aquí no fueron enormes, como en el Pacífico o en el creciente Atlántico, pues bastarían poco más de 2000 kilómetros para cruzar este mar de norte a sur. No obstante, la fauna que podíamos encontrar en las aguas más septentrionales del antiguo Tetis, es decir, en el complejo archipiélago que hoy conocemos como Europa, poco tenía que ver con la del sur de este antiguo mar. La separación geográfica no era excesiva, se podría navegar sin demasiadas dificultades de un lugar a otro, pero el cambio a nivel ecológico era enorme. Siguiendo esta idea se definen para el piso Maastrichtiense dos grandes ecorregiones marinas: la del *Tetis septentrional*, que alberga sus principales yacimientos en Europa y la costa este de Estados Unidos, y la del *Tetis meridional*, con importantísimos descubrimientos a lo largo del norte de África, el oeste de Oriente Medio y algunas zonas del Atlántico africano. Pero ¿qué diferencias hubo entre estas dos grandes ecorregiones? ¿Por qué parecen salirse incluso del acotado mar de Tetis?

La cuestión aquí radica en que, aunque estas regiones fueron definidas en el mar de Tetis porque aquí es donde pueden observarse de una manera más clara y contrastada, realmente responden a una distribución faunística más compleja, asociada a *cinturones latitudinales*. ¿Qué significa esto? Pues que las comunidades marinas típicas de cada región del mar de Tetis realmente serían características de unas ciertas latitudes en una zona del planeta más amplia. Por ejemplo, la región de Tetis septentrional se encuentra en lo que conocemos como latitudes templadas, más o menos por encima de los 35 o 40 grados norte. De este modo, los yacimientos maastrichtienses de Bélgica, Países Bajos o el estado de Nueva Jersey, que presentan faunas fósiles marinas muy similares entre sí, pueden englobarse todos dentro de esta ecorregión. Por lo tanto, aunque el norte de la costa este de Estados Unidos se encuentre al otro lado del Atlántico, es decir, lejos del mar de Tetis, sí que presentó similitudes muy grandes con la fauna fósil de Europa porque estuvo inmerso dentro de la misma franja latitudinal. Por otro lado, todo el norte de África y sus zonas circundantes quedarían incluidas dentro de la región de Tetis meridional, que estaría caracterizada por ecosistemas de índole más tropical, envueltos en un cinturón latitudinal que se extendería por debajo de los 35 grados norte. Sur y norte fueron muy distintos allá por el Maastrichtiense, y la frontera la marcó el mar de Tetis.

Las diferencias entre estas dos macrorregiones son bastante aparentes, no ya solo en fauna fósil, sino también en otros conceptos más ambientales. En Tetis septentrional abundaron las *cuencas sedimentarias carbonatadas*, es decir, lugares en los que se depositaron principalmente minerales de carbonato cálcico, y esto lo podemos ver de nuevo a un lado y otro del charco. Por contra, en Tetis meridional lo que más abundaron fueron las *calizas y arenas fosfáticas*, algo que ha convertido muchos de estos lugares en importantísimas fuentes de recursos mineros. En cada uno de estos cinturones latitudinales pareció predominar un tipo de ambiente deposicional, aunque esto no significa en absoluto que en una de estas zonas no podamos encontrar algún que otro entorno geológico más típico de la otra macrorregión. Por ejemplo, una de las formaciones más fosilíferas del Maastrichtiense europeo son las calizas fosfáticas de Ciply, en Bélgica, las cuales poseen una fauna fósil típica de la región de Tetis septentrional. No obstante, lo que más nos interesa a nosotros no son las diferencias geológicas que hubo entre estos dos grandes conjuntos de yacimientos, sino que al final lo que nos importa son sus diferencias faunísticas. Así que ¿qué animales podíamos encontrar al norte y al sur del Tetis?

Tal y como venimos comentando, el norte del Tetis y su extremo más meridional tuvieron faunas muy distintas, con géneros de reptiles marinos completamente endémicos y otros que aparecen mucho más representados en alguna de estas dos ecorregiones. Dentro del mundo de los mosasaurios, en Tetis septentrional es muy común la asociación de las especies *Mosasaurus hoffmannii*, *Prognathodon sectorius* y *Plioplatecarpus marshi*, de las que ya hemos hablado en este libro. Si recuerdas, el primero fue un letal y gigantesco superdepredador, el segundo fue un más modesto mosasaurio de hocico corto con dientes diseñados para cortar y el tercero fue un acrobático ruselosaurino también de tamaño medio. Trataremos en mayor profundidad la región de Tetis septentrional en el próximo capítulo de este libro, por lo que no te apures si solo la vemos de pasada en estas páginas. Por otro lado, en Tetis meridional proliferaron otros mosasaurios muy distintos, como las especies *Gavialimimus almaghribensis*, *Thalassotitan atrox* o *Halisaurus arambourgi*. De nuevo, que no te preocupen todos estos extraños nombres, pues trataremos en detalle a estas bestias marinas a lo largo de este capítulo.

Otro de los puntos clave para diferenciar estas dos ecorregiones en función de sus amniotas es fijándose en sus tortugas marinas. Por un lado, en Tetis septentrional las tortugas marinas predominantes fueron los *quelonioideos*[54], un gran grupo en el que están todas las tortugas marinas actuales, pero en donde también se encuentran los gigantescos reptiles con carapacho que hemos tratado anteriormente en este libro, como las monstruosas *Leviathanochelys aenigmatica* y *Archelon ischyros*. Justamente los quelonioideos son los reptiles marinos con caparazón que más éxito han tenido a largo plazo,

54 Clado Chelonioidea.

aunque, al final del Cretácico superior, había otro gran grupo de tortugas marinas que trataba de disputarles la supremacía. Se trata de los *botremídidos*[55], que abanderados por géneros como *Taphrosphys* o *Nigeremys*, tuvieron una mayor presencia en la región de Tetis meridional que sus parientes quelonioideos del norte. Lo curioso aquí es que esta gran lucha entre dos grupos de tortugas marinas es mucho más profunda de lo que parece, pues cada uno de sus contendientes perteneció a uno de los dos grandes clados de tortugas que aún existen en la actualidad: criptodiros y pleurodiros. ¿Y en qué se diferencian?

El primero de estos grupos, el de los *criptodiros*, se caracteriza principalmente por que sus miembros son capaces de introducir sus cabezas dentro del caparazón de manera perpendicular, es decir, encogiendo el cuello directamente. Entre los criptodiros encontramos a casi todas las tortugas actuales, como las tortugas de caparazón blando, las tortugas mordedoras, las tortugas marinas, las tortugas de jardín o las grandes tortugas terrestres de islas como las Galápagos. Por otro lado, los *pleurodiros* se caracterizan por que deben doblar el cuello hacia un lateral para poder introducirlo dentro del caparazón. Aquí podemos encontrar a ciertas tortugas de agua dulce africanas y sudamericanas, como los pelomedusios. Hoy en día resulta bastante evidente que las tortugas criptodiras han tenido un éxito mucho mayor al de las pleurodiras, pero allá por la era secundaria esta supremacía aún no estaba tan consolidada. De este modo, en Tetis septentrional predominaban los quelonioideos, un clado de tortugas criptodiras, pero en las aguas más tropicales de Tetis meridional eran las tortugas botremídidas, unas orgullosas pleurodiras, las que llevaban la voz cantante.

55 Familia Bothremydidae.

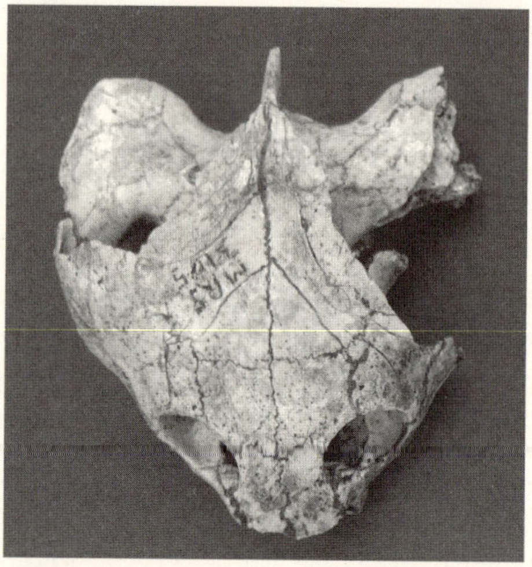

Imagen 76: Cráneo de un botremídido del género *Galianemys*, del Cenomaniense de Marruecos.

Dicho todo esto, este capítulo estará centrado en la ecorregión de Tetis meridional y ya en el próximo capítulo trataremos en más detalle lo que sucedió en el norte del mar de Tetis. Pero, antes de zambullirnos en las cálidas aguas del actual norte de África, conviene tratar otra curiosa zona de este continente, una demarcación que durante décadas se consideró como una ecorregión completamente independiente: la *cuenca de Iullemmeden*. ¿Y dónde se encuentra este lugar? Pues ni más ni menos que en el corazón del África occidental, compartido entre países como Níger, Mali o Nigeria. Actualmente esta cuenca sin salida al mar posee importantísimos recursos minerales e hídricos, pues alberga grandes acuíferos bajo sus áridas tierras y estratégicos depósitos de uranio. No obstante, allá por el Cretácico superior Iullemmeden fue un lugar muy extraño, una curiosa conexión de mares poco profundos que dio pie a algunos de los mosasaurios más raros e inexplicables que se han descubierto.

Durante los últimos compases del Cretácico, África, al igual que América del Norte, también estuvo dividida en dos. Un estrecho brazo de agua salada conectó el norteño mar de Tetis con el golfo de Guinea, bisectando el continente africano en dos grandes porciones emergidas. Este gran canal marino al parecer se engrosó enormemente al llegar a la zona de la actual cuenca de Iullemmeden, dando pie aquí a un complejo sistema de lagunas, estuarios y mares poco profundos que acabaría conectando con el océano Atlántico más al sur. Este gran enlace de aguas saladas, que dividió África en dos durante millones de años, se conoce como el *mar Trans-sahariano.* Gracias a él podemos explicar, por ejemplo, las conexiones faunísticas existentes entre las faunas marinas del norte de África y de países del Atlántico Sur como Angola. Sin embargo, el mar Trans-sahariano no fue únicamente un nexo de unión, no se trató tan solo de una continuación hacia el sur de la región de Tetis meridional, sino que trajo consigo muchas sorpresas.

En los yacimientos del Cretácico final de la cuenca de Iullemmeden abundan los endemismos, como el género de tortuga botremídida *Sokotochelys* o el cocodrilo *Sokotosuchus.* Y en lo que a mosasaurios respecta, esta parte sur del antiguo mar Trans-sahariano tuvo también varias especies endémicas, aunque, con los años, y sobre todo con los nuevos descubrimientos en los yacimientos del norte de África, se ha terminado viendo que su fauna no fue tan diferente de la de la provincia de Tetis meridional. Puede que tuviese muchos endemismos, pero probablemente no los suficientes como para disgregarse de esta última región. Pero ¿qué mosasaurios vivieron en las antiguas aguas de la cuenca de Iullemmeden?

Sin duda, el mosasaurio más extraño de estos misteriosos parajes fue *Goronyosaurus nigeriensis*, un bizarro lepidosaurio con aspecto de cocodrilo que vivió en los estuarios y las lagunas saladas del sur del mar Trans-sahariano. Sus cuencas orbitales fueron pequeñas y su hocico estuvo repleto de forámenes, lo que probablemente nos indique que este animal no confió en su pobre visión para obtener alimento. Dado que vivió en las turbias y lodosas aguas de un ecosistema estuarino, el vomerolfato y los mecanorreceptores que posiblemente poseería en su hocico a buen seguro le ayudarían en acciones cotidianas, como encontrar potenciales presas u orientarse en su entorno. Este animal mediría entre 5 y 6 metros de longitud, un tamaño bastante moderado para los estándares de los mosasaurios, pero de por sí nada desdeñable. No obstante, si tratamos de averiguar qué presas pudo cazar este reptil marino, nos toparemos con uno de sus extraños y únicos caracteres: sus dientes.

Imagen 77: Cráneo reconstruido del misterioso *Goronyosaurus nigeriensis*. Fíjate bien en sus curiosos dientes: ¿a qué gremio de Massare crees que pertenecen?

Resulta que *Goronyosaurus nigeriensis* tuvo una dentición firmemente enclavada dentro del gremio de Massare *Smash*. Y tranquilo/a si no recuerdas cómo eran este tipo de piezas dentales, ya que es la primera y última vez que vas a verlas en un mosasaurio: así de único fue este animal. Sus dientes fueron cónicos y alargados, pero en el extremo superior tuvieron un ápice romo. Serían ideales para capturar cefalópodos u otras presas blandas y resbaladizas de tamaño pequeño o mediano. El problema aquí es que en el gremio *Smash*, al menos hasta la fecha, únicamente tenemos a este mosasaurio, y el resto de sus integrantes son animales muy distintos, como ictiosaurios, que seguramente hiciesen uso de estos dientes y de su gran velocidad para capturar peces y calamares. Pero, entonces, ¿fue *Goronyosaurus* un ávido piscívoro, compitiendo con plesiosaurios y cocodrilos? Pues la mayoría de los científicos creen que sí, aunque no dan nada por seguro, ya que al parecer este animal poseyó músculos que le permitirían cerrar sus fauces con bastante fuerza, algo que desde luego no es necesario para atrapar pequeños peces. En ese caso, ¿cazó *Goronyosaurus* presas más grandes? Pues realmente no lo sabemos, pero su dentición por el momento parece sugerirnos que no. Tal vez este animal adoptase técnicas de caza nunca antes propuestas para otros mosasaurios, aunque por ahora todo esto no es más que burda especulación.

Como consecuencia, *Goronyosaurus nigeriensis* fue un mosasaurio tan extraño y tan altamente especializado que clasificarlo ha sido durante décadas absurdamente complejo. De hecho, *Goronyosaurus* suele dejarse fuera de buena parte de los análisis cladísticos, de estos estudios en los que se incluyen decenas o cientos de especies para ver cómo están relacionadas entre sí. Enmarcarlo en una filogenia muchas veces se ha dado por imposible, pues posee tantas adaptaciones únicas y un cráneo tan modificado respecto al de otros mosasaurios que incluso ver si es un mosasaurino o un ruselosaurino se vuelve un reto asombroso[56]. Por suerte, no todos los mosasaurios de la cuenca de Iullemmeden son tan difíciles de interpretar y de entender. Por ejemplo, en esta zona de África aparece la dudosa especie *Igdamanosaurus aegyptiacus*, que sería un típico durófago globidensino que también estuvo extendido por el norte del continente africano, apareciendo, por ejemplo, en depósitos maastrichtienses del oeste de Egipto.

Imagen 78: Dibujo de una hemimandíbula inferior de *Pluridens walkeri*.

Sin embargo, el otro grupo de mosasaurios que más fama ha dado a los yacimientos del mar Trans-sahariano no fue una rama de mosasaurinos adaptados a cascar conchas, sino un extraño y hasta hace poco desconocido clado de enigmáticos y especializados halisaurinos. Para descubrir a una de las especies más antiguas de esta dinastía, *Pluridens calabaria*, deberemos viajar hasta los esquistos de Nkporo, al sur de Nigeria, muy cerca de la ciudad de Calabar. En estos estratos del Campaniense superior aparece uno de los primeros integrantes de un nuevo morfotipo de mosasaurio del que hasta

56 Los últimos estudios, como veremos más adelante, apuntan a que fue un plioplatecarpino.

ahora no hemos hablado... ¿Qué pasaría si uno de estos animales comenzase a desarrollar más y más dientes? El nombre del género *Pluridens*, que literalmente significa *muchos dientes*, ya nos da una pista sobre cuán infestadas de piezas dentales estuvieron las mandíbulas de estos animales. No obstante, el nombre de *Pluridens* no fue originalmente ideado para este mosasaurio del sur de Nigeria, sino para otra especie de este mismo género nombrada anteriormente, la cual se cree que fue descendiente del propio *Pluridens calabaria*.

Se trata de *Pluridens walkeri*, un mosasaurio más reciente, ya del Maastrichtiense inferior, procedente de las cercanías de la población de Igdaman, en Níger. Este animal tuvo unas mandíbulas más esbeltas que su supuesto ancestro del sur del mar Trans-sahariano y en ellas logró desarrollar hasta quizá 30 pequeños dientes por *hemimandíbula*[57]. ¡Eso es prácticamente el doble que buena parte de los mosasaurios! Las mandíbulas delicadas y repletas de dientes de *Pluridens walkeri* no serían aptas para procesar grandes presas, por lo que este animal tendría que alimentarse necesariamente de pequeños peces e invertebrados que pudiese tragar enteros.

Además, tener tantos dientes le supuso algún que otro impedimento añadido a este curioso linaje de mosasaurios halisaurinos, ya que, al estar estos tan apiñados en sus mandíbulas, el modo de sustitución dental tuvo que cambiar respecto al que habíamos visto para otros mosasaurios. Si recuerdas de capítulos anteriores, los nuevos dientes de los mosasaurios crecían por la parte interna de la mandíbula, es decir, por la parte lingual, e iban abriéndose camino hacia arriba hasta expulsar a la pieza antigua. Estos nuevos dientes brotaban a medio camino entre el diente que iban a sustituir y el de más atrás, de modo que, viendo la mandíbula desde arriba, los dientes nuevos y viejos iban formando una especie de patrón en zigzag. Este tipo de sustitución dental, en la que los dientes nuevos brotan a medio camino entre el que van a sustituir y el posterior, se conoce como *sustitución posteromedial*. No obstante, en *Pluridens walkeri* los dientes estuvieron tan juntos entre sí que este tipo de sustitución no fue posible, ya que el diente nuevo no podría aparecer entre el viejo y el de más atrás, simplemente porque no había

57 Una hemimandíbula es cada una de las ramas de una mandíbula, es decir, la superior izquierda, superior derecha, inferior izquierda o inferior derecha.

hueco suficiente como para que lo hiciese sin perturbar el crecimiento de la pieza dental trasera. Por lo tanto, estos animales desarrollaron un sistema de sustitución diferente, *medial* en lugar de posteromedial. Esto significa que el diente nuevo aparecería en la parte lingual de la mandíbula, pero a la misma altura que aquel al que iba a sustituir.

Los pluridensinos, sin lugar a duda, fueron una división fascinante de halisaurinos, una rama que originalmente se creyó endémica de la cuenca de Iullemmeden, pero que hoy en día se sabe que estuvo bastante extendida por el globo. El hallazgo de pluridensinos fuera del mar Trans-sahariano, junto con el descubrimiento de especies y géneros compartidos con la fauna de Tetis meridional, ha ido con el tiempo quitándole el estatus de gran ecorregión maastrichtiense a la cuenca de Iullemmeden y hoy en día esta simplemente se entiende como una singular parte de la región del sur del Tetis. Y fijáos en un detalle, porque ya no he hablado aquí del género *Pluridens* únicamente, sino de *pluridensinos...* Con base en los descubrimientos que se han hecho acerca de estos mosasaurios durante las últimas décadas, muchos investigadores dividen ya a la subfamilia de los mosasaurios halisaurinos en dos tribus: Halisaurini, que englobaría a los géneros *Eonatator, Halisaurus* y *Phosphorosaurus*, y Pluridensini. Estos últimos, los pluridensinos, presentaron muchas diferencias con la otra rama de halisaurinos y, a decir verdad, parecieron ser una exitosa, hiperespecializada e innovadora escisión de mosasaurios que alcanzó una gran diversidad y extensión durante los últimos compases del Cretácico superior. Una diversidad y extensión que, como veremos más adelante, posiblemente aún esté en gran medida por descubrir.

Ya hemos visto hasta ahora cómo fueron las principales regiones maastrichtienses, hemos comprendido las conexiones que el curioso mar Trans-sahariano creó en la provincia de Tetis meridional y hemos analizado algunas de las extrañas criaturas que vivieron en los estuarios y mares poco profundos de la cuenca de Iullemmeden. Sin embargo, aún no podemos decir que hayamos comprendido cómo fueron las comunidades de mosasaurios de la región sureña del Tetis, pues todavía no hemos tratado al conjunto de yacimientos que, muy posiblemente, sea el más diverso e importante del mundo a fecha de edición de este libro. Estamos hablando de las *arenas fosfáticas de Marruecos*, un conjunto de formaciones de gran valor minero que nos muestra un exquisito registro fósil, desde el Cretácico superior hasta el posterior Eoceno. No obstante, nosotros nos quedaremos únicamente con la serie temporal del Maastrichtiense, que es la que alberga la comunidad ecológica de mosasaurios más diversa del planeta. Gracias a ella podremos comprender el impacto que tuvo el arrollador éxito de los mosasaurios mosasaurinos sobre los ruselosaurinos en declive y, sobre todo, podremos profundizar en el segundo concepto que definía a las asociaciones de mosasaurios del piso final del Cretácico: la *especialización ecológica*. Así que ¿qué esconden las ricas arenas de fosfatos marroquís?

En primer lugar, estos yacimientos de Tetis meridional están asociados a antiguas *zonas de surgencias marinas*. ¿Y esto qué es? Una *zona de surgencias* es una región del océano, típicamente no muy alejada de la costa o de las plataformas continentales, en la que aguas frías y cargadas de nutrientes afloran a la superficie. Estos movimientos de aguas profundas, ricas en nitratos y fosfatos, a su vez desplazan a las pobres y recalentadas aguas superficiales de las zonas costeras, de modo que, en el fondo, verdaderamente se produce una renovación del agua marina en estos lugares. En las zonas de surgencias, gracias a este influjo de nutrientes, suele haber auténticas explosiones de fitoplancton, la base de las redes tróficas de la mayoría de los ecosistemas marinos. De este modo, la productividad en estas zonas se dispara, atrayendo a su vez a otros seres vivos posicionados más arriba en las cadenas tróficas. Buena parte de los caladeros del mundo, de estas regiones del océano en las que los buques pesqueros salen a faenar, están situados sobre zonas de surgencias. Por lo tanto, esto es lo que teníamos en los antiguos paleoambientes del Maastrichtiense marroquí: unas áreas de renovación de agua marina en las que se disparó la productividad ecológica.

Lo interesante aquí es que estas antiguas zonas de surgencias aún pueden discernirse en el registro geológico. Millones de toneladas de nitratos y fosfatos se fueron depositando con el paso del tiempo en el fondo del mar, legándonos unos estratos ricos en nutrientes e imprescindibles para el desarrollo de fertilizantes en nuestros días. Buena parte de las cuencas internas de Marruecos y el Sahara Occidental se encuentran hoy en día repletas de estas arenas fosfáticas, unos depósitos geológicos sin los cuales no podríamos desarrollar la agricultura tal y como la conocemos en la actualidad. Pero estos valiosos y codiciados recursos geológicos no solo tienen la clave para abonar y fertilizar nuestros campos, sino que también esconden a la comunidad ecológica de mosasaurios más diversa, grande y compleja que se ha descubierto hasta la fecha. Especialmente durante el final de la década de 2010 y el principio de la de 2020, innumerables especies y morfotipos de mosasaurios han sido nombrados, sobre todo en la cuenca de Oulan Abdun, cerca de la ciudad de Khouribga. Se trata de un *boom* paleontológico de diversidad y nuevos descubrimientos sin precedentes en el mundo de los mosasaurios, de una auténtica revolución científica que nos está mostrando que, allá por el Maastrichtiense superior, estos animales estaban en su punto álgido de variabilidad y diferenciación ecológica. Pero bueno, antes de que se nos haga la boca agua imaginándonos lo que tal vez aún quede por descubrir en estos yacimientos africanos, asomémonos a su admirable y más que consolidada diversidad.

Uno de los mosasaurios más comunes en las arenas de Oulan Abdun es la especie *Gavialimimus almaghribensis*. Este animal fue uno de los últimos plioplatecarpinos y, como tal, no fue un gran superdepredador, sino que tuvo unas dimensiones bastante moderadas, de entre 5 y 6 metros de longitud. No obstante, lo curioso de este reptil es que pertenece a una rama de plioplatecarpinos muchas veces olvidada. ¿Recuerdas al curioso género *Selmasaurus*? Este era un peculiar mosasaurio que destacó por su cráneo especialmente akinético. Pues todo parece indicar que *Gavialimimus* estuvo emparentado con esta rama de plioplatecarpinos y no con la escisión más grande y diversa de estos animales, la de los géneros *Platecarpus* y *Plioplatecarpus*. Por lo tanto, los parientes del discreto *Selmasaurus* lograron un enorme éxito en las aguas de la provincia de Tetis meridional durante los últimos momentos del Cretácico. Su linaje no llegaría a ser olvidado.

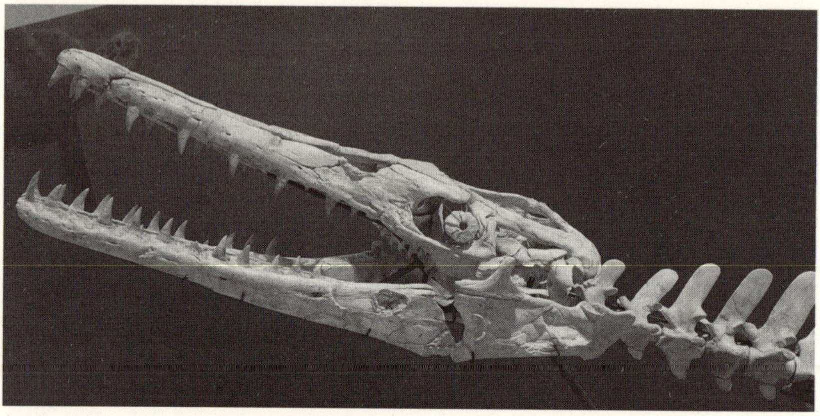

Imagen 79: Cráneo de un plioplatecarpino del Maastrichtiense marroquí, posiblemente afín al género *Gavialimimus*.

Pero *Gavialimimus* no fue en absoluto un plioplatecarpino generalista, sino que estuvo tremendamente especializado en la piscivoría. En el interior de su alargado hocico se escondían decenas de dientes esbeltos y diseñados para ensartar pequeñas presas, claramente dentro del espectro de *Pierce generalista*. Además, su *cráneo akinético* le permitiría agitar la cabeza hacia los lados al atravesar bancos de peces, haciéndose en el proceso con un suculento botín. De hecho, el nombre de *Gavialimimus* literalmente significa *imitador de gaviales*, pues es muy posible que este animal tuviese estrategias de caza parecidas a las de estos actuales cocodrilos longirrostrinos. Ningún pescado escaparía a las arremetidas de sus estilizadas fauces. Por si fuera poco, los dientes de este mosasaurio también tuvieron interesantes estrías, muy similares a las crestas apicobasales que habíamos visto al principio de este libro en los últimos pliosaurios. ¿Y para qué pudieron haber servido? Pues recordemos que la principal hipótesis en este campo apuntaba a que estas crestas permitirían reducir la fuerza que el animal necesitaría para hincar los dientes en una presa y posteriormente soltarlos. No obstante, es posible que estas estructuras también estuviesen relacionadas con alguna otra función. Estrías dentales similares aparecen, por ejemplo, en las serpientes acuáticas actuales del género *Acrochordus*, unas letales cazadoras de peces, lo que nos sugiere que quizá fuesen muy útiles para llevar un modo de vida piscívoro.

Gavialimimus almaghribensis vivió en los últimos compases del Maastrichtiense, justo durante el final del Mesozoico, pero, si retrocedemos unos pocos millones de años, hasta mediados del último piso del Cretácico superior, podremos encontrarnos a un pariente suyo que romperá todos nuestros esquemas. Más o menos a mitad del Maastrichtiense, en un conjunto de arenas fosfáticas marroquís ligeramente más antiguo, aparece el que hasta la fecha es el plioplatecarpino más grande registrado: la especie *Khinjaria acuta*. Mientras que los integrantes de este clado generalmente suelen oscilar entre los 4 y 6 metros de longitud, encuadrándose claramente dentro de la gama de tallas medias de mosasaurios, *Khinjaria* creció al parecer hasta unos impactantes 8 metros. No sería el reptil marino más grande de su ecosistema, pero ya habría dado un paso adelante con respecto a dónde se posicionaba en las redes tróficas. Los plioplatecarpinos también parecían querer participar en la carrera armamentística que se estaba dando en los mares maastrichtienses; ellos también querían su parte del pastel y, para ello, catapultaron a uno de sus representantes a un puesto quizá de superdepredador.

Pero *Khinjaria acuta*, al igual que parece ser la norma entre los mosasaurios más tardíos, no fue un animal generalista, sino que estuvo bastante especializado. Su mandíbula sería robusta y relativamente corta, y sus dientes adoptarían una morfología que nos recuerda a la de un puñal. De hecho, el nombre del género *Khinjaria* deriva del árabe *kanjar*, que significa *daga*, y es que sus piezas dentales fueron grandes, rectas y estuvieron comprimidas lateralmente. Si a esto le sumamos una gran potencia de mordedura, aportada por su cráneo corto y akinético, tendremos ante nosotros a un peligroso animal capaz de procesar grandes presas blandas. Tal vez uno de sus objetivos más comunes fuesen los muchos peces óseos que nadaban por las cálidas aguas de Tetis meridional, como los omnipresentes «arenques con colmillos» del género *Enchodus*. Estos últimos fueron muy comunes durante el Cretácico superior y algunas de sus especies posiblemente podrían superar el metro de longitud.

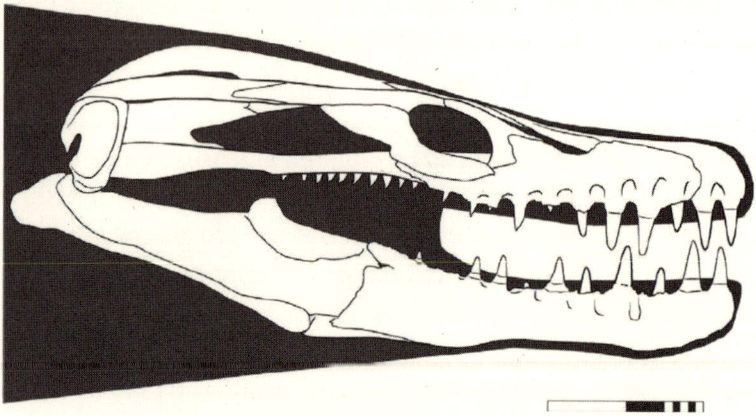

Imagen 80: Reconstrucción del cráneo de un ejemplar de *Khinjaria acuta*. La escala mostrada es de 20 cm.

No obstante, *Khinjaria*, al igual que el bizarro *Goronyosaurus*, no podría confiar en su visión para cazar, pues, a juzgar por el tamaño de sus cuencas oculares, esta sería bastante pobre. Este gran plioplatecarpino tampoco poseyó forámenes en su hocico que sugieran la presencia de importantes mecanorreceptores, tal y como ocurría en *Goronyosaurus* o como veremos en un grado de desarrollo mucho mayor en un curioso halisaurino marroquí. Por lo tanto, en base a lo que nos ha legado el registro fósil, solo podemos decir que posiblemente *Khinjaria* hiciese un buen uso de la otra gran baza que le quedaba para dar caza a sus presas: el vomerolfato. Esto posiblemente le ayudaría, además, a evitar la competencia de otros mosasaurios de tamaño y especialización dental parecidos, pues le permitiría quizá adentrarse en zonas de caza no aptas para los depredadores dependientes de la visión.

Sin duda, *Khinjaria* rompe muchas de las ideas preconcebidas que teníamos sobre los plioplatecarpinos, nos muestra que estos también pudieron acceder a lo más alto de las redes tróficas y, sobre todo, nos arroja luz sobre un grupo de estos animales que durante años fue tildado de oscuro y poco exitoso. Existen dos grandes tribus ampliamente reconocidas de plioplatecarpinos: por un lado, está Plioplatecarpini, en la que se engloban importantísimos y exitosos géneros como *Platecarpus* o *Plioplatecarpus*, y por otro lado, se encuentra la intrigante tribu Selmasaurini[58]. Durante mucho tiempo se pensó que estos modestos mosasaurios de cráneos akinéticos únicamente estuvieron representados por las especies *Selmasaurus russelli* y *Selmasaurus johnstoni*, ambas de América del Norte y de edad muy anterior al Maastrichtiense (Santoniense o, como mucho, Campaniense temprano). Posteriormente, se vio que el curioso *Gavialimimus* también cuadraba dentro de este clado, lo cual extendió su existencia hasta el final del Cretácico superior y, finalmente, el nombramiento en 2024 de *Khinjaria acuta* ya puso su árbol filogenético patas arriba. Este gran plioplatecarpino también fue un selmasaurino y, además, su descubrimiento hizo ver a la comunidad científica que el desconcertante *Goronyosaurus nigeriensis* era el mosasaurio más cercano evolutivamente a él. Esto implica, ni más ni menos, que hasta un mínimo de tres géneros distintos, *Gavialimimus*, *Khinjaria* y *Goronyosaurus*, abanderaron a los hasta hace poco esquivos selmasaurinos en el último piso del Cretácico superior, lo que nos muestra que decididamente no fueron un clado poco exitoso ni extraño.

Pero es que aún hay más, porque la división entre Plioplatecarpini y Selmasaurini, más que evidente en los complejos mares maastrichtienses, de por sí nos ejemplifica las dos cruciales características que habíamos visto en las faunas de mosasaurios del final del Cretácico superior: regionalización y especialización. Por un lado, la tribu Plioplatecarpini pareció tener un gran éxito en la ecorregión de Tetis septentrional, tal y como nos muestran las especies *Plioplatecarpus marshi* o *Plioplatecarpus houzeaui* en suelo norteamericano y europeo. Estos animales tuvieron cráneos bastante móviles y, como vimos en otros capítulos, algunas de sus especies tal vez incluso podrían hacer uso del curioso *ratchet feeding* para tragar a sus presas. Sin embargo, en las latitudes más sureñas de Tetis meridional, sería la tribu Selmasaurini la que llevaría la voz cantante entre los plioplatecarpinos. Al contrario que sus parientes del norte, ellos optarían por cráneos más inmóviles y robustos, especializándose enormemente para lograr encajar en las complejísimas redes tróficas del momento. Los mares maastrichtienses de los alrededores del antiguo Tetis pare-

58 Otros géneros de plioplatecarpinos, como el longirrostrino *Ectenosaurus* o el curioso *Angolasaurus*, posiblemente tuviesen una posición más basal con respecto a estas dos tribus.

cieron estar divididos entre estas dos tribus de plioplatecarpinos, aunque en otros lugares, como la región del Pacífico, a día de hoy no hay rastro de ellos. Sin duda su historia es la de un curioso éxito tardío, aunque siempre a la sombra de los todopoderosos mosasaurinos.

Podríamos hablar de algún que otro aspecto curioso de estos mosasaurios, como de las extrañas narinas situadas muy hacia atrás en la cabeza de *Gavialimimus* o del cierre potente pero lento de las fauces de *Khinjaria*, pero si quisiésemos pasar a analizar al siguiente plioplatecarpino de las arenas fosfáticas... simplemente nos quedaríamos sin opciones. *Gavialimimus* y *Khinjaria* son hasta la fecha los únicos plioplatecarpinos que podemos encontrar en estas formaciones marroquís, lo que contrasta enormemente con grupos como los mosasaurinos, que mostraron una diversidad específica sorprendente y abrumadora. No obstante, había un gran clado de mosasaurios que estuvo mucho peor representado en estas antiguas zonas de surgencias que los plioplatecarpinos: los tilosaurinos, el otro gran grupo de mosasaurios ruselosaurinos.

De hecho, hasta hace muy poco se pensaba que los mosasaurios ariete no aparecieron en la provincia de Tetis meridional y que para los últimos compases del Cretácico ya se encontraban únicamente en latitudes muy altas, como en el sur de la provincia Weddeliana. Descubrir a *Kaikaifilu hervei* en una isla de la Antártida fue una sorpresa, porque prolongó unos cuantos millones de años más la moribunda dinastía de los tilosaurinos, pero encontrar a estos animales en los mares tropicales del Maastrichtiense superior de Marruecos ya fue algo totalmente inesperado. Con esto quedaba claro que aún había tilosaurinos en los mares, aunque su presencia en ellos fuese ya más bien testimonial. Sin embargo, no es oro todo lo que reluce. *Gavialimimus almaghribensis* por ejemplo, a pesar de ser uno de los pocos plioplatecarpinos de Tetis meridional, fue un mosasaurio muy común y bastante exitoso, pero no podemos decir lo mismo de los últimos tilosaurinos.

La especie *Tylosaurus boubker*[59], que mediría probablemente entre 8 y 10 metros, no fue precisamente un integrante común de

---

59 Realmente esta especie se definió como *Hainosaurus boubker*, aunque, dado que la mayoría de la comunidad científica aboga por sinonimizar el género *Hainosaurus* con *Tylosaurus*, nosotros la denotaremos como *Tylosaurus boubker* en este libro.

estas comunidades ecológicas marroquís. Puede que viviese en aguas más profundas, más cerca del mar abierto, y que sus restos no hayan fosilizado en estos ambientes, o puede también que se tratase de una especie rara y errante, la verdadera crónica de una muerte anunciada. El último capítulo de estas bestias con *rostrum* premaxilar aún sigue envuelto en misterio... De cualquier modo, *Tylosaurus boubker* fue uno de los tilosaurinos más especializados de los que tenemos constancia, sobre todo considerando que estos titanes fueron gigantes generalistas. Sus dientes no fueron tan cónicos como los del género *Taniwhasaurus* ni tan gruesos como los de algunas otras especies de *Tylosaurus*, sino que estuvieron comprimidos por los flancos. Este tipo de dentición al parecer estuvo mucho más adaptada para cortar carne que otros dientes más generalistas típicos de anteriores mosasaurios del gremio de Massare *Cut*. Es decir, este animal pudo arrancar trozos de grandes presas y rasgar su carne más fácilmente que sus predecesores tilosaurinos. Sin embargo, no todo serían ventajas, pues como contrapartida se encontraría en serios problemas si quisiese atacar a presas más duras y resistentes, como, por ejemplo, a algún amonite. Este es el inconveniente de la especialización: ahora puedes llevar a cabo una acción de un modo mucho más eficiente, pero, si necesitas hacer cualquier otro tipo de tareas, te vas a encontrar en serias dificultades. Muchos nichos ecológicos cretácicos, poco a poco, fueron diferenciándose y aislándose entre sí.

El mundo de los mosasaurios llevaba millones de años derivando hacia una especialización ecológica que, tal y como veremos más adelante, en algunos casos se podría tildar casi de excesiva. Esto puso en gran desventaja a los depredadores generalistas que hasta entonces habían triunfado, es decir, a plioplatecarpinos y tilosaurinos, y obligó a sus últimos representantes a especializarse también si querían hacerse un hueco en las complejísimas redes tróficas de Tetis meridional. *Gavialimimus almaghribensis*, *Khinjaria acuta* y *Tylosaurus boubker*, los últimos mosasaurios ruselosaurinos de estas latitudes, tuvieron que jugar a lo que el exitoso clado de los mosasaurinos les ponía sobre la mesa: o te especializas, o te verás desplazado. Como consecuencia, *Gavialimimus* se convirtió en un letal piscívoro, *Khinjaria* jugó sus cartas como especializado superdepredador, y el extraño *Tylosaurus boubker* tuvo que desarrollar dientes más cortantes en sus fauces. En estos mares maastrichtienses ya no había hueco para los depredadores generalistas.

No obstante, no todo en estas aguas eran blancos y negros, había algo más que cegadoras luces y sombras insalvables. Mientras pliop latecarpinos y tilosaurinos sufrían una enorme crisis de diversidad, mientras los mosasaurinos disfrutaban de un éxito sin parangón hasta el momento, los halisaurinos siguieron estando presentes. Ellos nunca habían sido los mosasaurios predominantes, jamás habían liderado una compleja radiación adaptativa, pero tampoco habían cedido ni un ápice de terreno ante los implacables mosasaurinos. Siempre estaban ahí, los segundos en la cola, condenados quizá a no ser los protagonistas absolutos de ninguna obra, pero apareciendo como contrapartida en todas y cada una de las escenas.

En el Maastrichtiense inferior del desierto occidental egipcio pueden encontrarse los restos de una misteriosa especie, *Halisaurus habae*, que será uno de los prolegómenos del importante pulso en diversidad halisaurina del final del piso Maastrichtiense. A partir de alguna rama cercana a esta especie aparecerían los pequeños halisaurinos que colonizarán tanto el sur como el norte del mar de Tetis durante los últimos millones de años del Cretácico. De este modo, en Tetis septentrional acabaríamos encontrando a *Halisaurus platyspondylus*, mientras que en Tetis meridional aparecería la especie *Halisaurus arambourgi*. Estos animales no eran nada del otro mundo, se trataba de pequeños lepidosaurios marinos que rondarían los 3 o 4 metros de longitud. Sin embargo, todos ellos poseían un as debajo de la manga, un secreto que ya desvelamos parcialmente cuando hablamos hace un par de capítulos acerca de la visión binocular de *Halisaurus ponpetelegans*. Y es que la clave del éxito de estos pequeños mosasaurios de la tribu Halisaurini era su buena vista. Muchos de estos animales poseyeron modificaciones en los huesos de sus cuencas oculares que cumplían una simple función: acomodar un ojo grande, preciso y mucho más desarrollado que el del resto de mosasaurios. Gracias a sus valiosos ojos, estos pequeños halisaurinos pudieron labrarse un futuro en los complejos mares del Maastrichtiense superior, convirtiéndose en letales y decididos cazadores visuales.

Imagen 81: Reconstrucción de dos ejemplares de *Halisaurus arambourgi.*

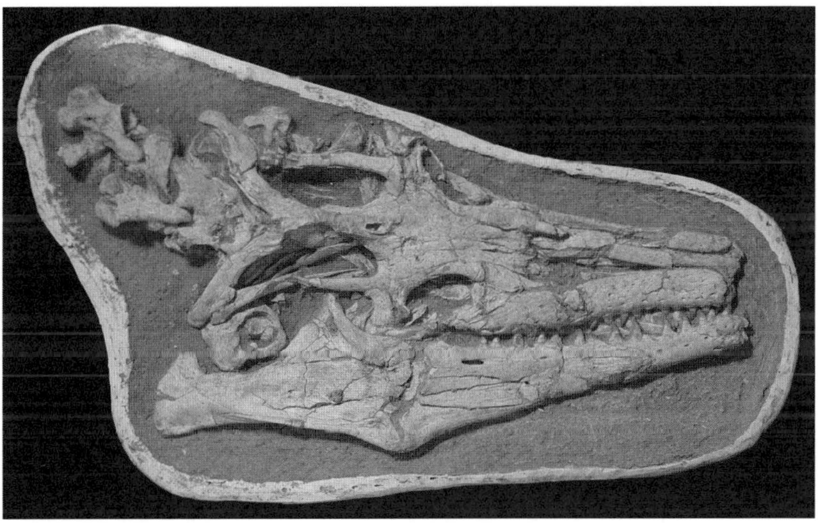

Imagen 82: Cráneo de un ejemplar del gran halisaurino pluridensino *Pluridens serpentis.*

Sin embargo, la otra rama de halisaurinos, la de la tribu Pluridensini, optó al parecer por una estrategia muy diferente para dar caza a sus presas. En la cuenca de Oulan Abdun, junto al pequeño *Halisaurus arambourgi*, también aparece la especie *Pluridens serpentis.* Este animal ya sería de un tamaño apreciablemente mayor, con una longitud estimada entre 5 y 6 metros con base en su cráneo, pero que tal vez podría escalar hasta cerca de los 9 metros si extrapolamos a partir de otros de sus restos fósiles. Este animal, al contrario que *Halisaurus*, no poseyó una gran visión, sino que sus cuencas oculares fueron bastante más pequeñas de lo habitual. Además, al igual que habíamos visto en el misterioso *Goronyosaurus nigeriensis*, el hocico de este mosasaurio también tuvo una gran cantidad de forámenes, de nuevo posiblemente asociados a mecanorreceptores. Este tipo de sistemas de detección sensorial los podemos ver en la actualidad en varias serpientes marinas, que poseen entre sus escamas receptores mecánicos, capaces de detectar las pequeñas variaciones en la presión del agua producidas por una presa al nadar. Otros grupos de amniotas muy distintos también tienen sistemas de recepción parecidos, como algunos cocodrilos o los pájaros kiwi. Además, no solo se ha sugerido la presencia de mecanorreceptores muy desarrollados en mosasaurios como *Pluridens serpentis*, *Goronyosaurus nigeriensis* o los tilosaurinos, sino también en ciertos pliosaurios e incluso pterosaurios.

Pero es que aún hay más, ya que recordemos que, sumado a todos estos mecanismos de recepción mecánica, los mosasaurios probablemente también serían capaces de recurrir a su vomerolfato, un preciso sistema de recepción química que comparten con otros lepidosaurios y que ya discutimos un par de capítulos atrás. La vista no tiene por qué ser lo más importante, por mucho que ciertos halisaurinos decidieran potenciarla. De hecho, la mera existencia de mosasaurios como *Pluridens serpentis*, con una visión muy pobre pero una probable compensación sensorial mediante mecanorreceptores y quimiorreceptores, nos muestra un nuevo grado de especialización entre estas bestias: la *especialización visual*.

Ya habíamos hablado de que *Halisaurus ponpetelegans* posiblemente utilizase su visión binocular para capturar presas en condiciones de poca luz, allá donde otros mosasaurios más rápidos y grandes serían incapaces de cazar. Sin embargo, en los mares marroquís de Tetis meridional todo esto fue un paso más allá. La buena visión del pequeño *Halisaurus arambourgi* posiblemente le otorgaría ciertas ventajas respecto a otros mosasaurios en condiciones de poca luz o de penumbra, pero *Pluridens serpentis*, al haberse desligado del uso de su visión para cazar, podría ir aún más lejos. Es posible que este gran pluridensino estuviese activo durante la noche, en condiciones de casi total oscuridad, cuando otros mosasaurios descansasen. O puede incluso que este animal se alimentase en zonas apreciablemente profundas, es decir, allí donde la luz ya no penetra en la columna de agua, en mundos quizá todavía más oscuros que los del curioso *Halisaurus ponpetelegans*. Puede que estemos ante un mosasaurio casi ciego que abrazó la oscuridad para deshacerse de la competencia. Y, por si esto no fuera suficiente, el hecho de no ser un cazador visual podría permitirle a *Pluridens serpentis* hacerse con presas imposibles de detectar para otros depredadores que dependiesen del sentido de la vista. Por ejemplo, gracias a su *mecanorrecepción* y ayudándose de su vomerolfato, este animal podría encontrar anguilas escondidas en la arena o peces ocultos en algún laberíntico arrecife de bivalvos rudistas. Las posibilidades que se abrirían para un depredador de este estilo serían prácticamente infinitas.

Pero los restos de *Pluridens serpentis* nos legan aún otra intrigante extrañeza y es que algunos de sus cráneos presentan mandíbulas exageradamente robustas, mientras que otros ejemplares más pequeños poseen fauces mucho más esbeltas y delicadas. Tener unas mandíbulas tan masivas no tendría aparentemente ningún sentido cinegético para estos lepidosaurios, ya que sus pequeños y apiñados dientes, típicos de un pluridensino, posiblemente no les permitirían procesar presas muy grandes o muy duras. No obstante, las fauces hiperosificadas de algunos de estos ejemplares parecieron soportar muy bien altos esfuerzos torsionales… ¿Qué sentido tendría algo así? Se ha propuesto que tal vez esto se deba a algún tipo de *comportamiento intraespecífico*[60], como la lucha por hembras o por territorio, que como ya hemos discutido anteriormente, sería algo esperable para un lepidosaurio y es algo que se ha propuesto para algunos mosasaurios en más de una ocasión. Puede que los machos se batiesen en singulares duelos, mordiéndose el uno al otro la cabeza, y que esto hubiese terminado provocando una importante *selección sexual* que habría favorecido con el paso de las generaciones a los machos con mandíbulas más robustas. Todo esto no deja de ser una hipó-

60 La palabra *intraespecífico* hace referencia a algo que ocurre entre ejemplares de una misma especie. Por otro lado, para lo que sucede entre integrantes de especies distintas se utiliza el adjetivo *interespecífico*.

tesis, y una muy difícil de verificar, pero de ser cierta se trataría del primer caso de dimorfismo sexual claro presente en alguna especie de mosasaurio, es decir, de la primera ocasión en la que machos y hembras de mosasaurio podrían diferenciarse morfológicamente de manera sencilla. Como ya vimos, a nivel esquelético el dimorfismo sexual fue descartado para algunas poblaciones de tilosaurios del Western Interior Sea, pero esto no significa que otra rama de mosasaurios no haya podido desarrollar marcadas diferencias entre hembras y machos en algún momento de su historia evolutiva. *Pluridens serpentis*, por el momento, es lo que más se le acerca a esta idea.

Con el descubrimiento de *Pluridens serpentis* quedó muy claro que la tribu Pluridensini tuvo una gran importancia en los mares del final del Cretácico superior. Estos reptiles al parecer fueron mosasaurios de tamaño medio con una asombrosa cantidad de dientes de pequeño tamaño y, presumiblemente, una visión no demasiado buena. No obstante, sus hallazgos no se reducen únicamente a África, sino que también se han reportado posibles restos de estos fascinantes y bizarros lepidosaurios al otro lado del charco. En el Maastrichtiense superior de Argentina se han hallado restos afines al género *Pluridens* y, lo que es aún más sorprendente, en el estado de Alabama, en el sur de Estados Unidos, se han descubierto posibles fósiles de pluridensinos del Campaniense inferior. Esto no solo retrotraería a los primeros representantes de este grupo unos cuantos millones de años al pasado, sino que tal vez nos sugeriría que estas bestias no fueron originarias de África, sino de América, y que posteriormente cruzaron el Atlántico para colonizar el Viejo Mundo.

Resulta sorprendente ver cómo los halisaurinos, unos mosasaurios *a priori* poco exitosos y malos nadadores, lograron especializarse a nivel sensorial para encajar en las redes tróficas sobresaturadas de los congestionados mares de Tetis meridional. Sin embargo, por mucho que la gesta de los intrépidos halisaurinos merezca nuestro respeto y admiración, los auténticos e indiscutibles campeones del piso Maastrichtiense no fueron ellos, sino los mosasaurios mosasaurinos. Ellos se encargaron de dar un magnífico recital de especialización, diversidad y variabilidad morfológica en los mares del Cretácico más tardío. Así que, sin más dilación, preparémonos para conocer de una vez por todas a los verdaderos protagonistas de esta historia.

Uno de los mosasaurinos más comunes en los yacimientos de Oulan Abdun es la interesante especie *Mosasaurus beaugei*. Este animal a nivel ecológico pareció ser bastante parecido al pobremente representado *Tylosaurus boubker* y, de hecho, el éxito del primero y la desgracia del segundo tal vez estén relacionados. Los dientes de este mosasaurino también estuvieron aplanados lateralmente, mucho más que los de otras especies del género *Mosasaurus*, con lo que sería una bestia bastante especializada en el desgarre y corte de tejidos carnosos. Los filos cortantes o *carinas* de sus piezas dentales, complementados con diminutas *crenulaciones*, harían de sus fauces la pesadilla de cualquier pez óseo de buen tamaño. Resulta que las dimensiones de *Mosasaurus beaugei* fueron muy similares a las de *Tylosaurus boubker*, con una longitud estimada también de entre 8 y 10 metros. Posiblemente estos dos mosasaurios entrarían en competencia por presas parecidas en los cálidos mares de Tetis meridional, y quizá por esta razón los restos del tilosaurino sean tan raros de encontrar en estas formaciones. Aunque, tal y como discutimos antes, esto no quiere decir que el mosasaurio ariete estuviese en un grave estado de crisis, sino tal vez simplemente fuese más común en zonas de aguas abiertas o profundas cuyos estratos no han tenido la suerte de preservarse hasta nuestros días.

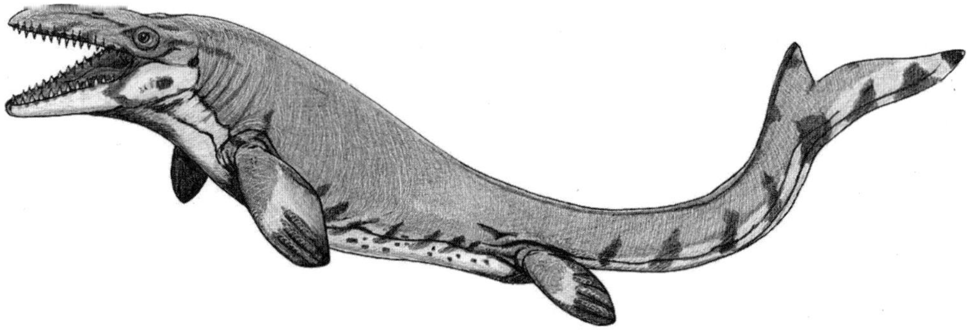

Imagen 83: Reconstrucción del mosasaurino *Mosasaurus beaugei*, muy extendido por las arenas de Tetis meridional.

Pero había otra especie del género *Mosasaurus* que, de vez en cuando, también parecía dejarse caer por estos ambientes. Se trata del titánico *Mosasaurus hoffmannii*, un gigantesco reptil que, allá donde fuese, no tendría más rival que aquellos de su misma especie. Se han hallado algunos dientes de este masivo lepidosaurio en los yacimientos fosfáticos norteafricanos, aunque su extremada rareza parece apuntar a que este animal fue solo un visitante ocasional de estas aguas. El rey de los mosasaurios fue un típico integrante de las faunas del norte del mar de Tetis, pero avistarlo en las zonas de surgencias del sur probablemente no sería algo muy habitual.

Siguiendo con los mosasaurinos de la cuenca de Oulan Abdun nos encontramos con la enigmática especie *Eremiasaurus heterodontus*, que al parecer se trató de otro de estos misteriosos reptiles que no sabemos ubicar demasiado bien en las redes tróficas. Este mosasaurio no fue demasiado grande, pues con una longitud de entre 4 y 6 metros se situaría en el estándar de tamaño de estos reptiles. Sin embargo, lo verdaderamente desconcertante de esta criatura lo encontramos, una vez más, cuando miramos dentro de sus fauces. El epíteto específico de este lepidosaurio, *heterodontus*, ya nos da una pista sobre lo que se esconde en el interior de su boca. *Eremiasaurus* es famoso por el sorprendente grado de *heterodoncia* que muestra, es decir, por el hecho de que, según nos vamos moviendo a lo largo de sus mandíbulas, sus dientes van cambiando de forma progresiva. Ya vimos algo parecido en los durófagos mosasaurios globidensinos, pues sus dientes anteriores parecían estar diseñados para agarrar objetos como unas tenazas de cocina, pero sus piezas dentales posteriores por contra eran idóneas para cascar conchas y corazas.

En *Eremiasaurus*, los primeros dientes de su hocico son cónicos, largos y rectos, más adelante estos van comprimiéndose lateralmente y desarrollando un par de cortantes carinas y las piezas más posteriores dejan de estar tan comprimidas por los flancos y se expanden por su parte anterior. El problema con este animal es que, a diferencia de lo que ocurría con los globidensinos, no podemos explicar su curiosa heterodoncia con base en un modo de alimentación o un posible uso. La mayoría de los mosasaurios suelen ser bastante *homodontos*, es decir, que sus dientes suelen ser todos muy parecidos, y la desviación de esta tendencia generalmente se suele asociar con alguna especialización alimenticia concreta. Pero

¿qué utilidad pudo haber tenido la compleja y cambiante dentición de *Eremiasaurus heterodontus*? Realmente no lo sabemos, aunque posiblemente este debió tener una dieta bastante especializada, muy distinta a la de los mosasaurios generalistas de épocas anteriores.

Imagen 84: Cráneo fósil del extraño mosasaurino *Eremiasaurus heterodontus*.

Pero no todos los mosasaurinos estuvieron altamente especializados en presas o nichos muy concretos, sino que aún hubo grandes superdepredadores capaces de hincarle el diente a literalmente cualquier cosa que se les cruzase en el camino. Ya habíamos hablado de algunos grandes prognatodontinos del Cretácico más tardío, de aquellos robustos y letales cazadores de hocico corto, con dientes engrosados para poder consumir hasta las presas más duras. En las arenas fosfáticas de Marruecos este tipo de depredador siguió estando presente, tal y como nos muestra la especie *Thalassotitan atrox*. Sin duda, y con el permiso de las visitas ocasionales de *Mosasaurus hoffmannii*, este enorme prognatodontino de más de 8 metros sería el superdepredador por excelencia de estas aguas cálidas. Aunque otros reptiles como *Mosasaurus beaugei* se le acercasen en longitud, *Thalassotitan* sería mucho más robusto y pesado, con lo que debería poder amedrentarlos sin excesivos problemas. Esta masiva bestia sería similar a las orcas de hoy en día y posiblemente esté detrás de uno de los mayores destrozos en el registro fósil de las arenas fosfáticas marroquís. Pero ¿cómo que destrozo? ¿De qué estamos hablando?

Resulta que muchos de los restos óseos de estos yacimientos aparecen descalcificados, con una corteza muy erosionada o simplemente semidisueltos. Esto muy probablemente se deba a que todos estos huesos fueron atacados por fuertes ácidos antes de fosilizar y ¿dónde podíamos encontrar este tipo de sustancias corrosivas en los mares cretácicos? Efectivamente, en el estómago de los mosasaurios. Muchos de estos restos atacados por ácidos pertenecieron a otros mosasaurios de tamaño medio, como los géneros *Gavialimimus* o *Eremiasaurus*, por lo que, dada además su gran abundancia en los depósitos de Oulan Abdun, *Thalassotitan atrox* es el principal sospechoso de estos crímenes. Sus dientes desgastados y facturados evidencian episodios de violencia extrema o, al menos, fuertes mordiscos sobre presas grandes, con huesos gruesos o duros caparazones.

Uno de los animales que quizá pudiese caer presa de este titán sería la curiosa tortuga marina *Ocepechelon buoyai*, un extravagante quelonioideo gigante del Maastrichtiense marroquí con una de las adaptaciones craneales más extrañas jamás registradas entre los amniotas. Su boca terminaría en una especie de singular embudo, lo que sugiere que este peculiar animal se alimentaría por succión, es decir, absorbiendo peces o pequeños invertebrados por su extraño hocico. Hoy en día hay varios cetáceos odontocetos que se alimentan de este modo, creando un gradiente de presión negativo en sus gargantas para aspirar a las pequeñas presas que puedan acorralar en el fondo marino. No obstante, el modo de succión de *Ocepechelon* es completamente novedoso, similar al mecanismo de una pipeta, y jamás había sido visto entre los amniotas hasta su descubrimiento. Lo más parecido que podemos encontrar entre los vertebrados es la succión de los extraños peces aguja o de los vistosos caballitos de mar. Pero esta fascinante tortuga, a pesar de su gran tamaño, pues solo su cráneo mide unos 70 cm de longitud, posiblemente no estaría a salvo del ataque de los prognatodontinos gigantes con los que compartía ecosistemas. Junto a mosasaurios de tamaño medio, elasmosaurios como *Zafarasaura oceanis*, o algún pez óseo de grandes dimensiones, *Ocepechelon buoyai* tal vez fuese una de las presas más grandes de los mosasaurios *bulldog* de Tetis meridional.

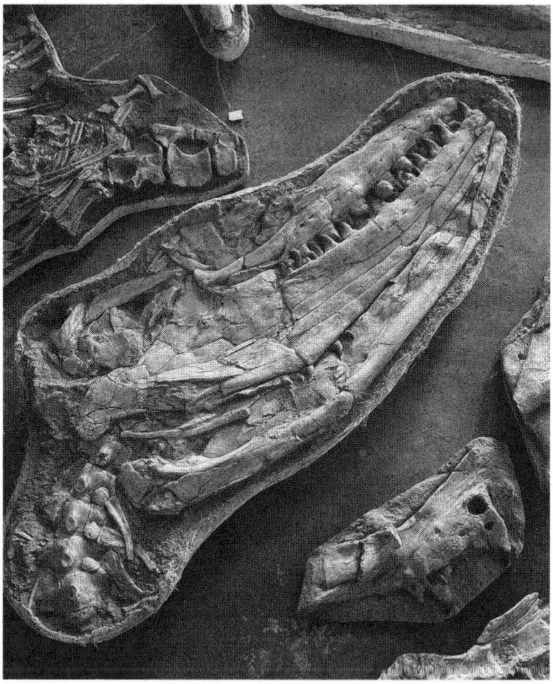

Imagen 85: Cráneo fósil del prognatodontino *Thalassotitan atrox*.

Puede que estos gigantes se atreviesen con capturas que dañarían los dientes de casi cualquier otro animal, pero, en el fondo, sabemos que ellos no fueron los mosasaurios más genuinamente durófagos. Existió otro grupo de mosasaurinos mucho mejor adaptados para la consumición de presas duras, aunque estas fuesen de dimensiones bastante más modestas. Estamos hablando, cómo no, de los globidensinos. Estos animales, por lo general, son muy raros de encontrar en el registro fósil. De hecho, de muchas de sus especies no se conocen más que unos pocos dientes o, como mucho, algún fragmento poco reconocible del cráneo. En el piso Maastrichtiense la especie *Globidens phosphaticus* es la más conocida y extendida y tentativamente ha sido registrada en ubicaciones tan lejanas como Egipto, Bélgica, Angola o Brasil. Probablemente esta especie gozase de una distribución muy amplia, aunque también es posible que se esté menospreciando el número de especies de globidensinos presentes en el mundo maastrichtiense. Debemos tener en cuenta que los fósiles de estos animales son muy escasos y que pocos diagnósticos se hacen con base en restos que no sean únicamente dientes.

En los yacimientos marroquís se han descubierto importantes restos de globidensinos, aparte de dientes, como vértebras, costillas o fragmentos craneales, y esto ha llevado a la definición de una nueva especie: *Globidens simplex*. Ocurrió justamente lo que acabamos de mencionar, pues algunos hallazgos de dientes aislados habían sido nombrados como *Globidens phosphaticus*, pero tras nuevos análisis se llegó a la conclusión de que estos fósiles pertenecían a otra especie diferente. *Globidens simplex*, por lo tanto, es una de las pocas especies de estos mosasaurios durófagos de las que se tienen importantes elementos del esqueleto aparte del cráneo. Esto ha permitido analizar internamente una de sus costillas y se ha llegado a la conclusión de que estos huesos del tronco del animal serían anormalmente compactos, es decir, que serían *osteoscleóticos*. Pero, un momento, ¿no habíamos visto al principio de este libro que los amniotas acuáticos tenían huesos o más densos o más masivos de lo habitual, ya que de ese modo conseguían no flotar? Sí, esto es completamente cierto, pero el engrosamiento óseo o el aumento de su densidad es una estrategia típica de los amniotas que acaban de adentrarse en el mundo acuático. Muchas veces, según el linaje va haciéndose a la vida marina, estos huesos anormalmente pesados se van aligerando una vez más. Pero, claro, ¿qué sentido tiene todo esto? En teoría, el hallazgo de costillas osteoscleróticas en un mosasaurio completamente marino no debería sorprendernos, ¿o quizá sí?

Pensémoslo de este modo: cuando un amniota se lanza a una vida acuática, generalmente sus modos de natación no son óptimos, por lo que le costará mucha energía moverse por el agua. En consecuencia, el animal tenderá a estar el mayor tiempo posible estático, ya que desplazarse le supone un gasto de energía muy superior al de otros seres puramente acuáticos. Esto ya lo vimos cuando debatimos los modos de natación amniotas, pues argumentamos que la natación anguiliforme de serpientes y mosasaurios primitivos es muy poco eficiente, sobre todo comparada con la natación carangiforme de los mosasaurios más tardíos, en la que la parte delantera de su cuerpo se mantenía recta y no ondulaba. Por lo tanto, para un amniota evolutivamente joven en el mundo acuático, tener una flotabilidad neutra en un estado estático es trascendental. ¿Y esto cómo lo consigue?

Pues mediante los mecanismos que ya conocemos, engrosando sus huesos, haciéndolos más densos o ambas cosas a la vez. Sin embargo todo cambia cuando tratamos a amniotas ya plenamente adaptados al mundo marino y con modos de natación mucho más eficientes y perfeccionados. Y es que no es lo mismo conseguir una flotabilidad neutra en un caso estático, como en los mosasaurios más primitivos, que en uno dinámico. Pero ¿por qué?

Imagen 86: Reconstrucción de la cabeza del curioso quelonioideo *Ocepechelon buoyai.*

Si te estás moviendo continuamente en el agua, basta con que orientes ligeramente tu cuerpo hacia un lugar para que el empuje de la propia natación te lleve hacia allí. Esto es algo lógico, pero permite un cambio de paradigma: ahora lo importante no es en sí conseguir una flotabilidad neutra de manera estática, sino que orientando correctamente el cuerpo en el agua podemos conseguir ese mismo efecto de no flotar simplemente por el hecho de estarnos moviendo continuamente. Estar nadando de manera activa, aunque sea muy lentamente, ya no requería un enorme gasto energético para los mosasaurios más tardíos, perfectamente se lo podían permitir. Por lo tanto, ¿les compensaba tener un esqueleto muy pesado para obtener una flotabilidad neutra de manera estática o les merecía la pena aligerar algunos de sus huesos, pues ya podían conseguir una flotabilidad neutra dinámica sin necesidad de pesar más? Aquí está la verdadera cuestión del problema y esta es la razón por la que muchos amniotas marinos, una vez adaptados completamente al mundo acuático, reducen de nuevo el peso de sus huesos, es decir, los vuelven *osteoporóticos*.

Pero cuidado, porque los mosasaurios no redujeron enormemente el peso de sus huesos, aunque los aligeraran notoriamente con respecto a los de sus parientes primitivos. Huesos algo osteoporóticos (más ligeros) han sido reportados en géneros como *Clidastes*, pero otros géneros como *Platecarpus* parece que poseyeron huesos bastante normales, ni muy pesados ni muy ligeros. Muchos mosasaurios jugaron con este balance de huesos de densidad normal o ligeramente inferior a la habitual variando la densidad de las *trabéculas*[61] del interior de sus huesos esponjosos. Esto contrasta enormemente con el típico método que han utilizado muchos amniotas acuáticos para variar la densidad de sus huesos, que suele consistir en cambiar la proporción de *hueso compacto* que poseen respecto a la de *hueso esponjoso*, pues evidentemente el hueso compacto es mucho más denso que el esponjoso. Los mosasaurios completamente acuáticos, por su parte, variaron directamente la densidad de sus huesos esponjosos. Una estrategia distinta, poco habitual y muy inteligente. En resumen, los esqueletos de los mosasaurios tardíos, por norma general, no fueron ni muy pesados ni tampoco muy ligeros. Entonces, una vez aclarado cómo fueron los huesos de estas bestias completamente acuáticas, ¿qué implicaciones tiene que *Globindens simplex* tuviera costillas muy pesadas? ¿Cómo de densos fueron estos huesos?

Para hacernos una idea, se suele definir lo compacta que es la sección de un hueso mediante el *índice de compactidad* (CI, por sus siglas *compactness index*). Este es simplemente el porcentaje de la sección de hueso que está ocupada por fibras y estructuras óseas, solo que en tanto por 1. En la mayoría de los mosasaurios este índice varía entre 0,5 y 0,85, dependiendo de la zona del hueso, del hueso en sí, de la especie y de la edad del ejemplar. Esto significa que entre el 50

61 Pequeñas fibrillas que componen el interior de la parte esponjosa de los huesos.

y 85 % del corte de un hueso de mosasaurio es realmente tejido óseo. En la costilla analizada de *Globindes simplex*, ¡el índice de compactidad tomó un sorprendente valor de 0,97! Esto implica que fue un hueso altamente osteosclerótico, es decir, exageradamente compacto. Y, si lo pensamos con detenimiento, todo esto concuerda perfectamente con el modo de vida supuesto para los mosasaurios globidensinos. Ellos no estarían nadando continuamente de manera activa, simple y llanamente porque así no iban a encontrar a sus presas. Bivalvos, gasterópodos y cangrejos no se encuentran nadando en la columna de agua, sino sobre el fondo del mar. Posiblemente los globidensinos pasasen la mayor parte del tiempo sobre los suelos marinos, rastreándolos sin apenas despegarse de ellos, manteniéndose en todo momento muy cerca de fondo, quizá incluso casi estáticos. Este tipo de comportamiento sí que se vería muy beneficiado por un esqueleto más pesado de lo habitual, ya que una flotabilidad neutra estática les sería muy útil para dar caza a los animales del *bentos*, es decir, del fondo. Los huesos osteoscleróticos, o sea, muy densos, también aparecen además en otros amniotas acuáticos que rastrean el suelo marino en busca de alimento, como, por ejemplo, en los dugongos y manatíes. Simplemente serían como el cinturón de pesas de un buzo, una ayuda necesaria para mantenerse en el fondo de manera estática.

Y, curiosamente, los mosasaurios globidensinos no fueron los únicos que experimentaron una fuerte osteosclerosis en Tetis meridional. Pero no mires hacia otro grupo de mosasaurios, no, pues el animal del que estamos hablando ahora fue un pequeño varano que acababa de empezar su aventura en el mundo acuático, una especie denominada *Pachyvaranus crassispondylus*. Se trata justamente de uno de los casos típicos de flotabilidad neutra estática, pues fue un amniota primerizo en el mundo acuático y con un sistema de natación poco eficiente. Este curioso varano desarrolló huesos más gruesos y compactos, es decir, paquiosteoscleróticos, muy similares a los de algunos mosasauroideos primitivos. Y unos de sus compañeros en esta aventura en dirección al mar fueron los ofidios paleófidos[62], unas curiosas serpientes marinas que proliferaron por las costas de Tetis meridional durante el final del Cretácico superior y el posterior

62 Familia Palaeophiidae.

Paleógeno. Un momento… ¿No te parece como que la historia se repite, como que estás teniendo una especie de *dèjá vu*? Si vuelves a los primeros capítulos de este libro, verás que en estas mismas costas del mar de Tetis, solo que unos 30 millones de años más atrás, unos extraños ancestros de las serpientes y algunos parientes de los varanos se lanzaron a la vida acuática. Solo uno de estos grupos lograría hacerse un hueco en los ardientes mares de por aquel entonces, los aigialosaurios, y estos acabarían por dar lugar a la exitosa dinastía de los mosasaurios. Ahora, en el Maastrichtiense, volvíamos a tener nuevos grupos de lepidosaurios similares en el punto de partida… ¿Volvería a repetirse la historia una vez más? Estaría bien contestar a esto con un *nunca lo sabremos*, pero la realidad es que sí sabemos qué ocurrió, y estos varanos semiacuáticos, por desgracia, no tendrían demasiado recorrido en el mundo marino.

Regresando de nuevo al mundo de los mosasaurios, lo cierto es que los concheros del género *Globidens* no fueron los únicos durófagos altamente especializados de los mares maastrichtienses. En las costas de Tetis meridional, junto a especies como la extendida *Globidens phosphaticus* o el estudiado *Globidens simplex*, aparecen también miembros del clado más pequeño de estos reptiles cascadores de corazas, es decir, de los carinodensinos. Y es importante que tratemos a estos animales como clado, porque, aunque tradicionalmente se los ha considerado como claros globidensinos, ya hay algún estudio que sugiere que tal vez pudieran estar más cercanamente emparentados con otros mosasaurinos, como el propio género *Mosasaurus*. Y esto implicaría, ni más ni menos, que en el cada vez más complejo mundo de estos reptiles marinos al menos dos linajes desarrollaron una durofagia obligatoria de manera completamente independiente.

En los yacimientos marroquís, los carinodensinos, aunque son muy extraños, han sido muy reveladores. Aquí tuvo éxito la especie *Carinodens minalmamar*, que al parecer tuvo una complexión algo más ligera que su pariente norteño *Carinodens belgicus*, del que ya hablamos en capítulos anteriores. Los hallazgos de este durófago africano[63], no obstante, fueron trascendentales para comprender

63 Las facies marroquís de los últimos compases del Maastrichtiense mostraron una gran diversidad incluso entre los especializados carinodensinos. Aquí, junto a

la fisionomía general de estos animales, pues con base en el descubrimiento de restos bastante completos de sus mandíbulas, se llegó a que estas realmente fueron más largas de lo esperado. Es decir, que el hocico de *Carinodens*, a diferencia de lo que se había pensado tradicionalmente, no fue tan corto y robusto como el del género *Globidens*. Esto haría que su potencia de mordedura fuese menor de la esperada y, tal y como vimos en el capítulo sobre los mosasaurios durófagos, prácticamente los restringiría a la consumición de crustáceos y animales marinos con exoesqueletos. En otras palabras, cascar conchas de gasterópodos y bivalvos, salvo quizá en casos muy particulares, se les antojaría muy complicado a los carinodensinos.

Y este tipo de especialización, incluso dentro de los ya de por sí especializados durófagos, es justamente la tendencia típica de muchos mosasaurios maastrichtienses que venimos comentando desde el inicio de este capítulo. En ciertos casos, algunos de estos reptiles marinos se encuentran tan especializados en nichos ecológicos quizá sin análogos actuales que nos resulta verdaderamente complicado deducir qué comieron o cómo se relacionaron con su entorno. Fijaos que en unos pocos millones de años hemos pasado de mosasaurios claramente generalistas, capaces de alimentarse de prácticamente cualquier cosa, a bestias marinas estrictamente diseñadas para rasgar carne, atrapar peces, cazar en la oscuridad, cascar conchas de moluscos, devorar presas masivas o romper exoesqueletos de crustáceos. Sin salirse del mundo de los mosasaurios durófagos, tenemos al menos tres roles muy distintos dentro de los mismos ecosistemas: pequeños carinodensinos especializados en langostas, cangrejos y otros artrópodos, globidensinos más grandes hechos para moler conchas de vieiras, caracoles e inocerámidos y, por último, masivos prognatodontinos capaces de atravesar incluso las impenetrables defensas de enormes tortugas. Y los únicos que aquí no estarían prácticamente restringidos a estos nichos ecológicos serían los robustos y gigantescos prognatodontinos, que más bien podrían definirse como depredadores oportunistas.

Carinodens minalmamar, se han hallado dientes semejantes a los de su primo europeo, *Carinodens belgicus*, y se ha nombrado al curioso *Carinodens acrodon*. Las piezas dentales de este último fueron mucho más apuntadas que las de otros carinodensinos, mostrándonos quizá una morfología primitiva dentro de estos animales que logró perdurar hasta los últimos instantes del Cretácico superior.

Pero es que aún hay más, pues en las aguas de Tetis meridional aparece otra posible especie afín a los carinodensinos, pero con un modo de vida muy diferente. Se trata de «*Xenodens calminechari*»[64], un extraño mosasaurino procedente también de las arenas fosfáticas de Marruecos. Este animal tuvo un tamaño muy pequeño para ser un mosasaurio, pues, con un cráneo de unos 20 centímetros, posiblemente no sobrepasaría por mucho el metro de longitud. Sin embargo, lo realmente interesante, tal y como suele suceder muchas veces entre los mosasaurios, estuvo en el interior de sus fauces. Sus dientes, que junto a parte de su mandíbula prácticamente son los únicos restos que se conocen de esta especie, parece como si estuvieran diseñados para desgarrar la carne, pero de un modo que hasta ahora jamás habíamos visto no ya entre los mosasaurios, sino tampoco entre los amniotas.

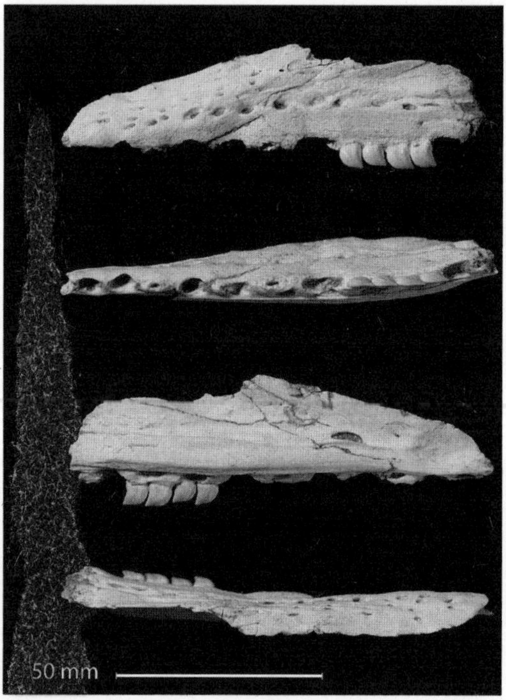

Imagen 87: Restos de la mandíbula y piezas dentales del inverosímil mosasaurino *Xenodens calminechari*.

64 Estate atento a estas comillas, porque puede que la historia de estos restos tenga gato encerrado... Lo veremos dentro de unos párrafos.

Pero, antes de continuar, deberíamos hacer un pequeño remarque. Para comprender las morfologías dentales de los mosasaurios hemos hecho uso de los conocidos gremios de Massare, los cuales, en su versión más compacta y simplificada, se reducen a los seis grupos que hemos ido viendo a lo largo de este libro. No obstante, algunos investigadores añaden a mayores algún otro gremio complementario. Una de las reestructuraciones de estos grupos más útiles para el mundo de los mosasaurios consiste en dividir el gremio *Cut* en dos: uno que incluiría a los dientes típicos de los mosasaurios ancestrales, que suele llamarse simplemente como *Generalista*, y otro que englobaría a las especies que han llevado al límite la idea de dientes aplanados lateralmente y afilados, que pasaría a ser ahora el gremio *Cut* propiamente dicho. No obstante, los dientes de los mosasaurios generalistas típicos, como pueden ser la mayoría de las especies de *Clidastes*, *Platecarpus* o *Tylosaurus*, muestran adaptaciones para cortar, pero no para cualquiera de las acciones típicas de otros gremios (cascar conchas, capturar pequeñas presas blandas, atrapar peces...). Por esta razón, englobamos en este libro a todos estos animales en el gremio *Cut* y simplemente consideramos que, dentro de este gremio, existen distintos grados especialización y refinado. No vemos necesario hacer una distinción entre gremios *Cut* y *Generalista*, ya que la función principal de ambos tipos de dientes seguiría siendo la de cortar carne.

Dicho todo esto, el gremio *Cut* puede que fuese llevado a su límite absoluto de refinamiento por el pequeño (y quizá demasiado extraño) *Xenodens*. Sus piezas dentales estuvieron exageradamente aplanadas por los flancos, con vértices que apuntarían ligeramente hacia atrás. Sin embargo, lo que resulta más sorprendente aquí es el perfil de sierra que adoptaría su compleja dentición en conjunto. Y es que, para ser realistas, pocos dirían que están viendo los restos de un antiguo mosasaurio al contemplar estos dientes, pues a primera vista parecen similares a los de algunos tiburones. De hecho, quizá los dientes de *Xenodens* realmente no sean un hallazgo poco común en las arenas fosfáticas de Marruecos y puede que estos simplemente se lleven confundiendo desde hace décadas con los de algún escualo. Fue necesario el hallazgo de parte de la mandíbula de este animal, en donde ya se vio claramente que la implantación dental era de un amniota y no de un pez, para describir a esta enigmática especie.

Aunque, como veremos en unas líneas, puede que la historia que esconde este resto fósil sea algo más decepcionante...

Pero ¿fue esta dentición en forma de sierra real? ¿La estamos interpretando correctamente? De ser así, la convergencia evolutiva que este pequeño mosasaurio alcanzó con los dientes de pirañas y tiburones sería extrema, con lo que aventurarse a suponer un modo de vida parecido para estos animales, aunque sean tan distantes evolutivamente, quizá no sea descabellado. La extraña hilera dental de tipo sierra de *Xenodens*, si es que realmente fue como muestran sus restos, le permitiría arrancar limpiamente pedazos de carne de grandes presas o de, tal vez, cadáveres a la deriva. No obstante, el tener una dentición tan asombrosamente especializada no quiere decir en este caso que no pudiese alimentarse también de otros recursos accesibles, como pequeños peces o invertebrados. Debemos tener presente que, aunque algunos de sus supuestos análogos actuales son muchas veces tachados de feroces hipercarnívoros, realmente poseen una dieta bastante variada. Las pirañas, por ejemplo, frecuentemente se alimentan de frutos que caen a los ríos, y algunas especies de estos peces son incluso totalmente herbívoras.

Pero... ¿no te resulta demasiado extraña la dentición de este animal? Si observamos con detenimiento sus restos, veremos que los cuatro dientes que se conservan sobre su fragmento de mandíbula están muy juntos, aparentemente demasiado apiñados. Y esto queda aún más claro cuando observamos este resto fósil desde arriba (la segunda fotografía de la imagen 87), pues parece que los dientes que faltan, aquellos de los que ya solo tenemos simples alveolos, estuvieron bastante más separados entre sí. Tal y como vimos en el curioso género *Pluridens*, tener dientes muy apiñados, aunque es raro, fue una posibilidad en el mundo de los mosasaurios. Sin embargo, el caso de *Xenodens* trae consigo aún más problemas, pues parece como si al menos algunos de sus dientes hubiesen sido pegados allí a propósito, no parecen encajar del todo. Entonces, ¿qué ocurrió aquí? ¿Cómo fue realmente *Xenodens*?

Pues puede que estemos ante una falsificación parcial. Es decir, que los restos fósiles parecen ser reales, pero quizá no lo sea su configuración. Los yacimientos de las arenas fosfáticas de Marruecos deben ser tratados con extremo cuidado, ya que muchas veces los restos aquí descubiertos no son desenterrados en una excavación, sino encontrados por mineros o gentes del lugar y, en ocasiones, vendidos al mejor postor. Se conocen casos de mandíbulas fósiles parciales que, para resultar más atractivas de cara al público, se alteran añadiéndoles más dientes de manera artificial. De este modo, tanto los dientes como la mandíbula son restos fósiles reales, pero su configuración es ficticia, ideada por la mente imaginativa de alguien que desea que sus piezas luzcan más vistosas. Por desgracia, esto puede llevar a grandes confusiones, como el nombramiento de especies nuevas que, realmente, nunca existieron. Así que ¿fue esto lo que le ocurrió a *Xenodens*?

Pues, por desgracia, es bastante probable. Pero que no cunda el pánico, no todo está perdido. La morfología de los dientes de este animal es bastante curiosa y presenta un aspecto similar a los dientes traseros del género *Carinodens*, solo que más aplanados lateralmente y sin ningún tipo de ornamentación. En otras palabras, es probable que los dientes sean de un mosasaurio, al igual que la propia mandíbula. De hecho, es muy posible que los dientes tan solo se hayan colocado donde no debían en el resto fósil, dando un aspecto general de sierra dental continua aparentemente irreal. Por lo tanto, ¿qué hacemos con *Xenodens*? ¿Qué fue realmente?

A fecha de edición de este libro, las dudas sobre la autenticidad de los restos de *Xenodens calminechari* son solo una fuerte hipótesis, pero no están del todo contrastadas. Sometiendo estos restos a un escáner TAC podría descubrirse si realmente se trata de un montaje o si, por el contrario, estamos ante el más extraño de todos los mosasaurios. No obstante, de ser una falsificación parcial, es posible que estemos igualmente ante un hallazgo muy inusual. Quizá se trate de un ejemplar muy joven de alguna especie de *Carinodens* y sus curiosos dientes puede que simplemente pertenezcan a un estadio de desarrollo muy temprano de estos peculiares durófagos. Esto, además, concordaría con el pequeño tamaño de *Xenodens*, de apenas 1 metro. ¿Recuerdas cuando reconstruimos las ontogenias de los tilosaurios del Western Interior Sea? Pues quizá las etapas de desarrollo de los carinodensinos sean más complejas de lo esperado y puede que la dentición infantil de estas bestias aún no fuese apta para la durofagia adulta de crustáceos y amonites.

Por el momento, lo más razonable es admitir que *Xenodens calminechari* es una especie dudosa, potencialmente un fósil alterado de una cría de carinodensino. No obstante, podemos extraer un buen aprendizaje de todo este caso: hay que tener cuidado con los ejemplares obtenidos mediante métodos no científicos.

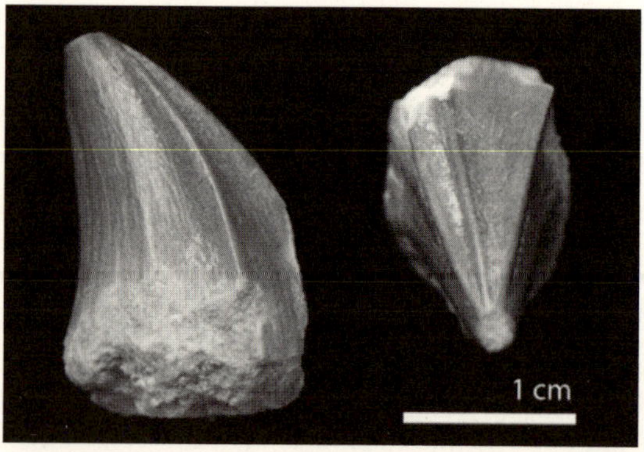

Imagen 88: Aquí podemos ver los extraños dientes del llamado *mosasaurio* destornillador, la especie *Stelladens mysteriosus.*

Sin embargo, aunque ya parezca que hayamos llegado al límite de lo estrafalario y extraño con este dudoso carinodensino, aún existió un mosasaurio quizá más bizarro y peculiar en las antiguas zonas de surgencias de Tetis meridional. Estamos hablando de la curiosa especie *Stelladens mysteriosus*, conocida por poco más que un par de dientes pertenecientes a un mismo ejemplar. Este insólito animal ha sido apodado por muchos como el *mosasaurio destornillador* y realmente basta con observar alguna de sus piezas dentales para entender el porqué de este mote. En su parte lingual, sus dientes poseyeron una especie de carinas excepcionalmente marcadas, dando al conjunto un aspecto general de destornillador de estrella. Pero ¿fue realmente este animal una especie diferente de mosasaurio?

Y cuidado, porque la pregunta no es trivial. A veces aparecen este tipo de estructuras extrañas en dientes de otros animales, como en los de ciertos dinosaurios. Sin embargo, estas suelen deberse a una rara anomalía en el crecimiento de alguna pieza dental en concreto. En nuestro caso, de este mosasaurio se posee más de un diente de idéntico parecer y, aunque eliminásemos estos extraños rebordes en estrella, las piezas dentales seguirían sin asemejarse a las de ningún otro mosasaurio conocido. Por lo tanto, parece estar bastante claro que estamos ante una especie muy singular y no ante un ejemplar con malformaciones. Aunque eso sí, poco sabemos acerca de la clasificación de este peculiar mosasaurio, ya que únicamente podemos aventurarnos a decir que la morfología de algunos de sus complementos dentales posiblemente indique que se trató de un mosasaurino.

Pero entonces, una vez aclarado que *Stelladens mysteriosus* fue una especie de pleno derecho, ¿para qué utilizó sus dientes? Por desgracia este lepidosaurio a día de hoy genera muchas más preguntas de las que resuelve, pues no tenemos en el mundo animal nada mínimamente parecido con lo que compararlo. Sus piezas dentales no fueron demasiado altas, por lo que posiblemente la captura de pequeños animales nadadores no estaría entre las actividades diarias de este reptil. Puede que la extraña configuración de los rebordes linguales de sus dientes fuese útil para romper la concha de algún crustáceo, pero, una vez más, esta conclusión no está basada en ningún análogo actual. Lo más probable es que sus presas, hábitos de caza o quizá incluso ambos fuesen extremadamente raros. Quizá fuese el culmen de la increíble especialización que alcanzaron algunos mosasaurinos por estos momentos.

Gracias a los extraordinarios yacimientos fosfáticos de Marruecos hemos conseguido comprender el segundo concepto clave de las comunidades de mosasaurios del último piso del Cretácico, es decir, la gran *especialización* de buena parte de sus miembros. No obstante, emplazamientos fosilíferos tan ricos y diversos como este nos permiten muchas veces ir un poco más allá y plantearnos preguntas más profundas acerca de estas antiguas comunidades. ¿Fueron algunas especies verdaderamente más raras que otras? ¿Por qué algunas parecieron ser endémicas de una cierta zona o región y otras se expandieron por buena parte del globo?

Respondiendo a la primera pregunta, en las arenas fosfáticas marroquís las especies *Gavialimimus almaghribensis*, *Halisaurus arambourgi*, *Thalassotitan atrox* y *Mosasaurus beaugei* parecieron ser bastante comunes. Por otro lado, los globidensinos y carinodensinos, *Pluridens serpentis*, *Tylosaurus boubker* o el exótico *Stelladens mysteriosus* fueron bastante extraños, el último de estos prácticamente un fantasma. Sin embargo, tal y como hemos comentado ya en varias ocasiones a lo largo de este capítulo, esto no tiene por qué ser un fiel reflejo de la realidad de estos paleoambientes. Tenemos que tener en cuenta que, cada vez que miramos el registro fósil, no estamos viendo una imagen de un antiguo ecosistema, sino solamente de parte de él. El registro fósil tiene muchos sesgos inherentes, sesgos de los que es imposible deshacerse, y esto es algo con lo que tenemos que convivir en nuestro día a día. Para empezar, sin duda no todos los esqueletos de mosasaurios estuvieron igual de osificados, por lo que algunos son muchos más aptos para resistir un proceso de fosilización que otros. Por otro lado, puede que las especies más representadas simplemente fuesen muy comunes en ciertas zonas concretas en las que, por una u otra razón, era más fácil que se diese un proceso de fosilización. Por último, la mano humana, incluso aunque se lleve a cabo un proceso de excavación minucioso y extensivo, puede acabar creando nuevos sesgos. Siempre va a haber ciertas piezas que destaquen más, que generen más interés, que se reconozcan más fácilmente y que, consecuentemente, terminen estando sobrerrepresentadas en colecciones y museos. Los sesgos del registro fósil son muchos, y algunos de ellos no son sencillos de entender, por lo que nosotros nos conformaremos con estas vagas descripciones.

De cualquier modo, y comprendiendo que siempre debemos tomar este tipo de datos y estudios con cuidado dada la inmensa cantidad de sesgos que hay detrás de ellos, no debería sorprendernos el hecho de que unas ciertas especies sean mucho más comunes que otras. En cualquier ecosistema de hoy en día siempre ocurre que hay animales muy exitosos, prácticamente omnipresentes, otros más raros y extraños de divisar y, por último, otros cuya mera existencia parece ser un mito. Algo parecido ocurre con la distribución de las grandes especies marinas, es decir, que algunas se encuentran muy extendidas y otras son autóctonas de ciertos lugares. En nuestro caso, *Mosasaurus beaugei* y *Gavialimimus almaghribensis* parecieron ser comunes y exitosos, pero únicamente se han encontrado en Tetis meridional, mientras que *Mosasaurus hoffmannii* ha sido hallado en innumerables ubicaciones de África, Europa, Asia o América. ¿Debería parecernos esto extraño? No, en absoluto. Y podemos entenderlo con algunos análogos de hoy en día, como los cetáceos. Algunos tienen una distribución prácticamente global, como pueden ser la orca o el cachalote, mientras que otros se encuentran restringidos a ciertas regiones. Por ejemplo, los delfines de la especie *Lagenorhynchus cruciger* son típicos de aguas tropicales, mientras que su pariente cercano *Lagenorhynchus albirostris* no aparece por esas latitudes, sino que se encuentra únicamente en los alrededores de la Antártida. Hay especies más comunes y más raras y otras con una distribución más o menos amplia. Esto es algo que muchas veces nos parece lógico cuando hablamos de animales actuales, pero que, una vez pasamos al registro fósil, nos resulta un poco más extraño, ¡pero no debería!

Sin duda, el legado que África ha dejado al mundo de los mosasaurios es fascinante y cautivador. A día de hoy no podríamos entender las complejas redes tróficas del final del Maastrichtiense, la curiosa regionalización de faunas o la rocambolesca especialización de los mosasaurios tardíos sin los increíbles hallazgos y yacimientos de este continente. Sin embargo, aunque con las turbias aguas del mar Trans-sahariano y las productivas costas del norte de África parezca que ya lo hemos visto todo, lo cierto es que no. Aún nos queda por analizar una última región muy fosilífera del continente primigenio, pues todavía no hemos visto la parte más austral de la antigua ecorregión de Tetis meridional. Después de ver que el curioso mar Trans-sahariano permitió importantes cambios faunísticos, analizamos lo que había justo al norte de él, es decir, las arenas fosfáticas norteafricanas. Pero ¿qué quedó al sur? ¿Con qué conectó este mar interior por debajo del Ecuador?

Nuestros pasos, una vez más, nos conducirán hasta el litoral de Angola. Ya habíamos visitado este país al principio de nuestra historia, cuando hablamos de *Angolasaurus bocagei*, la primera especie de mosasaurio en ser descubierta a ambos lados del Atlántico. No obstante, los restos de este reptil marino procedían de la formación Itombe, de edad Turoniense y Coniaciense, y ahora lo que estamos buscando son estratos mucho más modernos. En el sur de este país africano, por suerte, encontramos a la formación Bentiaba, ya de finales del Cretácico superior, un conjunto de facies muy fosilífero que, en cierto modo, presenta muchas similitudes con las formaciones geológicas del norte de Tetis meridional. Aquí también nos topamos con sedimentos fosfáticos que, al igual que ocurría en Marruecos, vuelven a estar asociados a importantes zonas de surgencias de aguas profundas. En cierto modo, los paleoambientes que encontramos en Angola son muy similares a los del norte de África, solo que ahora estamos en el hemisferio sur del planeta.

Resulta que las zonas de surgencias, tal y como las entendemos, suelen aparecer en regiones tropicales, entre los 15 y 30 grados de latitud norte o sur. Hoy en día Bentiaba está aproximadamente a unos 14 grados sur, y los yacimientos marroquís a unos 33 grados norte, por lo que quedarían aproximadamente dentro de esta banda intertropical. Sin embargo, en el Maastrichtiense estos lugares no estuvieron exactamente a la misma latitud que en la actualidad. ¿Y esto cómo puede ser? Pues por la *deriva continental*, ya que las placas tectónicas no son ni mucho menos estáticas y con los millones de años acaban realizando grandes avances a través del globo. Esto haría que las latitudes de los yacimientos de hoy en día no sean exactamente las mismas que las de sus paleoambientes cretácicos correspondientes. Aunque no te preocupes, pues podemos calcular cuáles fueron las latitudes cretácicas gracias a métodos como el paleomagnetismo de ciertos minerales, y eso es algo que tuvimos en cuenta, por ejemplo, a la hora de tratar a los mosasaurios polares. Volviendo sobre Tetis meridional, sabemos que África lleva moviéndose hacia el norte desde hace decenas de millones de años, y esto implica que durante el Maastrichtiense los yacimientos de Marruecos estuvieron en latitudes mucho más tropicales, a unos 24 grados norte, y los de Angola mucho más alejados del Ecuador, a unos 25 grados sur. Ambos quedarían de este modo dentro de la gran banda en la que suelen aparecer las productivas zonas de surgencias.

Los principales hallazgos de Bentiaba son algo más antiguos que los de Oulan Abdun, del Maastrichtiense inferior, y presentan una fauna parecida, aunque con importantes diferencias en diversos aspectos. Por ejemplo, aquí aparecen géneros típicos de Tetis meridional, como *Gavialimimus*, o la extendida especie *Globidens phosphaticus*, pero junto a ellos también encontramos restos atribuibles a otros géneros como *Plioplatecarpus* o *Phosphorosaurus*. En esta región sureña de Tetis meridional se han llevado a cabo interesantes estudios isotópicos, y no solo aquellos relacionados con el ya tratado ^{18}O, sino otros muy distintos relacionados con un isótopo del carbono, el ^{13}C. Y es que la proporción de ^{13}C presente en el esmalte fósil de los dientes de los mosasaurios ponderada respecto a la del isótopo ^{12}C puede darnos mucha información sobre cuáles fueron las principales zonas de alimentación de estas bestias en el entorno marino o sobre qué posición ocuparon en sus respectivas redes tróficas. ¿Y esto cómo puede ser? Pues, al igual que ocurría con la proporción de $^{18}O/^{16}O$, la de $^{13}C/^{12}C$ también está muy vinculada a ciertos factores del ambiente en el que vivían estos animales. Esta proporción isotópica al final la podemos relacionar con la presente en el productor primario del que estos mosasaurios en última instancia se habrían alimentado. Es decir, si cogemos una cadena trófica y vamos hacia atrás, al final acabaremos llegando al fitoplancton, ciertas algas verdes u otros organismos fotosintéticos. Estos seres vivos autótrofos serán los que nos dicten cómo será la proporción de isótopos de carbono en los dientes de nuestros mosasaurios.

Tras complejos estudios comparativos y analíticos, teniendo en cuenta que, por ejemplo, cada vez que este carbono pasa por un nuevo integrante de una red trófica se enriquece en ^{13}C ligeramente, terminamos llegando a una importante conclusión que ya podemos aplicar a nuestro caso particular: cuanto más alejadas de la costa y más profundas en la columna de agua sean las zonas de alimentación, habrá menos cantidad de ^{13}C respecto a ^{12}C. Esto está relacionado con que los seres fotosintéticos prefieren incorporar a sus tejidos ^{12}C en lugar de ^{13}C, por lo que, si estos organismos productores entran en crisis o si nos alejamos de ellos, la cantidad de ^{12}C en el ambiente será mayor, porque menos cantidad de este isótopo estará retenida en los tejidos de estos organismos fotosintéticos. En las zonas superficiales costeras de los medios marinos es donde suele haber una mayor concentración de estos seres vivos productores, por lo que en estas zonas las redes tróficas y, consecuentemente, los dientes de los mosasaurios estarán enriquecidos en ^{13}C (o empobrecidos en ^{12}C, como lo quieras ver). Por otro lado, en zonas más profundas o de mar abierto, la cantidad de productores será menor, el ^{12}C ambiental será mayor y, en última instancia, las redes tróficas y los dientes de los mosasaurios correspondientes estarán empobrecidos en ^{13}C. Al igual que la mayoría de los estudios isotópicos, puede que todo esto al principio te parezca algo confuso, pero tranquilo/a, porque está más que contrastado científicamente. La idea principal al final es que a mayor distancia de las aguas superficiales costeras, menor proporción $^{13}C/^{12}C$ en los dientes de los mosasaurios que se alimenten en estas zonas. Pero, entonces, ¿cuáles fueron las conclusiones de estos estudios? ¿Quiénes se alimentaron en *aguas neríticas*[65] y quiénes no?

65 Aguas cercanas a la costa y poco profundas.

Pues resulta que nuestros mosasaurios de tamaño pequeño y mediano, es decir, géneros como *Halisaurus* y *Gavialimimus*, presentaron unos valores isotópicos acordes con la región más productiva del océano, es decir, con las aguas costeras superficiales. Por otro lado, en los estratos de Bentiaba también aparecen enormes dientes de gigantescos mosasaurinos, posiblemente afines al temible *Mosasaurus hoffmannii*. Su marca isotópica nos reveló que estos titanes se alimentaron principalmente en aguas abiertas, alejadas del litoral, algo que cuadra perfectamente con el modo de vida que poco a poco vamos suponiéndole a estos animales. Parece ser que estos masivos mosasaurinos tan solo serían visitantes ocasionales de estos mares, al igual que ocurriría en las arenas fosfáticas marroquís millones de años después, por lo que se dejarían ver por los ambientes costeros muy de vez en cuando. Esto cuadra, además, con el hecho de que aparezcan escasos dientes sueltos de estas bestias en los estratos fosilíferos de Bentiaba, correspondientes a aguas poco profundas. Sin embargo, hubo otro gran depredador en los antiguos mares de Angola, quizá no tan ciclópeo como estos mosasaurinos de mar abierto, pero lo suficientemente grande como para amedrentar a toda una comunidad ecológica.

Estamos hablando de *Prognathodon kianda*, uno de esos robustos gigantes de hocico corto que tan frecuentes parecieron ser de mediados del Campaniense en adelante. Este animal, además, merodeó al parecer por todos los rincones del mar, pues su marca isotópica dental es compatible tanto con entornos muy cercanos a la línea de costa como con el inmenso mar abierto. Este tipo de depredadores oportunistas suele hallarse relacionado con restos semidigeridos de grandes peces, plesiosaurios o incluso hasta de otros mosasaurios, al igual que vimos con el letal *Thalassotitan atrox* del norte de África. Muchos de los huesos fósiles descalcificados asociados con comidas de estos animales posiblemente sean *regurgitalitos*, es decir, vómitos fósiles mediante los que estos prognatodontinos expulsarían al exterior las partes que no habían conseguido digerir de sus presas, como los huesos más toscos y duros del cráneo.

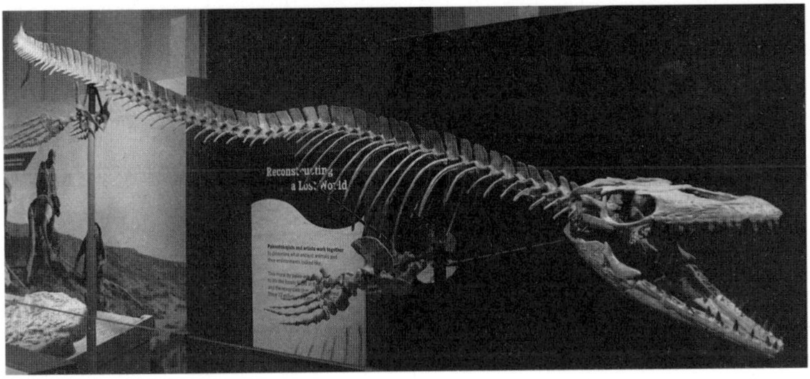

Imagen 89: Esqueleto reconstruido de un *Prognathodon kianda.*

Aunque, a pesar de que no debamos menospreciar a estos regurgitalitos, lo cierto es que siempre vamos a poder obtener mucha más información de restos semidigeridos presentes en el tubo digestivo del depredador en cuestión, es decir, de los *gut contents*. Se conoce por ejemplo un *Prognathodon kianda* angoleño[66] con los restos de ni más ni menos que tres mosasaurios en su interior. Parte de estos al parecer ya estaban en las zonas finales del tubo digestivo cuando murió el depredador, por lo que se encuentran descalcificados y bastante dañados, pero algunos otros restos aún estaban en la parte anterior del tubo digestivo y lograron preservarse mucho mejor. Sin embargo, lo curioso de este caso no es esto, sino el hecho de que los tres mosasaurios depredados pertenecieron cada uno a una especie distinta. El *Prognathodon kianda* en cuestión, de entre 6 y 7 metros de longitud, se alimentó de un ejemplar de *Gavialimimus*, de un *Bentiabasaurus jacobsi*, una nueva especie de pequeño mosasaurino que se definió con base en estos restos estomacales y, finalmente, de otro *Prognathodon kianda* de menor tamaño. No solo tenemos aquí un canibalismo más que confirmado, sino que algunos de estos *gut contents* se encontraban tan bien preservados que se pudo definir una nueva especie a partir de ellos.

Sin embargo, hay otro aspecto inédito de este ejemplar fósil. Las tres presas que aparecen fosilizadas como restos estomacales están representadas casi únicamente por sus cráneos, prácticamente por

66 El ejemplar MGUAN PA183.

ningún otro hueso... ¿Y esto por qué? ¿Se trató de un depredador caníbal que únicamente engullía las cabezas de sus capturas? Realmente es muy complicado contestar a esto. Es posible que estos restos estomacales reflejen en el fondo un caso de carroñeo, aunque también podría ser que nuestro depredador, tras matar a sus capturas quizá arrancándoles la cabeza, se hubiese visto obligado a abandonar su botín ante la llegada de otro mosasaurio de mayor tamaño. Sin lugar a duda, el caso de este *Prognathodon* caníbal con un particular gusto por las cabezas de sus víctimas es una de esas rarezas del registro fósil que, en ocasiones muy contadas, nos permite descubrir el macabro mundo de ciertos animales prehistóricos.

África es un lugar inmenso, repleto de recursos geológicos y que, en lo que a paleontología respecta, tiene muchísimo que decir. Allá por el Cretácico final, ya fuera en sus productivas costas o en sus turbios mares interiores, bestias dignas del más legendario de los mitos nos dejaron un legado imborrable. Decenas de exóticas especies de mosasaurios, de todas las formas y tamaños imaginables, infestaron sus cálidas y concurridas aguas. Pero esta historia no termina aquí, pues, cada poco tiempo, nuevos descubrimientos en este fascinante continente nos revelan cada vez más sobre sus increíbles comunidades ecológicas marinas. Nos encontramos ante algunas de las redes tróficas más complejas que jamás hayamos visto en un registro fósil, unas en las que los mosasaurios fueron sus incuestionables actores principales...

Bestias avanzadas

Hasta el momento, si algo nos debe quedar claro es que el Maastrichtiense fue un mundo de regiones marinas. Auténticas fronteras dividían los cálidos mares meridionales y las aguas del norte, dando como resultado una explosión en diversidad impactante. Sin embargo, los límites entre estas antiguas regiones oceánicas no siempre parecen lógicos, ya que hay quien diría que en ocasiones atentan contra los razonamientos más básicos, extendiéndose más allá de barreras geográficas aparentemente insalvables. ¿Que a qué nos referimos? Si recuerdas del capítulo anterior, la región de Tetis septentrional, aquella que se extendía al norte de los alrededores del antiguo mar de Tetis, no solo englobaba tierras del occidente europeo. Resulta que al otro lado del Atlántico, miles de kilómetros hacia el oeste, los mares someros de la actual costa este de Estados Unidos mostraron una fauna de mosasaurios muy similar. Y es que las facies maastrichtienses de zonas como Nueva Jersey también se incluyen dentro de la paleorregión de *Tetis septentrional*, a pesar de que entre Europa y América ya hubiese por aquel entonces un vasto océano no apto para criaturas de aguas someras. Por aquel entonces el Atlántico no era tan ancho como en la actualidad[67], pero ya supondría una masa de aguas profundas que perfectamente podría considerarse como una barrera geográfica. Por lo tanto, ¿por qué la región de Tetis septentrional englobó mares litorales a ambos lados de un infranqueable océano?

67 La dorsal atlántica, una especie de cordillera submarina en la que se separan dos placas tectónicas, lleva creando aquí corteza oceánica desde hace decenas de millones de años. De este modo, el océano Atlántico va volviéndose cada año un poco más ancho que el año anterior, algo que ya ocurría en la era mesozoica.

La solución a este hipotético quebradero de cabeza es simple: el antiguo Atlántico no fue tan infranqueable como podría parecer y no porque no fuese grande y profundo, sino por una cuestión bien distinta. Pero, antes de abordar este misterio, veamos que la división en dos partes de Tetis septentrional, en una oriental y otra occidental, no fue algo tan extraño. Resulta que la cálida región de Tetis meridional también tuvo una sección al oeste del Atlántico, aunque sus facies sean menos conocidas que sus homólogas del norte. Estamos hablando aquí de la formación Gramane, en el extremo oriental de Brasil, que aflora muy cerca de la ciudad de Recife. Estos yacimientos no han sido tan extensivamente estudiados como los de la costa este de Estados Unidos, pero han dado lugar a interesantes hallazgos de mosasaurios que muchos creían endémicos del continente africano. Restos atribuibles o afines al durófago *Globidens phosphaticus*, al extraño *Eremiasaurus heterodontus* o al letal *Mosasaurus beaugei* han aparecido en esta zona del planeta. Las temibles bestias de las arenas fosfáticas vuelven a salir a luz, solo que al otro lado del charco. En estos yacimientos de Brasil estamos a unas latitudes parecidas a las que habíamos visto en el continente africano, pero miles de kilómetros de agua salada nos separan de los yacimientos marroquís, nigerianos o angoleños. Lo mismo que ocurría entre Europa y la costa este de EE. UU., también se dio entre Marruecos y Brasil. Por lo tanto, ¿qué hay detrás de esta extraña distribución a ambos lados de un océano? Pues todo parece sugerir que, en el antiguo Atlántico del Cretácico superior, existieron importantes cinturones de corrientes marinas más o menos paralelas al Ecuador, es decir, que conectarían las costas este y oeste de este océano. De este modo, incluso aunque algunos mosasaurios no fueran excelentes nadadores, se habrían ayudado de estas corrientes para colonizar ambos lados del Atlántico. Y esto, además, no es algo nuevo ni exclusivo del piso Maastrichtiense, pues, si recuerdas de los primeros capítulos de este libro, *Angolasaurus bocagei*, uno de los primeros plioplatecarpinos plenamente adaptados a la vida marina, ya gozó de una distribución a ambos lados de este océano.

Por lo tanto, queda claro que, aunque las antiguas paleorregiones del Tetis parezca que no siguen una lógica geográfica, tuvieron una razón de ser. Las dos costas del Atlántico, tanto al norte como al sur, no estuvieron aisladas entre sí, pues una especie de autopistas marinas, que técnicamente conocemos como corrientes, conectaron ambos extremos. De este modo, áreas remotas y lejanas tendrían muchas más cosas en común de lo que cabría esperar. Y ahora que ya hemos entendido esta interesante peculiaridad de las paleorregiones del Tetis, sumerjámonos en el tema que verdaderamente nos incumbe.

Ya vimos las asombrosas criaturas que se escondían bajo las aguas de Tetis meridional, pero ¿qué bestias marinas podemos hallar al norte, en la porción boreal del antiguo Tetis? Especies como el audaz *Prognathodon sectorius* o el acrobático *Plioplatecarpus marshi*, de las que ya hemos hablado en capítulos anteriores, vivieron en estos mares someros y sus restos han sido descubiertos tanto en los yacimientos europeos como en los de Norteamérica. Y esta distribución no fue exclusiva de ciertos mosasaurios, pues otros vertebrados marinos, como los cocodrilos de hocico alargado del género *Thoracosaurus*, muy cercanos evolutivamente a los gaviales, también vivieron en las partes oriental y occidental de Tetis septentrional. No obstante, también existieron endemismos, pues no todo lo que ocurría en Europa tenía su imagen especular al otro lado del Atlántico. Las tortugas marinas de los géneros *Allopleuron* y *Glyptochelone*, por ejemplo, son exclusivas de los antiguos mares de Bélgica y Países Bajos. Las faunas de los distintos ambientes de Tetis septentrional tuvieron muchos nexos en común, los suficientes como para que podamos estudiarlas en conjunto, pero eso no quiere decir que no hubiese especies o grupos puramente autóctonos, únicos de algún lugar más concreto. Así que, teniendo esto en mente, prepárate para descubrir qué otros mosasaurios vivieron en las aguas norteñas del antiguo mar de Tetis…

Imagen 90: Cráneo del mosasaurino *Mosasaurus conodon*.

Uno de los lepidosaurios marinos más interesantes de estos momentos fue la especie *Mosasaurus conodon*, un reptil de buen tamaño que fácilmente podría alcanzar unos 8 metros de longitud. Este animal estuvo bien representado en las facies maastrichtienses de Tetis septentrional, pero únicamente en las del lado americano. En formaciones como la de Navesink, con importantes afloramientos del Maastrichtiense temprano en el estado de Nueva Jersey, este depredador de talla para nada desdeñable conviviría con otros mosasaurios, como los extendidos *Plioplatecarpus marshi* y *Mosasaurus hoffmannii* o el intrigante y misterioso *Prognathodon rapax*. *Mosasaurus conodon*, al parecer, hundió sus raíces en los últimos coletazos del antiguo Western Interior Sea, en las facies más recientes del mar Interior Norteamericano, pues puede hallarse en estratos de finales del Campaniense de Montana y Colorado, correspondientes a unidades geológicas de las que ya hemos hablado anteriormente, como los esquistos de Pierre o la formación Bearpaw. Probablemente acabaría llegando a la costa este de Norteamérica a partir de estas poblaciones del mar interior, en donde ya se consolidaría en las faunas de la paleoprovincia de Tetis septentrional occidental. Pero ¿por qué no se expandió también por Europa? Es decir, si ambos lados del Atlántico posiblemente estuvieron conectados por corrientes marinas, ¿qué le impediría dejarse ver también por los mares poco profundos del archipiélago europeo? Para empezar, con los pocos datos que nos otorga el registro fósil, es muy difícil contestar a este tipo de preguntas, ya que a buen seguro estaremos pasando por alto cientos de pistas que, simplemente, no se han conservado en los estratos. No obstante, en este caso tal vez sí tengamos una posible respuesta: al otro lado del Atlántico, en la región de Tetis septentrional oriental, vivió un feroz primo suyo que no se dejaría amedrentar.

Se trata de *Mosasaurus lemonnieri*, que con entre 7 y 10 metros de longitud, tendría unas dimensiones bastante parecidas a las de su cercano pariente del otro lado del charco. Además, este vivió prácticamente en los mismos momentos que *Mosasaurus conodon*: a finales del Campaniense y principios del Maastrichtiense. No obstante, este mosasaurio europeo mostró una diferencia muy importante con respecto a su primo americano. Mientras que *Mosasaurus conodon* tuvo dientes con esmalte liso, las piezas dentales del contemporáneo *Mosasaurus lemonnieri* presentaron una superficie facetada, con varias caras esculpidas. ¿Serían estas diferencias dentales indicadoras de una dieta lo suficientemente distinta como para que ambos se encontraran en nichos ecológicos diferentes? Tal vez sí o tal vez no. Lo único claro en la actualidad es que ni el americano *Mosasaurus conodon* ni el europeo *Mosasaurus lemonnieri* lograron en ningún momento extenderse por toda la paleorregión de Tetis septentrional. Cada uno se limitó a vivir en su correspondiente lado del océano. El que esto fuese por una supuesta competencia entre ambos o por otros factores diferentes, ya entra en el campo de la especulación.

Imagen 91: Cráneo del mosasaurino europeo *Mosasaurus lemonnieri.*

Pero estas dos especies de *Mosasaurus* no fueron las únicas que se encontraron restringidas a uno u otro lado del charco en Tetis septentrional, pues esta misma separación atlántica también ocurrió entre los discretos halisaurinos. También aquí hay quienes solo aparecen en Europa y quienes solo en América. En las calizas fosfáticas de Ciply, cerca de la ciudad belga de Mons, podemos encontrarnos con *Phosphorosaurus ortliebi*, un pequeño mosasaurio con unas cuencas oculares grandes. Recordemos que este tipo de halisaurinos, los que se englobaban en la tribu Halisaurini, posiblemente confiaran en su excelente sentido de la visión para cazar y, por lo que sugieren sus grandes ojos, *Phosphorosaurus ortliebi* no sería aquí una excepción. Su cráneo, además, nos informa de que los movimientos mesokinéticos pudieron ser de gran importancia, es decir, que sería capaz de desplazar en cierto modo la parte anterior del cráneo con respecto a la posterior. Este animal sería un halisaurino puramente europeo y su pariente del otro lado del Atlántico no sería otro que *Halisaurus platyspondylus*, un mosasaurio de no más de 4 metros y hocico ancho que aparece en formaciones maastrichtienses de Maryland o Nueva Jersey. De nuevo volvemos a toparnos con dos mosasaurios, bastante similares en tamaño y quizá modo de vida, uno a cada lado de la región Tetis septentrional.

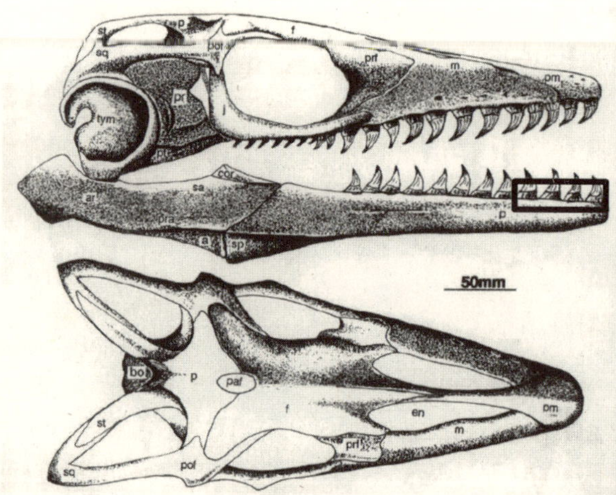

Imagen 92: Cráneo de *Plioplatecarpus houzeaui* en el que pueden verse las bases dentales algo orientadas hacia la parte anterior del hocico.

Pero dejémonos de buscar primos separados por el antiguo Atlántico y lancémonos a por otros nuevos mosasaurios, a por algunos que nos hagan comprender mejor cómo fueron estos antiguos lepidosaurios marinos. En la formación Ciply, una de las pocas zonas fosfáticas dentro de la región carbonatada de Tetis septentrional, podemos encontrarnos a una especie de *Plioplatecarpus* de la que aún no hemos hablado. En estas calizas belgas del Maastrichtiense inferior no aparece el ya conocido *Plioplatecarpus marshi*[68], sino un

68 *Plioplatecarpus marshi* aparecerá en las cercanas calizas de Maastricht, en Países Bajos, solo que un poco más avanzado el Maastrichtiense.

pariente suyo un poco más pequeño: *Plioplatecarpus houzeaui*. De nuevo en este animal podemos encontrar algunas de las características típicas de los plioplatecarpinos de la tribu Plioplatecarpini, como puede ser un cráneo muy kinético y articulado. Si miramos, además, en el interior de sus fauces, podremos comprobar empíricamente que el modo de alimentación de estos mosasaurios fue distinto del de otros que cazaban presas más duras. Fijémonos en las bases de sus dientes: estas no son verticales, no son rectas, sino que se encuentran un poco inclinadas hacia la parte anterior del cráneo. Esto probablemente sería una adaptación a un modo de alimentación en el que la presa aún no estaba muerta cuando las fauces del cazador se cernían sobre ella para intentar engullirla. ¿Esto no te suena? Ya habíamos hablado hace unos capítulos del *ratchet feeding*, un modo de alimentación en el que el depredador poco a poco se iba tragando a una presa de tamaño moderado, de modo similar a como las serpientes tragan objetos más grandes que ellas. Este curioso tipo de alimentación podría beneficiarse de las bases dentales algo inclinadas hacia la parte delantera del hocico de mosasaurios como *Plioplatecarpus houzeaui*, pues estas lidiarían muy bien con las sobrepresiones creadas por una presa que se resiste a ser engullida[69]. A mayores, los dientes sobre el paladar también ejercerían un papel importante en este modo de alimentación, especialmente entre los plioplatecarpinos con kinesis craneal, pues si la presa que estaba siendo ingerida pretendía escapar, se desgarraría con los dientes pterigoideos del lepidosaurio, que estaban convenientemente orientados hacia la parte posterior del cráneo. Mosasaurios como este *Plioplatecarpus houzeaui* del Maastrichtiense temprano de Bélgica sin duda serían el terror de cualquier animal que cupiese dentro de sus fauces.

Pero este interesante plioplatecarpino esconde en su cráneo un secreto que nada tiene que ver con sus dientes o alimentación. Sobre la unión de su mandíbula inferior y superior se encuentra una pista que nos permite ir un poco más allá en la comprensión de la audi-

69 En ciertos prognatodontinos o globidensinos, mosasaurios en los que las presas duras e inmóviles eran muy comunes en su dieta, las bases dentales se alzaban en vertical. Aquí inclinar esta parte inferior de los dientes hacia delante no tendría ningún sentido, pues las presiones producidas por el cascado de conchas y caparazones serían puramente verticales y, por lo tanto, las bases dentales se encuentran también orientadas en vertical.

ción de los mosasaurios. Y no solo eso, sino que también nos abre la puerta a otro gran campo de investigación en el mundo de los amniotas marinos. Resulta que se conoce un ejemplar de *Plioplatecarpus houzeaui* en el que se preserva calcificado parte del oído medio[70]. Y esto, aunque parezca casual y no demasiado importante, nos puede aportar una gran cantidad de información no solo acerca de la audición de estos lepidosaurios marinos, sino también sobre un aspecto de la vida de los amniotas acuáticos del que aún no hemos hablado. Pero vayamos por partes: ¿cómo fue el oído de los mosasaurios? ¿De qué nos puede informar un oído medio calcificado?

Para responder a estas preguntas abandonaremos por unas líneas las peligrosas aguas de Tetis septentrional y nos sumergiremos en una zona del planeta que aún casi no hemos ni siquiera mencionado. Se trata del norte de la Patagonia argentina, un lugar en el que afloran importantes facies marinas del Cretácico superior, pero en el que la investigación de mosasaurios aún no ha sido explotada en exceso. Allá por el Maastrichtiense, en esta zona de la antigua Sudamérica, se dieron importantes episodios de *transgresión marina*, es decir, subidas del nivel del mar. Esto llevó a que, al igual que sucedía en Europa, grandes porciones del continente quedaran inundadas por aguas someras, dando lugar a extensos archipiélagos conectados por un mar poco profundo. Este mar patagónico, conocido como el mar de Kawas, también estuvo infestado de mosasaurios, tal y como nos muestran los hallazgos reportados de la formación Jagüel, del Maastrichtiense superior. Todo parece indicar que estas aguas someras albergaron una fauna típica de la provincia Weddeliana, similar a la de Nueva Zelanda y las costas antárticas, aunque en los últimos compases del Cretácico superior parece que hubo importantes ingresiones faunísticas de procedencia más ecuatorial. En el mar de Kawas vivieron géneros de mosasaurios ya conocidos, como *Mosasaurus*, *Prognathodon*, *Plioplatecarpus* o *Halisaurus*. Y justamente uno de los restos de un ejemplar de *Halisaurus* de estas facies argentinas es el que nos va a servir para entender el oído de los mosasaurios.

70 Se trata del ejemplar IRSNB R36, que ya había sido estudiado a principios del siglo XX.

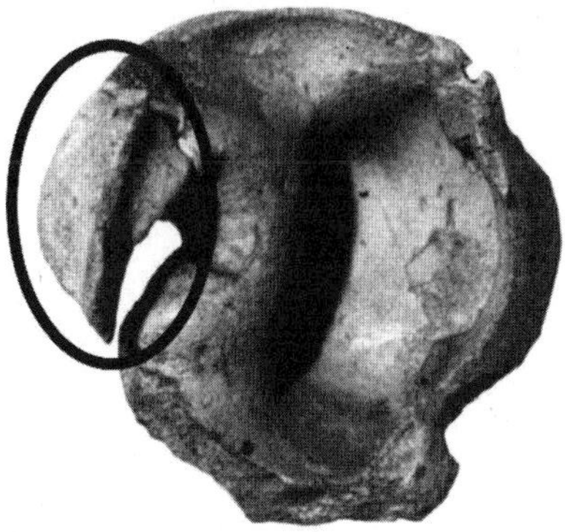

Imagen 93: Proceso supraestapédico del cuadrado de un *Plioplatecarpus houzeaui*.

Ya habíamos discutido en capítulos anteriores que la audición bajo el agua funciona de un modo muy distinto a como lo hace en un medio aéreo. En los mosasaurios, fue el *hueso cuadrado*, que más o menos tiene forma de oreja, el que se encargó de recoger las vibraciones acústicas que se transmitían por el agua o, en otras palabras, el sonido. Estas vibraciones posteriormente serían conducidas a un disco timpático, una estructura que se encargaría de amplificar este sonido, para que, más adelante, este pudiese ser transmitido al oído interno, donde ya se encontraban los receptores acústicos[71]. No obstante, es en la conexión entre la región timpánica y el oído interno donde encontramos grandes diferencias entre los oídos de la mayoría de los amniotas y los de los mamíferos. Los mamíferos tenemos aquí una cadena de pequeños huesecillos, que solemos llamar *martillo*, *yunque* y *estribo*, la cual se encarga de transmitir estas vibraciones hasta el oído interno. Sin embargo, por ejemplo en los lepidosaurios esta cadena no existe. En la mayoría de las serpientes, los lagartos y los varanos, y por extensión en mosasaurios, el único hueso aquí presente sería el correspondiente al estribo, que se conoce como *colume-*

71 También habíamos visto que bajo el agua existe a mayores la conducción ósea del sonido, en la que estas vibraciones acústicas se transmiten directamente a través de los huesos del cráneo hasta el oído interno.

lla auris. Este se encuentra conectado por un extremo a la membrana resonante llamada *tímpano* y, por el otro, se ayuda de un conjunto de estructuras cartilaginosas para hacer llegar las vibraciones que recibe hasta el oído interno. Estas estructuras cartilaginosas se conocen con el nombre de *extracolumellas* y son muy importantes, ya que suelen ser las partes que pueden encontrarse fosilizadas del oído medio de los mosasaurios. Parte de una de estas *extracolumellas* calcificadas fue lo que se descubrió en el *Plioplatecarpus houzeaui* de Bélgica, aunque en el ejemplar de *Halisaurus* argentino el hallazgo fue aún más interesante, pues probablemente se haya encontrado aquí el propio disco timpánico calcificado. El oído de los mosasaurios, al fin al descubierto…

Pero no basta con tener un buen oído medio y un disco timpánico muy sensible, pues a la hora de oír hay otro factor determinante, que una vez más se encuentra en el hueso cuadrado de los mosasaurios. Si nos fijamos en la morfología de este, veremos que presenta un gran lóbulo vertical con forma de oreja en su parte izquierda y, en su parte derecha, otro lóbulo que, dependiendo de la especie, puede encontrarse más o menos desarrollado. Este segundo lóbulo derecho se conoce como *proceso supraestapédico* y, gracias a él, el cuadrado consigue aislar la membrana timpánica de los movimientos mandibulares. Esto es así porque el disco timpánico se encuentra justo entre los dos lóbulos del cuadrado, completamente rodeado por este hueso y aislado de las fauces del animal. Y esto es importante, porque de poco serviría un oído medio eficaz, con su *columella auris* y *extracolumellas*, si la captación del sonido por la región timpánica se viese seriamente influenciada por los movimientos de las mandíbulas del mosasaurio. Hay que aislar nuestro sistema de recepción acústico si pretendemos gozar de una buena audición. Llama la atención, además, que el conjunto de disco timpánico y oído medio no se encontró igual de rodeado por el cuadrado en todos los mosasaurios. El proceso supraestapédico estuvo poco desarrollado, por ejemplo, en los tilosaurinos, por lo que el aislamiento de su oído de los movimientos mandibulares, aunque no sería malo, probablemente fuese bastante peor que el de otros mosasaurios.

Pero, volviendo a las *extracolumellas* y el disco timpánico, ¿por qué es importante que estuviesen calcificados? Para empezar, las *extracolumellas* suelen ser cartilaginosas en la mayoría de los lepidosaurios, y el cartílago de por sí es tremendamente difícil que fosilice. Por lo que, si no fuese por los mosasaurios con estas estructuras parcialmente calcificadas, no sabríamos cómo fue el oído medio de estos lepidosaurios. Además, el propio hecho de que estuviesen calcificadas posiblemente las volvería más resistentes, más capaces de soportar grandes cambios de presión y justamente por ello se asocia a los mosasaurios que presentan estas calcificaciones con un comportamiento muy concreto: el buceo en aguas profundas. Y es que todos los mosasaurios bucearían, ya que evidentemente viven en entornos marinos, pero no todos ellos se moverían con la misma facilidad por la columna de agua. Un animal que siempre vive a unas profundidades bajas, muy cerca de la superficie, se enfrentaría a retos físicos muy distintos que otro que regularmente desciende de manera apreciable en la columna de agua. Estos últimos necesitarían unas estructuras auditivas resistentes para sumergirse a profundidades importantes y emerger posteriormente a la superficie. La cuestión radica en que este tipo de desplazamientos llevan intrínsecos unos cambios de presión muy bruscos, que fácilmente podrían dañar su aparato auditivo si este no se encuentra correctamente adaptado. Por lo tanto, es probable que los mosasaurios con *oídos medios o discos tim pánicos parcialmente calcificados* se aventurasen con frecuencia en aguas profundas, es decir, que posiblemente fuesen expertos buceadores y unos grandes apneistas. No obstante, los hallazgos de *extracolumellas* o discos timpánicos calcificados son extremadamente raros entre los mosasaurios, pues, aunque estos pueden fosilizar, no dejan de ser estructuras muy delicadas. Por lo que, ¿hay algún otro modo de poder ver si un cierto mosasaurio buceaba habitualmente en aguas profundas? Pues por suerte sí, y además este no requiere de esqueletos fósiles excepcionalmente preservados. La base en la que se sustenta este nuevo método de análisis posiblemente ya sea conocida por muchos, especialmente por aquellos que practican el buceo con bombona. Si eres uno de ellos, ¿nunca te has dado cuenta de que, tras realizar grandes descensos en la columna de agua, no te dejan subir a la superficie tan rápido como quieras? Generalmente los buceadores que descienden por debajo de ciertas cotas, para volver a la superficie de nuevo, deben realizar una ascensión con ciertas paradas obligatorias. Esto es así porque su cuerpo debe aclimatarse a las presiones externas, ya que en estos momentos lo más peligroso no es sumergirse a una profundidad en la que la presión de agua sea muy grande, sino ascender muy rápido. Al subir de golpe a la superficie, tu cuerpo, que ya estaba relativamente acostumbrado a estar a una cierta profundidad, de repente vuelve a enfrentarse a una presión externa mucho más baja. ¿Y esto qué implica? Pues un conjunto de dolorosas patologías conocidas como *síndrome de descompresión*, que en casos extremos puede ser letal. Pero ¿por qué es tan peligroso este síndrome de descompresión?

Pongámonos en situación. Imaginemos que te encuentras buceando a unos 50 metros de profundidad y que llevas ahí abajo inspeccionando la fauna marina ya unos cuantos minutos. Los fluidos internos de tu cuerpo, poco a poco, se han ido aclimatando a esa profundidad, y a esas presiones ciertos gases se vuelven solubles, con lo que se van absorbiendo en la sangre. Si ahora asciendes poco a poco, haciendo paradas cada 10 o 15 metros de profundidad para que tu cuerpo se aclimate a los cambios de presión, algunas de estas sustancias poco a poco irán reapareciendo en su forma gaseosa, ya que dejarán de ser solubles en la sangre. No obstante, si el ascenso a la superficie lo haces de manera brusca, sin hacer paradas de aclimatación, corres el riesgo de que estos gases dejen de ser solubles también de una manera brusca y que aparezcan de repente en tu torrente sanguíneo. Estos gases pueden agruparse y formar burbujas que, si son lo suficientemente grandes, pueden llegar a obstruir venas o arterias, haciendo que colapse parte de tu sistema circulatorio. Las zonas de tu cuerpo a las que no llega sangre terminarán muriendo o, en palabras más técnicas, se producirá una *necrosis avascular.* Estas son las terribles consecuencias del síndrome de descompresión, también llamado en ocasiones como *la enfermedad del buzo.* Y, claro, ¿padecieron los mosasaurios también esta enfermedad? ¿Puede detectarse en el registro fósil?

Pues por suerte sí. Esto suele analizarse sobre vértebras de mosasaurios, viendo si internamente muestran alguna seña de necrosis avascular. Basta con someter las vértebras que queramos analizar a un simple análisis radiológico. Si el ejemplar en cuestión padeció síndrome de descompresión, podrán apreciarse bajo este análisis una especie de marcas más oscuras, conocidas como *signos de vaciado* (*vacuum signs*, en voz inglesa), las cuales se corresponderán con la zona donde se produjo la necrosis avascular. Así de simple. Por lo que ¿qué mosasaurios mostraron síndrome de descompresión?

Por ahora se han detectado evidencias de esta patología en especies como *Platecarpus tympaniticus*, *Plioplatecarpus houzeaui*, *Plioplatecarpus primaevus*, *Prognathodon giganteus*, *Mosasaurus lemonnieri*, *Mosasaurus conodon* o *Tylosaurus proriger*. En el caso de *Plioplatecarpus houzeaui*, puesto que ya sabíamos además que poseía parte del oído medio calcificado, reforzamos aún más la hipótesis de que fue un gran adepto de los descensos en la columna de agua[72]. No obstante, en otros mosasaurios este tipo de análisis ha llegado a la conclusión contraria, es decir, a que posiblemente estos no se desplazasen demasiado dentro de la columna de agua y solo se moviesen por aguas someras. Entre estas especies se encuentran *Clidastes propython*, *Ectenosaurus clidastoides* o *Halisaurus platyspondylus*. Los tres fueron mosasaurios de pequeño tamaño que hasta ahora habíamos tratado como habitantes de aguas neríticas, por lo que esta conclusión no debería sorprendernos. Sin embargo, tampoco hemos encontrado ninguna evidencia de este síndrome de descompresión en uno de los últimos titanes de una dinastía en declive, en una gran bestia que aún resistía en el Tetis septentrional europeo de principios del Maastrichtiense...

Estamos hablando de una de las criaturas de mayores dimensiones que se ha hallado en las calizas fosfáticas de Ciply, del titánico *Tylosaurus bernardi*[73]. No esperabas encontrar grandes tilosaurinos tan tardíos y en estas latitudes, ¿verdad? Esta enorme bestia, que perfectamente podría alcanzar los 12 metros de longitud, parece rememorar aquellos tiempos pasados en los que los mosasaurios ariete eran los indiscutibles dueños de los océanos. Es como un fantasma nostálgico que vaga por un escenario cambiado, muy distinto al de sus exitosos ancestros, quizá incluso distópico para los de su linaje. Y es que el mundo maastrichtiense era muy diferente, ahora él ya no llevaba la voz cantante. Fijémonos en un detalle: sí se ha encon-

72 Aunque nos hemos servido de la especie *Plioplatecarpus houzeaui* para introducir estas calcificaciones en el aparato auditivo, también se han detectado en otros plioplatecarpinos, como en el propio género *Platecarpus*.

73 Originalmente este animal fue descrito como *Hainosaurus bernardi*, pero el género *Hainosaurus* ha sido sinonimizado recientemente con *Tylosaurus*. Actualmente aún puede encontrarse descrito como *Hainosaurus* en muchos libros o museos.

trado evidencia de síndrome de descompresión en *Tylosaurus proriger*, el gran tilosaurino de principios del Campaniense del Western Interior Sea, pero esta necrosis avascular ya no aparece en el posterior *Tylosaurus bernardi*. Es como si ya no tuviese tanto margen de acción, como si se viese cohibido, superado por la situación a pesar de su grandiosa talla. Es cierto que *Tylosaurus bernardi* fue un magnífico e imponente depredador, pero también es verdad que este último tilosaurino del norte se encontraría mucho más restringido, mucho más apartado en sus ecosistemas marinos, y tal vez hasta habría perdido la gran movilidad en la columna de agua que tuvieron sus antecesores. Él ya no era el titánico superdepredador oportunista que otros de su dinastía habían llegado a ser; ahora el mundo se encontraba mucho más especializado, ahora los mosasaurios dominantes ya no eran ellos, sino sus feroces rivales mosasaurinos.

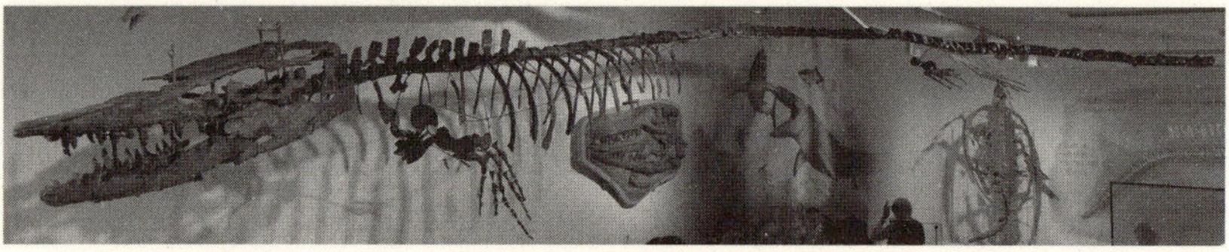

Imagen 94: Reconstrucción del esqueleto del enorme tilosaurino tardío *Tylosaurus bernardi*.

Y su principal adversario, uno de los pocos reptiles marinos que podría no solo competirle la supremacía de los mares, sino arrebatársela, fue un viejo conocido nuestro. Curiosamente, la especie de mosasaurio más grande y robusta que conocemos fue también la primera en ser descubierta y nombrada… Hablamos de *le grande animal de Maastricht*, de la titánica bestia que afloró allá por finales del siglo XVIII en una cantera de los Países Bajos, de aquel monstruo marino cuya mera porte bastó para ahuyentar a cualquiera de sus competidores: estamos ante el ciclópeo *Mosasaurus hoffmannii*. Este colosal lepidosaurio no solo se consolidó como el incuestionable superdepredador de los mares maastrichtienses, sino que además fue uno de los mosasaurios más exitosos de los que tenemos constancia. Sus restos se han hallado en Tetis septentrional, tanto en el lado europeo como en el americano[74], y su área de influencia llegó incluso a escapar de los límites tradicionales de las paleorregiones maastrichtienses. No solo se han hallado sus dientes en zonas como Bulgaria o Turquía, sino que, como ya vimos en el capítulo anterior, existen restos atribuibles a su especie en plena provincia de Tetis meridional.

Imagen 95: Esqueleto fósil de un ejemplar de *Mosasaurus hoffmannii* del Maastrichtiense superior de los Países Bajos.

Este letal carnívoro sacrificó buena parte de la kinesis craneal que había heredado de sus ancestros a cambio de un cierre mandibular robusto, lo que le habría permitido alcanzar potencias de mordeduras muy superiores a las de casi cualquier otro mosasaurio. Sus dientes fueron robustos, capaces de soportar fuertes presiones, pero también muy válidos para cortar, con bordes afilados y una morfología facetada. Su dentición estaría, por tanto, poco especializada, pero sería

74 En Norteamérica sus restos a veces aparecen descritos como *Mosasaurus maximus*, aunque esta especie se ha sinonimizado con *Mosasaurus hoffmannii*.

muy versátil, ideal para un depredador oportunista. Prácticamente cualquier animal nadador entraría dentro de su menú. Acorde con esto, sus sentidos de caza no fueron malos, pero tampoco estuvieron extremadamente desarrollados. Para empezar, sus aperturas óseas para el órgano vomeronasal fueron bastante discretas, con lo que deducimos que su vomerolfato no fue demasiado potente. Su vista, por otro lado, aunque posiblemente mejor que su olfacción, no sería tampoco excelente. No contaría con una importante visión en profundidad y sus órbitas oculares no fueron tan grandes como las de ciertos halisaurinos. Pero ¿acaso eso importaba? Este magnífico animal quizá no fuese demasiado bueno en la captura de algún tipo concreto de presa ni tampoco en la caza bajo un tipo específico de condiciones ambientales, pero eso no le impidió ser tremendamente exitoso. Y con esto demostró que los depredadores oportunistas sí tenían cabida en el último tramo del Cretácico superior, solo que estos debían antes librarse de toda la competencia. *Mosasaurus hoffmannii* sería, por lo tanto, uno de los pocos mosasaurios maastrichtienses poco especializados; tan solo parecía haberse esmerado evolutivamente en conseguir una mordedura potente y en, cómo no, crecer hasta dimensiones más que colosales. Pero ¿qué tamaño pudo alcanzar este exitoso titán?

Mosasaurus hoffmannii se conoce casi exclusivamente por sus robustos cráneos y justamente por esta razón durante décadas han aparecido en el mundo científico infinidad de estimaciones de su talla, muchas de ellas disparatadas. Una de las extrapolaciones de sus dimensiones más conocidas fue la realizada por el famoso paleontólogo Dale A. Russell[75], el cual comentó que la longitud total de este enorme mosasaurio sería aproximadamente unas diez veces la de su cabeza. Y el problema es que, tomando como referencia esta hipótesis, llegamos a especímenes de tamaños presumiblemente excesivos, que rompen muchos de nuestros esquemas. Por ejemplo, si extra-

75 Este científico estadounidense ha sido uno de los mayores investigadores en el campo de los mosasaurios. Escribió el libro *Systematics and Morphology of American Mosasaurs*, una genial referencia para cualquier investigador que desee comparar o analizar morfologías de mosasaurios, y se ha nombrado en su honor no solo uno de los dos grandes clados de mosasaurios, es decir, el de los ruselosaurinos, sino también al género temprano *Russellosaurus*.

polamos a partir del cráneo de Penza[76], de 1,7 metros de longitud, nos estaríamos enfrentando a una mole de 17 metros. Y el problema no es este, sino que se conocen restos incompletos que posiblemente perteneciesen a ejemplares bastante más grandes, los cuales según estas extrapolaciones podrían rozar unos abismales 20 metros de cola a hocico. Y cuidado porque esto no tiene por qué ser incorrecto por ser sorprendente, pero sí debe tomarse con cautela, ya que las extrapolaciones deben analizarse concienzudamente para tomarse como fiables. Pero, entonces, ¿cuál es la visión actual de la comunidad científica? Actualmente se suele considerar que una extrapolación de un cuerpo siete veces más largo que la cabeza es mucho más razonable que la de 10. Con esta idea en mente, obtendríamos dimensiones gigantescas para algunos ejemplares de *Mosasaurus hoffmannii*, pero mucho más conservadoras y factibles. A día de hoy cualquier estimación, por baja que esta sea, acepta que longitudes de unos 14 metros podrían ser más que posibles para especímenes adultos grandes. Sería aún más grande que *Tylosaurus bernardi*, el último tilosaurino de las aguas septentrionales y, además, tendría una complexión mucho más robusta que la de este.

No obstante, al igual que ocurrió con los enormes mosasaurios ariete del Santoniense, ser grandes no les aseguraría una vida cómoda y apacible a estas bestias marinas. *Mosasaurus hoffmannii* también sufrió ataques, fracturas, golpes y procesos infecciosos: su paso por los mares de Tetis septentrional no fue un camino de rosas. Las aguas maastrichtienses también vieron sangrar a la más temible de sus criaturas. Es famoso en este aspecto el llamado *ejemplar de Bemelen*, procedente de los Países Bajos. No se sabe muy bien por qué razón, pero este animal sufrió una fuerte *osteomielitis*, es decir, una infección ósea, en la zona en la que articulaban sus mandíbulas. Esta patología fue tan severa que el pus le llegó a cavar una cavidad de aproximadamente medio litro en el hueso, justo a la altura del cuadrado. Sin duda esto debió ser extremadamente doloroso para el animal y el simple gesto de abrir o cerrar inocentemente sus fauces ya sería una auténtica tortura. Lo sorprendente aquí es que, tal y como nos muestran las deposiciones de tejido óseo posteriores a la osteomielitis, el mosasau-

76 Descubierto en las cercanías de la ciudad rusa homónima.

rio sobrevivió a esta dura infección. Durante un tiempo necesariamente debió pasarse a una dieta más blanda, ya que dado el enorme acceso que la patología había creado en su hueso cuadrado, una presión excesiva durante un mordisco podría haber hecho que sus mandíbulas colapsaran. Debió haber sacrificado su vida de indisputable e intimidante superdepredador por una más modesta durante un tiempo. Sin duda estamos ante una historia de resistencia y superación, muy similar a la de tantos hombres y mujeres del mundo actual, solo que esta estuvo protagonizada por un monstruoso reptil marino que vivió hace más de 65 millones de años.

Mosasaurus hoffmannii fue el auténtico culmen de los mosasaurios de Tetis septentrional, el más grande y robusto, y casualmente también el más precoz en ser descubierto. Por esta razón hemos decidido dejarlo para el final de esta paleorregión, ya que una vez él apareciese en escena, pocas cosas serían ya capaces de sorprendernos. Pero, antes de pasar página y viajar a otro lugar del planeta, merece la pena hacer unas últimas reseñas sobre la ecología de estas bestias, poner un poco a todos estos lepidosaurios marinos en perspectiva. Pero, claro, hacer algo así de un modo científico no es sencillo… Ya hemos tratado los análisis isotópicos en varias ocasiones y hemos visto cómo las distintas proporciones de $^{12}C/^{13}C$ en última instancia estaban detrás del área en la que el mosasaurio se alimentaba. Este tipo de estudios también se han hecho en las formaciones maastrichtienses de los Países Bajos, en las que hallamos mosasaurios de tallas y aspectos muy distintos, como *Carinodens belgicus* (3 metros), *Plioplatecarpus marshi* (4-7 metros), *Prognathodon sectorius* (5-7 metros), *Prognathodon saturator* (12 metros) o el colosal *Mosasaurus hoffmannii* (14 metros). Y no, aquí no aparece el esperado *Tylosaurus bernardi*, pues este solo estuvo presente a principios del Maastrichtiese, desapareciendo por completo del registro fósil más adelante. Volviendo al estudio, los valores hallados de 13C fueron menores para las especies más grandes, lo que nos indica que estas se alimentaron en zonas con una menor concentración de organismos productores, es decir, en zonas más alejadas de la línea de costa generalmente. No obstante, existen muchos otros factores que influyen en estas proporciones isotópicas que estamos analizando, como el puesto que un animal ocupa en la red trófica de su ecosistema (pues se produce un pequeño enriquecimiento en ^{13}C cada vez que se escala en las cadenas tróficas) o su fisiología. Y este último punto puede ser clave, ya que nos limita a poder relacionar solo amniotas con amniotas, es decir, que no podemos comparar a la ligera las proporciones isotópicas en un pez con las de un mosasaurio. Ambos obtienen el oxígeno de manera diferente, respectivamente mediante branquias o pulmones, y de fuentes distintas, unos directamente del agua y otros salen a respirar a la superficie. Sus fisiologías y modos de vida son muy distintos, y esto al final hace que los valores de ^{13}C sean mucho más bajos en los amniotas que en los peces o tiburones.

Realmente en este libro hemos simplificado muchísimo los estudios isotópicos, pero estos son realmente muy complicados, especialmente cuando se desea hacer una interpretación posterior. No obstante, estas investigaciones no son nuestra única baza. Existen también otros tipos de análisis similares que se han utilizado para inferir ciertos aspectos ecológicos del mundo de los mosasaurios. Se pueden hacer estudios morfológicos, basados en macrofauna, microfauna, patrones de microdesgaste dental… prácticamente de cualquier cosa que te puedas imaginar. Uno de estos otros tipos de análisis son los de *tierras raras*. Estas últimas son elementos muy poco comunes que aparecen en los sedimentos como trazas y cuya concentración o presencia puede ser indicador de unas ciertas profundidades en la columna de agua. Las tierras raras se incorporan a los tejidos de los mosasaurios durante las primeras fases de la fosilización, cuando sus cuerpos sin vida caen al fondo marino y comienzan a ser enterrados en sedimento. Y ¿qué información nos pueden dar?

Pues nos dicen principalmente cómo de profundo en el agua estuvo el sedimento en el que murió el animal y, haciendo la importante suposición de que este vivió en el mismo ecosistema en el que murió (algo que no tiene por qué ser así), nos informan también de cómo fue el ambiente que habitó el mosasaurio. La idea detrás de estos análisis es que las tierras raras más pesadas suelen abundar en ecosistemas someros, mientras que las de pesos medios o ligeros van poco a poco volviéndose más comunes conforme descendemos en la columna de agua. Una vez más y al igual que en el caso de las proporciones isotópicas, estos estudios son bastante complejos, especialmente a la hora de hacer una interpretación. ¿Y qué resultados nos muestran? Se han realizado investigaciones de tierras raras sobre mosasaurios de diversas edades en el estado de

Alabama y se ha llegado a conclusiones como que *Tylosaurus proriger* (Santoniense-Campaniense inferior) habitó en todo tipo de ambientes o que *Mosasaurus hoffmannii* se movió por ecosistemas abiertos y profundos. Un caso interesante dentro de estos estudios es el de los plioplatecarpinos, pues según ellos los ejemplares del género *Platecarpus* estuvieron asociados a entornos profundos, mientras que sus descendientes del género *Plioplatecarpus* parece que optaron por ambientes más someros. Por desgracia estos análisis, ya de por sí complejos, suelen tomarse para muestras pequeñas y, en muchos casos, sin clasificaciones más allá de la categoría de género, lo que complica a veces aún más si cabe su interpretación. No obstante, nos muestran el impresionante abanico de posibilidades que existe en el mundo científico, que nos permite analizar un ecosistema desaparecido hace decenas de millones de años desde incontables puntos de vista.

Llegados hasta aquí, puede que muchos penséis que ya hemos analizado por completo el mundo de los mosasaurios y que, de entre todas sus magníficas e interesantes especies, *Mosasaurus hoffmannii* fue la que inspiró el título de este capítulo. Pues lo cierto es que no, la realidad es que los mares maastrichtienses del final del Cretácico aún nos esconden unos cuantos secretos y, entre ellos, se encuentran las curiosas criaturas que dieron nombre a esta sección del libro. Se trata de unos lepidosaurios que simplemente fueron más allá, que trataron de imbuir en sí los espíritus y enseñanzas de otros muchos amniotas marinos para alcanzar un nivel de sofisticación nunca antes visto. Estamos hablando de quizá el auténtico cénit de los mosasaurios, de un grupo de reptiles marinos que verdaderamente merece el sobrenombre de *bestias avanzadas*. Pero vayamos poco a poco, porque para descubrir a este último conjunto de mosasaurios debemos visitar otra región del planeta, una que hace infinidad de páginas que no tratamos y que, en los últimos millones de años, había experimentado un cambio radical.

Estamos hablando de Norteamérica, pero no de las facies carbonatadas de la costa este, no de aquellas que hemos analizado al hablar de la paleoprovincia de Tetis septentrional. Ahora deberemos viajar aún más hacia el oeste, hasta el Western Interior Sea, donde habíamos visto florecer a algunos de los primeros mosasaurios completamente acuáticos, como las especies tempranas de *Tylosaurus* o los más pequeños *Clidastes* y *Platecarpus*. Resulta que durante el extenso piso Campaniense este cuerpo de agua comenzó a avisar de que su vida estaba llegando a su fin. Poco a poco las facies de mosasaurios fueron migrando hacia el norte, hasta llegar a algunos de los estados más boreales de Estados Unidos, como Montana, o incluso a tierras canadienses. Ejemplos de estas comunidades empujadas hacia el Ártico serían las de la formación Bearpaw, en las que, si recuerdas bien, los mosasaurinos ya comenzaban a escalar en importancia de manera feroz e indiscreta. Pero ¿qué ocurría más al sur? Pues simple y llanamente que el mar Interior Norteamericano estaba desapareciendo, las dos secciones de tierra firme que sus aguas bisectaban cada vez estaban separadas por un canal de agua salada más y más estrecho. De este modo, el que había sido el fascinante hogar de muchos de los protagonistas de este libro fue desvaneciéndose, cayendo poco a poco en el olvido. Allá por el Maastrichtiense el Western Interior Sea ya no era más que un espejismo: año tras año, sus aguas iban cediendo terreno.

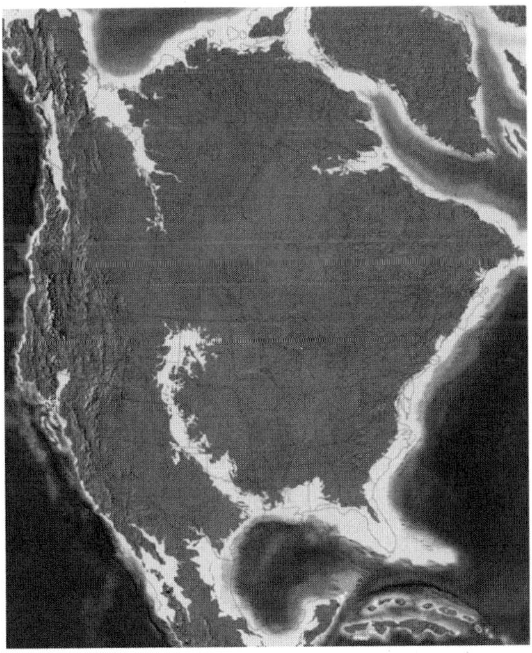

Imagen 96: Norteamérica al final del período Maastrichtiense. Fíjate que el Western Interior Sea ya prácticamente ha desaparecido y que la región caribeña ya se encuentra más aislada del Pacífico.

Esto configuró el norte y centro del continente americano, creando nuevos escenarios y, cómo no, nuevas oportunidades para aquel que estuviese dispuesto a aprovecharlas. El cierre del Western Interior Sea tuvo como resultado la aparición del actual golfo de México y, a su vez, dio forma a un mar Caribe que poco a poco iba pareciéndose más y más al del mundo actual. Sin embargo, quizá lo más importante a nivel faunístico fue que, de repente, las conexiones entre el Atlántico y el Pacífico se volvieron más complicadas. Estas podrían realizarse o a través de los fríos mares del norte, o a través de una región caribeña que aún no nos ha dado un buen registro de mosasaurios. A día de hoy los fósiles nos muestran que hubo muy pocos intercambios faunísticos entre ambos océanos, al menos en lo que a grandes reptiles marinos respecta. Hasta aquí también había llegado la omnipresente regionalización maastrichtiense, lo que significa que, de nuevo, aparecerán más endemismos. Por lo tanto, Atlántico y Pacífico se volvieron dos zonas mucho más aisladas, con faunas y ambientes diferentes. Y una vez llegados hasta aquí, la pregunta que nos debería surgir es simple: ¿qué mosasaurios hubo al oeste de Norteamérica? Ya hemos visto lo que ocurrió en la costa este, pero ¿qué sucedió en la oeste?

Los yacimientos más conocidos de esta región del Pacífico norte son los del valle de San Joaquín, en la alta California de Estados Unidos. La llamada formación Moreno nos ha dado aquí un punto de vista privilegiado, gracias al cual hemos podido esculpir un contexto más que interesante para las formidables criaturas que dan nombre a este capítulo. En estas facies maastrichtienses vuelve a aparecer el enigmático *Prognathodon rapax*, una especie que ya vimos en el lado americano de Tetis septentrional y que da fe de que había aún algún que otro intercambio faunístico entre la costa este y oeste de Norteamérica, aunque estos fuesen ya poco comunes. Por desgracia, sabemos muy poco acerca de esta especie de prognatodontino. No obstante, este peculiar mosasaurio *bulldog* no estuvo solo, pues en sus mismas aguas vivió otro pariente suyo mucho más conocido y que ha intrigado durante años a la comunidad científica. Se trata de *Plesiotylosaurus crassidens*, un mosasaurio de unos 6 metros de longitud endémico del Pacífico norte.

Pero ¿cómo que *Plesiotylosaurus*? ¿Acaso aún había tilosaurinos en esta región del globo? Pues no. Lo que ocurre aquí es que

Plesiotylosaurus no fue un tilosaurino, tal y como su nombre nos puede llevar a pensar, sino un mosasaurino muy próximo al género *Prognathodon*. El prefijo *plesio-* realmente significa *cercano a*, por lo que *Plesiotylosaurus* quiere decir literalmente *cercano a Tylosaurus*, pero llamarse así no lo convierte en un tilosaurino. Este mosasaurio desarrolló un cráneo que en ciertos aspectos fue extremadamente parecido al de *Tylosaurus*, y no solo en la forma y posición de ciertos huesos, sino incluso en el *rostrum* premaxilar. En la parte anterior de su hocico, justo en la punta de ambas mandíbulas, *Plesiotylosaurus crassidens* poseyó una última zona desdentada. Hasta este punto había llegado la supremacía de los mosasaurios mosasaurinos en el Maastrichtiense: no solo habían desplazado a sus rivales tilosaurinos, ¡sino que los estaban suplantando! Estaban creando sus propias imitaciones de tilosaurinos, solo que con la robustez de cráneo y extremidades típicas de los mosasaurinos. La victoria sobre los antiguos mosasaurios ariete era tan clara que ahora los mosasaurinos parecían querer burlarse de sus antiguos adversarios, mofándose de ellos con un caso de convergencia evolutiva tan sorprendente como inexplicable. Hasta que no sepamos con certeza qué función pudo tener el *rostrum* desdentado de estos mosasaurios, no entenderemos por completo las razones evolutivas que llevaron a *Plesiotylosaurus* a parecerse tanto a los tilosaurinos.

Imagen 97: Reconstrucción de un ejemplar de *Plesiotylosaurus crassidens*, a escala junto a un buzo.

Sin embargo, *Plesiotylosaurus* no fue tampoco el mosasaurio que desde hace unos párrafos ya venimos anunciando. Y es que nuestro próximo protagonista es posiblemente uno de los lepidosaurios marinos que más ha dado que hablar y que, en ciertos aspectos, más controversia ha suscitado. Nos referimos al líder de una dinastía de bestias marinas que logró una máxima adaptación al medio acuático, al fascinante *Plotosaurus bennisoni*. Este mosasaurino fue, al parecer, muy cercano filogenéticamente al propio género *Mosasaurus* y tanto es así que muchas veces se suele a agrupar a ambos dentro de una tribu llamada Plotosaurini[77]. Sin embargo, aunque evolutivamente sean cercanos, *Plotosaurus* fue anatómicamente muy distinto a *Mosasaurus hoffmannii*.

El cráneo de *Plotosaurus bennisoni* pareció salirse de la base establecida por los mosasaurios primitivos una vez más, pues fue extraordinariamente akinético. No obstante, para analizar todo esto de un modo más claro, repasemos antes de nada cuáles eran los principales puntos de la kinesis craneal en los mosasaurios. En primer lugar tenemos la kinesis intracraneal, es decir, la habilidad para mover algunos huesos dérmicos del cráneo con respecto al bloque inmóvil en el que se encuentra el cerebro del animal. Aquí se incluyen la metakinesis y mesokinesis y justamente estos dos movimientos son los que generalmente suelen perderse o limitarse en muchos de los mosasaurios con cráneos robustos o de huesos fusionados, como *Mosasaurus hoffmannii* o los selmasaurinos. Por otro lado, tenemos la kinesis intramandibular, que permite poner parte de la mandíbula inferior en un ángulo más abierto a la hora de abrir las fauces, y la estreptostilia, que lleva asociados ciertos movimientos del cuadrado para «adelantar» una mandíbula con respecto a la otra. En los mosasaurios tempranos todos estos movimientos craneales fueron posibles; sin embargo, en los clados más derivados y especializados, generalmente para conseguir mayores potencias de mordedura, suele perderse la *kinesis intracraneal*.

En *Plotosaurus bennisoni* esta kinesis intracraneal efectivamente no estuvo presente, pero tampoco fueron posibles los movimientos asociados a la estreptostilia o, al menos, estos estuvieron enorme-

77 A grandes rasgos, Plotosaurini sería equivalente a la tribu Mosasaurini de la que hablamos hace varios capítulos.

mente restringidos. La ausencia de estreptostilia en los mosasaurios ya de por sí fue rara, pero lo más curioso aquí no es eso, sino el hecho de que la pérdida de kinesis craneal de *Plotosaurus* nada tuvo que ver con la adquisición de una mayor potencia al morder. El cráneo de este mosasaurio fue alargado, sus mandíbulas no fueron muy robustas y sus dientes fueron cónicos, típicos de un cazador de pequeños peces y cefalópodos. *A priori* no estamos ahora ante un feroz superdepredador. Sus restos estomacales, además, apoyan fervientemente la idea de que este mosasaurio cazó presas de pequeño tamaño. Por lo tanto, todo parece indicar que el cráneo akinético de *Plotosaurus* estuvo relacionado con su especialización alimenticia, pues ya no necesitaba procesar a sus presas lo más mínimo antes de tragarlas. Muchos de los movimientos que heredó de sus ancestros lepidosaurios no solo no le fueron útiles, sino que posiblemente le serían incluso un estorbo, y por ello acabó deshaciéndose de ellos y desarrollando un cráneo rígido. Nada de aumentar la potencia de sus mordiscos, aquí la rigidez craneal iba por otro lado, iba por la piscivoría. Por suerte, se conoce bastante bien el cráneo de este mosasaurio de más de 8 metros de longitud, pues de lo contrario muchas de estas premisas serían difíciles de intuir.

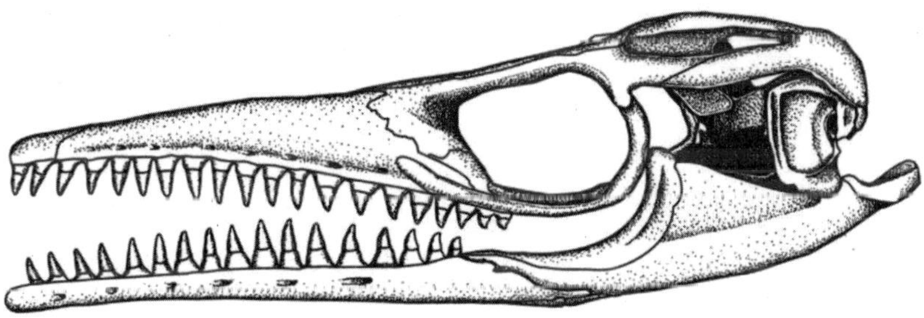

Imagen 98: Dibujo del cráneo de un *Plotosaurus bennisoni*.

De este mosasaurio hiperespecializado también se conocen sus escamas, las cuales al parecer fueron rómbicas, de unos 2,2 x 2,2 mm, y con una quilla a media altura que las partía en dos mitades. Este reborde divisorio iría orientado en la dirección longitudinal del animal, es decir, que sería paralelo a la línea que une el hocico con la cola, lo que dirigiría el agua a sus alrededores en la dirección de avance, permitiendo que el mosasaurio pudiese desplazarse con un arrastre mínimo. Pero sus pequeñas escamas con quilla no solo le aportaron una superficie externa muy hidrodinámica, sino que probablemente también reflejarían los rayos de sol de una manera un tanto especial... Gracias a estos pequeños rombos milimétricos aquillados, el mosasaurio quizá conseguiría un aspecto general mate, ideal para deshacerse de los indeseados reflejos que pudiesen alertar de su presencia. Esto convertiría a esta bestia piscívora en un animal mucho más difícil de detectar de manera visual, en un titán ultraespecializado y, quizá también, camuflado con su entorno.

Sin embargo, las adaptaciones a la vida acuática de este lepidosaurio van aún más allá. Sus discos vertebrales fueron apreciablemente más altos que largos, lo que le permitiría disfrutar de una columna rígida y estable, ideal para mantener el estilo de natación carangiforme de buena parte de los mosasaurios puramente acuáticos. *Plotosaurus*, no obstante, sería mucho más eficiente propulsándose por el agua que cualquiera de sus parientes tratados hasta ahora, pues la robustez de su columna le permitiría mantener el cuerpo mucho más rígido y estable al nadar, desarrollando una natación carangiforme más depurada y eficaz que la de sus ancestros. Además, la morfología del cuerpo de este animal tendría un aspecto aún más fusiforme que el de otros mosasaurios, lo que le permitiría desplazar el agua de sus alrededores prácticamente sin esfuerzo. Pero es que aún hay más, porque las aletas de *Plotosaurus* también alcanzaron un nivel de desarrollo extraordinario, siendo robustas pero apreciablemente largas. Para conseguir esto último tuvo que llevar al extremo la *hiperfalangia*, es decir, el desarrollo de más falanges en sus extremidades para poder soportar sus estilizadas aletas. Tanto es así que en algunos dedos de sus manos este mosasaurio llegó a tener hasta 16 falanges, ¡16! Si no te parecen muchas, cuenta el número de falanges en tus manos y te sorprenderás.

Todas estas complejas adaptaciones convertirían a *Plotosaurus bennisoni* en un mosasaurio que, simple y llanamente, no parecería un mosasaurio. Un cuerpo extremadamente fusiforme, aletas grandes, cráneo akinético, discos vertebrales altos... A primera vista, este animal fue mucho más parecido a algunos de los antiguos ictiosaurios que al resto de mosasaurios que conocemos. Algunas de estas adaptaciones ya habían aparecido en otros parientes cercanos y en *Plotosaurus* solamente fueron llevadas al extremo, pero otras fueron completamente novedosas de su linaje más cercano, como su cráneo adaptado completamente a la piscivoría. Este tipo de mosasaurios, tan hechos al medio marino que paradójicamente ya no parecen ni siquiera mosasaurios, son los que verdaderamente dan título a este capítulo del libro. Ellos son las bestias hidrodinámicas que muchos consideran como el auténtico cénit de este grupo de lepidosaurios marinos, ellos son los que se atrevieron a dar un paso más, a confundirse con aquellos que evolutivamente jamás habían dejado el agua para competir con ellos casi en igualdad de condiciones. Por esta razón, muchos científicos se refieren a los ejemplares de *Plotosaurus* y ciertos hallazgos afines con el apodo de *mosasaurios avanzados*.

Imagen 99: Reconstrucción en vida de *Plotosaurus bennisoni*. Su cráneo pequeño y alargado, cuerpo fusiforme y grandes aletas lo haría parecer más bien un ictiosaurio primitivo que un auténtico mosasaurio.

Y estas bestias avanzadas no estuvieron presentes únicamente en la antigua California, en la formación Moreno, sino que también hay evidencia de su presencia en otros lugares del Pacífico. En Japón se han reportado discos vertebrales de mosasaurios muy sospechosos: si dividimos su longitud entre su altura, obtenemos un coeficiente de 0,7, es decir, que son bastante más altos que largos. Todo apunta a que *Plotosaurus* o algún género afín merodeó también por las costas de esta zona del planeta y lo sorprendente aquí es que algunos de estos restos proceden de finales del Campaniense, es decir, que el origen de esta dinastía de nadadores hiperespecializados podría estar incluso más atrás en el tiempo que el piso Maastrichtiense.

Pero es que esto no es todo, pues existe otro mosasaurino, procedente también de las tierras del sol naciente, que muestra un grado de especialización acuática quizá aún mayor que *Plotosaurus*. Y lo mejor es que de este tenemos un esqueleto fósil casi completo. Estamos hablando de *Megapterygius wakayamaensis*, el nombre de cuyo género literalmente significa *aleta gigante*. Se trata de un mosasaurio de tamaño medio, de unos 6 metros de longitud, descubierto en estratos de finales del Campaniense o principios del Maastrichtiense del sur de Japón. Este singular reptil, tal y como su nombre indica, posee unas aletas extremadamente desarrolladas, mucho más de lo que hemos visto hasta ahora. Si las de *Plotosaurus bennisoni* ya eran grandes, las de este mosasaurio nipón consiguen romper todos nuestros esquemas. No solo sus aletas son más largas aún que su propio cráneo, sino que además sus aletas traseras son incluso más grandes que las delanteras. Y esto es algo completamente inusual en el mundo de los mosasaurios, pues suelen ser las extremidades anteriores las que presentan un mayor tamaño y desarrollo.

Al igual que vimos en *Plotosaurus*, las vértebras de *Megapterygius* tuvieron también discos muy altos, que en suma darían una vez más una complexión muy compacta a su columna. No obstante, en las vértebras de este animal, más concretamente entre la número 15 y la 21, aparece una sorpresa que muchos no esperaban ver ahí. ¿De qué se trató esta vez? Antes de nada, pongámonos un poco en contexto: cuando se descubrió que la mayoría de los mosasaurios acuáticos tenía una cola terminada en una aleta hipocerca, muchos científicos pensaron que, tal vez, algunos de estos lepidosaurios marinos habrían conseguido dar un paso más en la carrera por adaptarse al medio acuático. Ya solo les faltaba un pequeño detalle para volverse casi indistinguibles de ictiosaurios y cetáceos: una aleta sobre sus lomos, es decir, una *aleta dorsal*. Evidentemente, *Plotosaurus* fue desde el primer momento el mosasaurio candidato para llevar este nuevo complemento que, por el momento, solo se encontraba en los croquis de los científicos, en sus cabezas. Por ahora no había ninguna evidencia física de él. Pues *Megapteryguis wakayamaensis* logró también solucionar este dilema: ¿conseguiría algún mosasaurio desarrollar una aleta dorsal? Pues al parecer la respuesta es un sí. El dragón japonés de la prefectura de Wakayama pudo por fin confirmar esta interesante hipótesis.

Y es que detectar una aleta dorsal en un amniota no es algo sencillo y muchas veces hacen falta restos muy completos y articulados para poder tan siquiera plantear la posibilidad de su existencia. Esto es así por una sencilla razón: las aletas dorsales de ictiosaurios, ballenas o delfines no están sustentadas internamente por huesos, sino por cartílagos, por lo que no fosilizan. Estas aletas fósiles no pueden verse, por lo que se deben intuir, ya sea mediante el fantasmagórico contorno que puede verse en algunos esqueletos excepcionalmente preservados o ya sea analizando los huesos más cercanos a esta posible aleta cartilaginosa, es decir, la región de la columna vertebral a la que esta aleta se anclaría. ¿Y cómo se descubrió que *Megapterygius* tuvo esta estructura sobre su espalda?

Como adelantábamos con anterioridad, entre las vértebras 15 y 21 se encuentra la clave a este misterio. Aquí se produce un ligero cambio de orientación de las *espinas neurales*, es decir, en la especie de ramas que parecen brotar de las vértebras hacia fuera del lomo. Puede que no parezca nada sorprendente, nada especial, pero la realidad es que pequeños detalles como este convierten a ciertos fósiles en auténticas piedras de Rosetta. Resulta que este cambio de orientación en espinas neurales se observa también en el esqueleto de los delfines y se debe a que justo en esa zona del lomo se anclan los resistentes cartílagos que soportan la aleta dorsal. Además, tanto en el arcaico *Megapterygius wakayamaensis* como en los simpáticos delfines de hoy en día podemos encontrar este cambio de orientación de las espinas neurales justo a la misma altura de la espalda, un poco por detrás de la caja torácica, tras el centro de gravedad del animal. Tendrían aletas dorsales en una posición totalmente equivalente, como si ambos calcaran un diseño omnipresente y ancestral. Esto es así porque, para un cuerpo fusiforme como el de nuestro mosasaurio o ciertos cetáceos, esta es la zona óptima para que cumpla su función de la mejor manera posible. ¿Y cuál es entonces la función de esta aleta? ¿Qué ventajas le proporciona a un animal acuático?

Imagen 100: Reconstrucción del mosasaurino *Megapterygius wakayamaensis* con la aleta dorsal en su lomo.

Las aletas dorsales no son como la aleta caudal, que les sirve a los nadadores apendiculares para poder producir empuje con el que desplazarse por el agua, ni tampoco son como las aletas de manos o pies, que se usan para maniobrar de diversos modos. Las aletas dorsales no tienen soporte óseo, no tienen una musculatura que permita poder moverlas en una u otra dirección, por lo que simplemente actúan de manera pasiva y lo que otorgan es algo muy simple y necesario: estabilidad. Ya hemos comentado en varias ocasiones lo que supone vivir en un ecosistema tridimensional, es decir, en el que puedas desplazarte en las tres direcciones del espacio. Este no es el caso de nuestro medio terrestre, ya que el hecho de que no podamos separarnos del suelo y volar por los aires convierte a nuestro entorno en bidimensional a nivel de desplazamientos. Pero en el mar esto es muy distinto, aquí ya sí que puedes ir hacia delante, hacia atrás, hacia los lados y hacia arriba o abajo. De repente puedes moverte en otra nueva dirección, y eso implica que estabilizar tus desplazamientos va a ser mucho más complicado. Justamente en este punto es donde entra en juego el nuevo complemento natatorio del que estamos hablando. La aleta dorsal cumple la función de que un animal no comience a girar indeseadamente entorno al eje definido por su columna vertebral cuando se mueve en línea recta. Esto es algo que también puede conseguirse mediante ciertas maniobras con las aletas de las extremidades, pero resulta más cómodo y eficiente tener a mayores una pequeña estructura sobre tu lomo que se oponga también a estos giros no deseados, de manera pasiva pero efectiva. Por lo tanto, podemos asegurar que la aleta dorsal supone un nuevo nivel de adaptación acuática que, una vez más, apareció convergentemente tanto en ictiosaurios como en cetáceos y ciertos mosasaurios avanzados.

El concepto de mosasaurio avanzado ya de por sí suscita nuestra más profunda curiosidad y lo cierto es que, por mucho que conozcamos algunas de sus más complejas adaptaciones, la realidad a día de hoy es que no tenemos muy claro cuál fue su modo de vida. Tradicionalmente se pensó que *Plotosaurus bennisoni*, el primer mosasaurio avanzado en ser descubierto, fue un animal hecho para recorrer largas distancias, quizá persiguiendo enormes bancos de peces por cientos y cientos de kilómetros como los elasmosaurios de cuellos largos. No obstante, con el hallazgo y estudio de *Megapterygius wakayamaensis*, se vio que quizá esta imagen de un incansable y maratoniano mosasaurio de aguas abiertas no sea demasiado acertada. ¿Y por qué no? Pues el principal problema aquí son sus grandes aletas, que causarían un importante rozamiento con el agua, rompiendo su pulcro contorno fusiforme, y convertirían sus desplazamientos largos en viajes no tan eficientes. Para más inri, *Megapterygius* tuvo aletas proporcionalmente aún más grandes que las de *Plotosaurus*, las más largas respecto al cuerpo jamás registradas en un mosasaurio. Pero, entonces, ¿qué modo de vida llevaron los mosasaurios avanzados? Una pista a esta cuestión podría estar en las cabezas del húmero y fémur de este reptil marino, en la conexión de sus enormes aletas con el tronco. Al parecer, estas permitirían un amplio rango de movimientos tanto hacia delante/detrás como hacia arriba/abajo o, en otras palabras, que permitirían realizar maniobras acuáticas bruscas o forzadas, pudiendo incluso frenar en cuestión de décimas de segundo para dejar al mosasaurio inmóvil en el agua. Esto nos lleva a pensar que, tal vez, *Plotosaurus* y *Megapterygius* no perseguirían bancos de peces lentamente como los elasmosaurios, sino que los atravesarían con rápidos movimientos como los delfines, realizando quiebros, giros imposibles o cambios de ritmos continuamente.

Sin duda los mosasaurios avanzados son algo fascinante, pues con sus grandes extremidades, rígidas columnas, potentes colas y, en algunos casos, discretas aletas dorsales, serían el terror de los grandes bancos de peces del Pacífico. Ellos fueron quizá los mosasaurios más refinados, más especializados y mejor adaptados a la vida marina que hemos visto hasta la fecha, aunque no por ello fueron los más feroces. Al otro lado de América del Norte, a uno y otro costado del no tan infranqueable Atlántico, el auténtico superdepredador de los mares cretácicos aguardaba a sus presas, ya fuesen estas tortugas, amonites, grandes plesiosaurios o incluso otros mosasaurios desprevenidos. Nadie estaba a salvo de *le grande animal de Maastricht*. En este capítulo hemos conocido a los mosasaurios de dos regiones increíbles de nuestro planeta, a las enormes bestias del norte del mar de Tetis y a las asombrosamente adaptadas criaturas del norte del Pacífico. Hemos analizado tanto a los mosasaurios más inverosímiles como a los más peligrosos, y en el camino hemos descubierto que, en muchas ocasiones, hasta el más imperceptible y casual de los detalles del registro fósil puede servirnos para sacar conclusiones sorprendentes.

Por desgracia, el piso Maastrichtiense es el último del Cretácico, y este a su vez es el último período de la era secundaria. Este amplísimo intervalo geológico se caracterizó por unas temperaturas altas, unos mares infestados de fascinantes reptiles y unos continentes dominados por dinosaurios, pero también por una cosa más. Al final del Cretácico tuvo lugar unas de las extinciones masivas más severas que ha sufrido la Tierra, un conjunto de funestos y caóticos cataclismos que supuso un antes y un después para la vida compleja tal y como la conocemos. No obstante, los mosasaurios jamás se dieron por vencidos, pues hasta el último de sus días nuestros protagonistas gobernaron con mano de hierro sus dominios, relegando a casi cualquier depredador prácticamente a un segundo plano. Pero, pese a todo, su destino ya estaba escrito. Ninguna dinastía puede reinar por siempre. Tic, tac...

La muerte vino del cielo

Una extraña ave, parecida a un pingüino pero con pequeños dientes a lo largo del pico, observaba con cautela su reflejo en el agua. Ella sabía mejor que nadie que la base de su sustento se encontraba allí abajo, pero también era consciente de que en aquellos mares hasta el más pequeño de los despistes podía ser fatal. Miró hacia los lados y, con un único objetivo en mente, saltó al agua. Debía conseguir suficiente pescado para alimentar a sus jóvenes crías, que aún eran incapaces de valerse por sí mismas. No obstante, aquel día la suerte no estaba de su parte. Al poco de zambullirse en aquellas aguas peligrosas, sintió que algo grande se le acercaba. Bajo su suave cuerpo, cubierto de miles de pequeñas plumas hidrofóbicas, una enorme sombra parecía estar al tanto de sus movimientos. De repente, antes de que el ave pudiera tan siquiera reaccionar, una gigantesca cabeza brotó de las profundidades. En un abrir y cerrar de ojos, las fauces de aquella descomunal bestia sombría la atraparon entre sus dientes. Ya no había nada que hacer, era inútil resistirse. En un par de duras sacudidas, una de las piezas dentales del depredador le perforó la columna vertebral. La intrépida ave falleció casi al instante.

Probablemente la breve historia que acabamos de narrar te resulte muy familiar, ¿me equivoco? Esto es así porque esta escena, ocurrida durante los últimos instantes de la era mesozoica, guarda muchísimas similitudes con una que año tras año sigue teniendo lugar en nuestro planeta. Seguro que en alguna ocasión has visto algún documental de pingüinos. Estas simpáticas aves, tan graciosas de admirar cuando se mueven por tierra firme, son unos fantásticos nadadores. Bajo el agua son capaces de alcanzar grandes velocidades, llegando a ser lo suficientemente ágiles como para atrapar algún que otro pez entre sus picos. Parece que la gélida agua del Antártico es su elemento, pero en este frío ambiente marino también se esconde uno de sus mayores enemigos: la orca. Este gran cetáceo dentado, que puede alcanzar perfectamente dimensiones superiores a los 7 metros de longitud, es el implacable superdepredador de estos ecosistemas. Hasta los grandes tiburones, aquellos que tanto atemorizan a los surfistas, deben andarse con cuidado para no vérselas con estas ballenas asesinas. Está bien, ahora analízalo todo con cuidado: un pingüino siendo emboscado y cazado por una orca, ¿no te parece que esta escena es asombrosamente similar a la pequeña historia que hemos contado unas líneas más atrás? Nuestras orcas ahora pasarían a ser los mosasaurios, quizá algún prognatodontino oportunista o tal vez incluso un gran tilosaurino. Estos lepidosaurios serían los grandes superdepredadores del final del Cretácico, en especial aquellos que no se habían especializado de manera excesiva en sus respectivos nichos ecológicos. Pero ¿quiénes tomarían aquí el papel de los pingüinos?

Imagen 101: Reconstrucción en vida de un hesperornítido del género *Hesperornis*.

Pues unas aves primitivas que, durante el final del Cretácico, gozaron de un gran éxito en el hemisferio norte: los *hesperornítidos*[78]. Estos animales desde un primer momento unieron su vida a los océanos, desentendiéndose de la ansiada capacidad de volar que tanto les había dado a algunos de sus ancestros. En cierto modo serían muy parecidos a los pingüinos de hoy en día, salvo que, en lugar de utilizar unas robustas alas para «volar bajo el agua», estas aves cretácicas bucearon impulsándose con sus potentes patas, que posiblemente poseerían algún tipo de palmeado o adaptación afín para producir un mayor empuje. No obstante, existe otra gran diferencia entre estos hesperornítidos y los simpáticos pájaros bobos de la actualidad, pues los primeros son muchísimo más primitivos (en términos de filogenia). Tanto es así que se clasifican en un interesante clado conocido como *enantiornitos*[79], que sería el grupo hermano de las aves modernas. Podemos ver lo arcaicos que fueron estos animales al inspeccionar ciertos detalles de su esqueleto, aunque, sin lugar a duda, el punto que más llama la atención es el hecho de que aún poseyeran dientes. Las aves actuales únicamente tienen picos, que como mucho pueden estar algo aserrados en ciertas especies, pero ya han perdido completamente sus dientes. Los enantiornitos, por su lado, aún gozaban de piezas dentales bastante visibles.

Por lo tanto, en las aguas de los últimos pisos del Cretácico tuvimos a un nuevo grupo de amniotas que se lanzó al medio marino: las aves o, mejor dicho, un grupo de aves primitivas conocido como hesperornítidos. Estos animales desarrollaron algunas de las adaptaciones típicas de los amniotas que acaban de aventurarse en el mundo acuático, pues, por ejemplo, algunos de sus huesos mostraron paquiostosis, es decir, que fueron más gruesos de lo habitual para que el ave alcanzase una flotabilidad neutra. Claramente estos hesperornítidos ya no podrían volar, pues sus alas serían prácticamente vestigiales, y su gran peso no les permitiría alzarse en el aire. Buena parte de estas aves marinas alcanzarían tallas del orden de 1 metro o 1,5 metros, teniendo unas dimensiones parecidas a las de los pingüinos más grandes de hoy en día. No obstante, ciertas especies, como *Canadaga artica*, procedente de las frías aguas subárticas del norte de

78 La familia Hesperornithidae.
79 El clado Enantiornithes.

Canadá, llegaron a tamaños apreciablemente más grandes, sobrepasando los 2 metros de longitud. Y puede que este hesperornítido fuese tan grande para conservar el calor de manera más eficiente, pues, tal y como hemos discutido en capítulos anteriores, durante el Cretácico superior final las aguas de altas latitudes no serían gélidas, pero sí bastante frescas[80]. En el fondo, encontrar amniotas más grandes de lo habitual en ambientes polares o subpolares es bastante común. Esto es algo que suele observarse en el mundo actual y se conoce como la *ley de Bergmann.*

Los hesperornítidos gozarían de un gran éxito en el Cretácico superior, especialmente durante la segunda mitad de este intervalo. Esto queda patente en muchos yacimientos del hemisferio norte, en los que, junto a exóticas y curiosas especies de mosasaurios, aparecen también estas aves primitivas. Estos enantiornitos marinos aparecen, por ejemplo, en el Western Interior Sea del Campaniense y Maastrichtiense, en donde deberían andarse con mucho cuidado para no caer presa de los mosasaurios generalistas. No obstante, existe otro gran mar del Cretácico final en el que los hesperornítidos también estuvieron presentes, una estrecha masa de agua que conectó las frías aguas árticas con el extremo más oriental del antiguo mar de Tetis. Estamos hablando del *mar de Turgai*[81].

Imagínate que un gigantesco brazo de agua salada cortase en dos la mayor masa continental del mundo, es decir, Eurasia. Pues esto fue justamente lo que hizo el mar de Turgai, separando así la tierra firme de lo que hoy sería Turquía, el Cáucaso y Europa oriental de las infinitas llanuras de Asia Central. La presencia de este curioso mar está detrás, por ejemplo, de que durante el Cretácico superior las faunas terrestres de América del Norte y Mongolia fuesen muy parecidas entre sí, pero diferentes de las de Europa. Entre Asia Oriental y el continente americano tal vez pudo haber vagas conexiones de tierra por la región del estrecho de Bering; sin embargo, entre Asia y Europa se encontraba el mar de Turgai. Pero ¿qué animales vivieron en el mar de Turgai? ¿Por qué no hemos hablado hasta ahora de este curioso mar?

---

80 Véase en el capítulo «El gélido mundo polar», donde se discute la ley del cuadrado-cubo y la retención de calor en grandes animales.

81 En ciertos momentos esta gran masa de agua somera llegaría a ser muy poco ancha, razón por la cual también se la denomina estrecho de Turgai.

Los principales yacimientos cretácicos del antiguo mar de Turgai se encuentran en Asia Central, en países como la república de Kazajistán. De hecho, el propio nombre de Turgai deriva de una cuenca sedimentaria kazaja. El problema aquí es que esta región del planeta aún no ha sido demasiado explorada en lo que a paleontología respecta. Se conocen restos de mosasaurios y plesiosaurios en estas zonas, pero estos o son de poca calidad o no han sido estudiados de manera intensiva. No obstante, sí que se ha descrito un ave hesperornítida en el norte de Kazajistán, la especie *Asiahesperornis bazhanovi*, lo que nos muestra que pueden encontrarse restos interesantes en este tipo de yacimientos. Sin duda, las aguas poco profundas del antiguo mar de Turgai pueden ser muy reveladoras para expandir nuestro conocimiento acerca de los mosasaurios, pero, por el momento, solo podemos fantasear con su potencial paleontológico.

Los hesperornítidos fueron un clado fascinante y protagonizaron el curioso asalto a los ecosistemas marinos de una insólita escisión primitiva de las aves, los enantiornitos, que, entre otros peculiares caracteres, aún conservaron dientes. Otras aves enantiornitas también ocuparon interesantes nichos ecológicos relacionados con la vida marina, como los *ictiornitos*[82]. Estos últimos sí que mantuvieron la capacidad de volar y, en cierto modo, serían similares a los albatros de hoy en día, quizá sobrevolando las aguas del litoral en busca de peces sobre los que lanzarse en picado. Ya habíamos mencionado a estas aves brevemente cuando hablamos de la endotermia de los mosasaurios, pues recordemos que el ave del Western Interior Sea con la que comparamos temperaturas corporales fue un ejemplar del género *Ichthyornis*. Además resulta que estos animales también estuvieron presentes al otro lado del Atlántico, tal y como nos muestra el género *Janavis*, procedente de los estratos del Maastrichtiense final de Bélgica. No obstante, los restos fósiles de los ictiornitos suelen ser mucho más escasos y fragmentarios que los de sus parientes acuáticos los hesperornítidos, ya que estos últimos tuvieron un esqueleto mucho más robusto y, por lo tanto, mucho más propicio para la fosilización.

82 El clado Ichthyornithes.

Las aves enantiornitas, sin duda, tuvieron una importancia mayúscula en los ecosistemas marinos del final del Cretácico; sin embargo, su gran legado, junto al de otros amniotas como policotílidos, elasmosaurios o mosasaurios, pronto conocería su amargo final. Hubo un día en el que el cielo se oscureció, los cálidos rayos del sol se ocultaron bajo una espesa e impenetrable capa de polvo y la temperatura de la Tierra descendió de manera repentina. Una noche inesquivable acababa de comenzar y, para cuando esta terminase, nada volvería a ser lo mismo. Pero ¿qué ocurrió exactamente? ¿Cuál fue el destino de los últimos mosasaurios? ¿Por qué se extinguieron?

Imagen 102: Reconstrucción del ave ictiornita *Ichthyornis dispar.*

El final del Cretácico superior fue un período de gran *vulcanismo*, y esto fue debido principalmente a una importante masa continental de la que aún no hemos hablado: la India. Aunque hoy en día el subcontinente indio sea una parte del sur del bloque euroasiático, esto no fue así allá por los últimos momentos de la era secundaria. Y es que la India por aquel entonces no se encontraba unida a ningún otro continente[83], sino que vagaba por mitad del océano en latitudes casi ecuatoriales, moviéndose lenta pero decididamente hacia

83 Originalmente el bloque de la India se escindió del supercontinente Gondwana, que estaba compuesto por África, América del Sur, Australia y la Antártida. Tras separarse de esta gran masa terrestre, la India siguió conectada a la antigua Madagascar hasta bien entrado el Cretácico. Finalmente, la tectónica de placas

el norte. Cuando estuvo a punto de chocar con las costas del sur de Asia, comenzó a originarse un vulcanismo de dimensiones bíblicas, en absoluto comparable a cualquier otro que hayamos vivido en los últimos millones de años. Entre finales del Cretácico superior y principios del posterior *Paleógeno* se depositaron los conocidos como *traps del Deccán*, una gigantesca plataforma de rocas ígneas que llegó a cubrir una superficie de unos 1,5 millones de km^2. Por si necesitas una referencia, ¡esto es una superficie mayor a la de España, Alemania e Italia combinadas! Parece que el momento más crítico de este vulcanismo sucedió justo durante los últimos instantes del Maastrichtiense, cuando en no más de 100.000 años se depositó un gigantesco conjunto de lavas conocido como el *grupo de Wai*. ¿Y esto qué implicaría? Pues una catástrofe de índole casi apocalíptica. Las emisiones de gases tóxicos, junto a los devastadores incendios y la destrucción que generarían las coladas de lava, a buen seguro borrarían del mapa prácticamente todos los ecosistemas terrestres de la enorme isla que por aquel entonces era la India. Sería una crisis regional que acabaría con todo, posiblemente diezmando, si no extinguiendo, casi todas las formas de vida de buen tamaño de esta zona del planeta. No obstante, a pesar de que esto fuese una pesadilla para los seres vivos del subcontinente indio, probablemente tan solo sería una crisis de carácter regional. Quizá la gran emisión de gases nocivos y de efecto invernadero deterioraría los climas de otras zonas de globo, pero no erradicaría la fauna y flora del planeta. Los mosasaurios, por el momento, podían respirar tranquilos.

El auténtico problema vendría de mucho más lejos, del espacio exterior. Hace unos 66 millones de años, un asteroide de unos 10 km de diámetro impactó contra la Tierra. Esta gigantesca roca golpeó la superficie terrestre al norte de la actual península de Yucatán, en el sur de México, generando un cráter de unos 180 km. Lo sorprendente aquí es que este ciclópeo círculo aún puede verse mediante sondeos geológicos y estudios geográficos. Es más, el propio perímetro de este impacto ha condicionado parte el relieve actual de la zona. Estamos ante el lugar de descanso de un destructor de mundos espacial, estamos ante el famoso *cráter de Chicxulub*. Solamente el

---

terminó enviándola hacia el norte, haciéndola colisionar con Eurasia. La gran cordillera del Himalaya se conformó en este proceso.

propio impacto de este colosal meteorito esterilizaría todos los ecosistemas en un margen de cientos de kilómetros a su alrededor. No obstante, el daño causado por la propia colisión sería lo de menos…

El cráter de Chicxulub hoy se encuentra dividido en dos por la línea de costa, quedando un poco más de la mitad de este bajo el agua y el resto sobre tierra firme[84]. Allá por el Maastrichtiense final, sabemos que toda o casi toda la zona de impacto estuvo cubierta por mares someros. Y esto, sin duda, sería algo terrible en el corto plazo, pues desencadenaría una serie de tsunamis masivos que golpearían con fuerza buena parte de los litorales del planeta, especialmente los del continente americano. Podemos encontrar evidencia de estas olas asesinas en incontables lugares, como en el actual estado de Misuri, miles de kilómetros al norte. Aquí, en la localidad de Crowley's Ridge, puede verse en los estratos tanto el propio impacto del meteorito como los posteriores maremotos. ¿Y cómo es esto posible? Resulta que, en el momento en el que el asteroide chocó con la Tierra, su superficie se vaporizó en incontables fragmentos de roca y polvo que fueron lanzados a la atmósfera en todas direcciones. Un fino manto de polvo extraterrestre cubrió los suelos de buena parte del planeta. Por suerte, los estratos en los que se depositaron estos pequeños granitos pueden detectarse fácilmente a nivel geológico, pues en ellos el elemento *iridio*, muy raro en la Tierra, es bastante abundante. A esta delgada capa, depositada a lo largo y ancho de buena parte del globo como resultado directo del propio impacto, se la conoce como el *límite K/Pg*[85]. Y gracias a ella podemos ubicar perfectamente el momento en el que este enorme bólido espacial chocó con la Tierra. De este modo, a nivel estratigráfico podríamos decir que todo lo que queda sobre este límite ya no es de edad cretácica, sino que pertenecería al Paleógeno. Volviendo sobre Crowley's Ridge, aquí podemos encontrar un diente y una vértebra de *Mosasaurus hoffmannii* atravesando el límite K/Pg, aunque posi-

84 La parte terrestre de este curioso círculo da forma al actual *anillo de Cenotes*, un área natural mexicana en el que decenas de estos hundimientos inundados se disponen a lo largo de uno de los perímetros del cráter de Chicxulub.

85 Llamada así por el nombre de los dos períodos que separa: K/Pg (Cretácico-Paleógeno). Aquí la *K* procede de *Kreide*, que significa Cretácico en alemán. Antiguamente se utilizaba el nombre de límite K/T para designar esta capa (Cretácico-Terciario).

blemente estos restos procedan de estratos ligeramente más antiguos. Y justo por encima de la capa rica en iridio, es ya cuando nos encontramos un estrato con sedimentos depositados de una manera un tanto caótica. Probablemente esto sea parte de la destrucción causada por el colosal tsunami que causó el impacto del asteroide de Chicxulub. Areniscas y arcillas de tamaños muy dispares quedaron combinadas en un único estrato, conformado lo que en geología se conoce como una *tsunamita*.

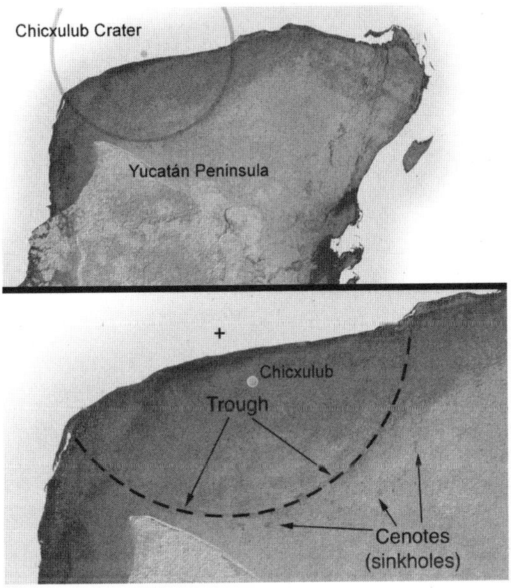

Imagen 103: Cráter de Chicxulub en la península de Yucatán.

Solo con lo visto hasta ahora, el impacto de Chicxulub ya habría provocado innumerables catástrofes medioambientales, destruyendo todos los ecosistemas costeros del Caribe y provocando terribles tsunamis que se adentrarían cientos o incluso miles de kilómetros en los continentes. Pero todo esto aún no es nada... Probablemente la virulencia del propio impacto del meteoro causaría un pulso que, como si de una onda asesina se tratara, iría quemando todo a su paso. Esta onda expansiva es lo que se conoce como un *pulso infrarrojo* y pudo haber provocado incendios masivos en buena parte de los bosques del planeta. Una auténtica tormenta de fuego se extendería por la superficie de un mundo que, a cada minuto que pasaba, se iba sumiendo en una crisis aún mayor. Y este pulso infrarrojo no sería la única consecuencia directa del impacto del meteorito, pues probablemente las ondas sísmicas generadas por este tremendo choque reactivarían o avivarían aún más todo el salvaje vulcanismo que estaba ocurriendo en la India, justo al otro lado del planeta. A día de hoy los momentos de vulcanismo más intensos de los traps del Deccán son casi coincidentes con la fecha del cráter de Chicxulub, por lo que no resulta nada descabellado suponer que ambos eventos pudieran estar relacionados.

Tras el fastuoso cráter, los destructivos tsunamis, las ardientes tormentas de fuego y el violento vulcanismo indio, parecía que las cosas no podían ir a peor. Sin embargo, la auténtica crisis todavía no había comenzado… Pero ¿qué pudo ocurrir ahora? Se conoce otro cráter de la misma edad que el de Chicxulub, pero en África, el conocido como *cráter de Nadir.* No obstante, este tiene un tamaño mucho más pequeño que el mexicano, pues con solo 8 km de diámetro posiblemente no hubiese sido causado por un meteoro de más de 400 metros. Quizá incluso formase parte del mismo asteroide que impactó en Chicxulub, pero se desprendiese de este poco antes de entrar en la atmósfera terrestre. El meteorito de Nadir causaría una destrucción de carácter local, nada excesivamente grave como para preocuparnos. El auténtico problema no lo causaron más bólidos espaciales, no, sino que fue el de Chicxulub el claro protagonista de la grave crisis en la que estaba a punto de sumirse nuestro planeta. La clave aquí fue que, al parecer, el asteroide impactó en uno de los peores sitios posibles. Y ¿por qué?

La región del Yucatán en la que cayó el meteorito es muy rica en rocas evaporíticas con un alto contenido en *azufre.* Es como si una bomba cayese directamente en un polvorín: lo peor no sería el propio estallido de la bomba, sino lo que este provocaría. Junto a los miles de toneladas de material rico en iridio que generó el impacto, infinidad de rocas evaporíticas del suelo se vaporizarían, saliendo también despedidas hacia la atmósfera. Esto generaría una gran cantidad de pequeñas partículas que, poco a poco, se irían extendiendo por el globo. Si este tipo de micropartículas, conocidas como *aerosoles,* únicamente se hubiesen quedado en la baja atmósfera, los daños serían graves, pero no críticos. Las precipitaciones irían haciendo que estas partículas fuesen depositándose en los suelos del planeta y posiblemente en unas pocas semanas todo habría pasado. No obstante, el brutal impacto de Chicxulub hizo que buena parte de estos aerosoles fuesen catapultados mucho más allá de donde llegan las nubes… La zona más baja de la atmósfera, en donde se producen todas las precipitaciones, se conoce como *troposfera*. Por encima de esta capa, que varía en altura de entre unos 8 km en los polos hasta algo más de 15 km en el Ecuador, se extiende otra capa menos densa: la *estratosfera*. Y el problema aquí es que todo lo que llega a la estratosfera suele quedarse en esta capa por meses, años o incluso hasta décadas. ¿Y esto por qué?

Justo entre la baja troposfera y la más alta estratosfera existe un límite conocido como *tropopausa*. En esta zona se da lo que los meteorólogos conocen como una *inversión térmica*, es decir, que durante un tiempo, al ascender, el aire a tu alrededor va estando más y más caliente. Esto es justo lo contrario a lo que ocurre en la troposfera, la capa más cercana a la superficie, pues aquí al ascender nos encontramos paulatinamente con aire más y más frío. ¿Y esto qué consecuencias tiene? Pues, en pocas palabras, los movimientos de aire quedan bastante restringidos. En la troposfera, el aire caliente, al ser menos denso y estar más frío que el de su alrededor, poco a poco va ascendiendo. Sin embargo, al alcanzar la tropopausa, este aire en ascenso se enfrenta a la capa de inversión térmica. De repente, al seguir ascendiendo, el aire a su alrededor comienza a ser más caliente, por lo que llegará un punto en el que el aire que ascendía se encontrará con que está a la misma temperatura que su entorno y dejará de subir. Se quedará estático, en equilibrio con su alrededor. La capa de inversión térmica de la tropopausa lo que hace es inhibir los movimientos verticales dentro de la atmósfera, restringiendo estos a la troposfera[86]. Esto significa que, si nuestros aerosoles

86 Esta capa de inversión térmica la podemos ver durante los días de tormenta. En estos momentos pueden generarse unas nubes de gran desarrollo vertical conocidas como *cumulonimbos*. En su interior se dan fuertes ráfagas de aire que asciende verticalmente, lo que hace que poco a poco la nube crezca en altura. No obstante, llega un momento en el que este viento llega a la tropopausa, a la capa de inversión térmica, y entonces la nube comienza a extenderse en su parte alta hacia los laterales. A grandes rasgos esta toma la forma de un yunque. Este tipo de cumulonimbo se conoce como *Cumulonimbus incus*, y la parte superior de

liberados por el meteorito logran ascender más allá de los límites de la troposfera, acabarán en una capa casi estática, por encima de las nubes. Terminarán regresando al suelo, pero este viaje de vuelta ya podría llevar mucho mucho tiempo...

Imagen 104: La parte superior de este tipo de nubes, conocidas como *Cumulonimbus incus*, nos indica aproximadamente dónde está la tropopausa.

Por lo tanto, una gran cantidad de aerosoles, procedente de las rocas evaporíticas del Yucatán, se extendió rápidamente por la baja estratosfera. Esto hizo que, por un tiempo, la Tierra vista desde el espacio no fuese un lienzo azul y verde, sino una bola de tonos marrones o grisáceos. En consecuencia, los rayos del sol no lograrían llegar con tanta facilidad hasta la superficie de nuestro planeta, pues

su yunque delimita con la capa de inversión térmica, lo que nos permite «ver» la tropopausa directamente.

parte de estos serían directamente reflejados hacia el espacio por la *capa de aerosoles estratosférica*. En pocos días el cielo se oscurecería y, no mucho más tarde, las temperaturas en superficie de nuestro planeta caerían en picado. Pero ¿cuánto? ¿Cómo de severo fue este apocalíptico invierno nuclear? Se han hecho simulaciones por ordenador sobre qué ocurriría durante los siguientes años, justo las décadas inmediatamente posteriores al impacto de Chicxulub, así que veamos a qué escenario se tuvieron que enfrentar los seres vivos del momento.

Durante los siguientes dos o tres años la temperatura media de la Tierra descendería hasta unos 20 grados Celsius. Esto es algo ecológicamente devastador, muy pocos ambientes son capaces de resistir este tipo de drásticas inclemencias sin sufrir serios daños, probablemente irreparables. No obstante, puede que ciertas regiones del planeta lograsen registrar descensos térmicos incluso de más de 30 grados, que quizá se mantuviesen incluso durante más de seis años. Por mucho que el mundo cretácico fuese más caliente que el actual, esta caída térmica sería totalmente demoledora, pues expondría gran cantidad de ecosistemas, muchos de ellos de clima tropical o subtropical, a temperaturas medias cercanas al punto de congelación del agua. Y, por si esto fuera poco, el grisáceo cielo, permanentemente oscurecido por las densas nubes estratosféricas de aerosoles, impediría que muchas plantas, algas o bacterias pudiesen realizar correctamente la fotosíntesis. Una terrible hambruna se cobraría la vida de buena parte de los supervivientes del cataclismo, condenando a una muerte segura a muchos animales de buen tamaño. Un colapso de las redes tróficas del planeta en toda regla.

Sin embargo, esta situación no sería eterna. En aproximadamente una década, tiempo más que suficiente como para extinguir a clados enteros de seres vivos, las nubes de polvo se dispersarían y, poco a poco, la vida volvería a renacer. No serían muchos los supervivientes de aquel desastre, de aquellos incendios, tsunamis, descensos térmicos, hambrunas... Pero aún hay más, porque este fatídico capítulo de extinciones en masa no ocurrió exactamente igual en los ecosistemas marinos.

El océano no es como la atmósfera, no puede calentarse ni enfriarse de la noche a la mañana, sino que, dada la gran capacidad calorífica del agua, tarda muchísimo más que el aire en subir o bajar de temperatura. Esto se conoce como *inercia térmica de los océanos* y está detrás, entre otros fenómenos, de que el clima de las regiones litorales sea mucho más suave que el puramente continental. Esto es así porque durante el invierno el mar aún está caliente del verano y cede parte de este calor a sus alrededores, aumentando ligeramente la temperatura de las zonas costeras. En verano, por otra parte, ocurre justo lo contrario, pues el mar aún sigue fresco del invierno y amaina las altas temperaturas de la cercanía. Por lo tanto, una década después del impacto de Chicxulub, cuando los ecosistemas terrestres ya se encontraban completamente devastados, cuando los dinosaurios no avianos, entre otros, quizá ya hubiesen sucumbido a la crisis climática, los océanos parecían no haber salido tan mal parados. En los mares las redes tróficas también habían sido duramente golpeadas por la muerte de incontables seres fotosintéticos y es posible que por estos momentos ya buena parte de los mosasaurios, si no todos, hubiesen pasado a la historia. No obstante, quizá aún quedase alguno de estos ávidos lepidosaurios, puede que alguno de ellos hubiese logrado encontrar algún lugar privilegiado y todavía sostuviese con orgullo el legado de su dinastía. Por desgracia, mientras que para los ambientes terrestres la peor parte ya parecía haber pasado, en los océanos los pulsos de extinción aún se preparaban para un último asalto…

Solo la capa superficial del océano se habría visto afectada por el duro descenso térmico de la década posterior al impacto de Chicxulub, pero esto no significa que los mares fuesen a esquivar esta inclemencia climática. Debido a la inercia térmica del agua, puede que la superficie oceánica siguiese estando a temperaturas por debajo de lo normal incluso hasta un siglo después del meteorito. Sin embargo, una vez pasase este tiempo, esta capa de agua sobrenfriada iría cayendo hacia el fondo marino. Esto, debido una vez más a la inercia térmica del océano, seguiría ocurriendo aunque las nubes de aerosoles ya se hubiesen despejado en el cielo, como una roca gigante cayendo por la ladera de una montaña, imparable, sin vuelta atrás. La bajada de estas aguas frías desestabilizaría buena parte de los sistemas oceánicos de corrientes, generando un auténtico caos circulatorio en los mares del planeta. Esto causaría en muchas regiones ascensos de aguas desde el fondo oceánico, aguas cargadas de nutrientes que, en condiciones normales, llegarían a la superficie de manera más racionada y en zonas de surgencias marinas. De repente, tras años de oscuridad y colapso fotosintético en la superficie, una ingente cantidad de nutrientes haría que las poblaciones de algas y bacterias aumentasen de manera exponencial en muy poco tiempo. Y esto, aunque pueda parecer bueno, es terrible, uno de los fenómenos más nocivos y destructores que se puede dar en los océanos.

Generalmente la mayoría de bacterias y algas tienden a aumentar sistemáticamente sus poblaciones, hasta que, llegados a un punto, alguno de los elementos necesarios para seguir produciendo más y más organismos se agota. Este elemento se conoce como *factor limitante* y, en última instancia, es el encargado de controlar estas poblaciones de microorganismos. Entre el fitoplancton oceánico este factor limitante casi siempre es el *fósforo*, aunque en ocasiones también pueden ser diversos compuestos del nitrógeno. ¿Y qué es lo que ocurre si, de repente, grandes cantidades de nutrientes brotan a la superficie de manera descontrolada? Pues que estas poblaciones se disparan, ahora hay abundancia de todos los elementos básicos para la vida, así que en pocos días estas comunidades de seres unicelulares se vuelven verdaderamente enormes. Pero ¿y esto por qué es malo? A mayor cantidad de organismos fotosintéticos, más recursos para el resto de los eslabones de las redes tróficas de un ecosistema, ¿verdad? Pues en teoría sí, pero el precio que pagar si esto ocurre de manera descontrolada es altísimo.

En nuestros tiempos se han dado situaciones parecidas, especialmente en el delta de algunos grandes ríos, allá donde se vierten sin control restos de fertilizantes u otros compuestos afines. En estas zonas, tal y como hemos descrito, el fitoplancton multiplica sus números de manera exponencial y, poco después, el resto de la vida marina muere. Peces, mamíferos, tiburones…, todos fallecen envenenados o ahogados. Se trata de una catástrofe ecológica en toda regla conocida como *algal bloom* o *proliferación de algas*. Estas gigantescas poblaciones de microorganismos aparecidas de la noche a la mañana no tienen una vida demasiado larga, por lo que, al poco tiempo, buena parte de ellos comienza a fallecer en masa y justamente ahora es cuando empieza la masacre. La descomposición de todo este fitoplancton muerto necesita de ingentes cantidades de oxígeno, el cual es sustraído de las aguas superficiales. En unos pocos días un *algal bloom* hace que la capa más superficial del océano, la más boyante en vida, se vuelva prácticamente anóxica. Todo este proceso se conoce como *eutrofización*. Pero aún hay más, porque muchas de estas algas y bacterias son tóxicas a partir de ciertas concentraciones, lo que hace que incluso aquellos animales que no toman oxígeno directamente del agua, como cetáceos o mosasaurios, también fallezcan debido a estas proliferaciones de microorganismos.

Por lo tanto, aquellos valientes mosasaurios que lograsen sobrevivir a la oscura década que sucedió al meteorito, aquellos que pudiesen de algún modo esquivar las hambrunas acontecidas tras los colapsos de las redes tróficas, tendrían que lidiar con incontables proliferaciones de algas y cianobacterias en las décadas, siglos o tal vez incluso milenios posteriores. Serían, eso sí, muy muy pocos, si acaso alguno, los que conseguirían obtener alimento tras la muerte de casi todo el fitoplancton durante los años de oscuridad. Mosasaurios, elasmosaurios, policotílidos... Ninguna de estas gloriosas dinastías lograría sobrevivir a este letal y cruel conjunto de cataclismos encadenados. Posiblemente estas bestias marinas se extinguiesen durante los años de oscuridad, aunque sabemos que hubo animales que sí lograron sobrevivir a esta primera oleada de extinciones, pero que, unos milenios más tarde, desaparecieron totalmente de la faz de la Tierra. Quizá ellos sí que fuesen letalmente golpeados por los *algal blooms*, puede que ellos sí fuesen rematados por estas explosiones de fitoplancton. Estamos hablando, cómo no, de los amonites. Así que ¿qué sabemos de su historia? ¿Cómo fueron los últimos cefalópodos con concha de caracol?

Allá por los últimos miles de años del Maastrichtiense los amonites seguían siendo animales muy diversos y extendidos. Por estos momentos aún teníamos a cuatro grandes clados de estos cefalópodos en los océanos. Tres de ellos, Ammonitina, Phylloceratina y Lytoceratina, tomarían las típicas morfologías de conchas planiespiraladas, pero el cuarto de estos grupos, Ancyloceratina, optó por unos diseños muchos más atrevidos y desconcertantes. Ya hemos hablado de estos últimos amonites cuando tratamos al peculiar *Diplomoceras*, a aquel singular molusco con forma de clip, y comentamos que solemos conocer a estos amonites de formas extrañas como *heteromorfos*. En contraposición, solemos llamar *homomorfos* al resto de amonoideos, a aquellos con morfologías menos estrafalarias y más convencionales. Pues justamente durante el Cretácico superior los *amonites heteromorfos* gozarían de su particular edad dorada y, en ecosistemas cercanos a la superficie, parece que fueron dominantes. Los más conservadores homomorfos, no obstante, siguieron estando bien representados hasta el final del Maastrichtiense, solo que en ambientes generalmente de aguas un poco más profundas. Un ejemplo de esto sería el género homomorfo *Sphenodiscus*, que ha sido hallado en facies de justo la edad del propio impacto de Chicxulub.

Imagen 105: Fósil del amonite escafítido *Hoploscaphites nebrascensis*. Fíjate en cómo su última vuelta no se cierra igual que el resto de su concha espiral.

Sin embargo, los amonites más interesantes de estos momentos críticos del final de Cretácico son los heteromorfos y, en especial aquí, dos de sus clados más exitosos: los *escafítidos* y los *baculítidos*[87]. Los primeros tuvieron una morfología un tanto curiosa, con la última vuelta de su espiral algo más abierta de lo habitual. Esto haría que posiblemente llevaran modos de vida muy distintos a los de otros amonites, pues su orientación natural haría que la apertura de su

87 Las familias Scaphitidae y Baculitidae respectivamente.

concha apuntase ligeramente hacia arriba en la columna de agua. A diferencia de la mayoría de los amonites, que suelen ser miembros del *necton*, es decir, nadadores activos, es probable que los escafítidos fuesen animales *planctónicos*, o sea, que se dejarían arrastrar por las corrientes y fuerzas del mar. Estos curiosos moluscos, en lugar de cazar otros animales, se alimentarían de partículas en suspensión. El otro clado de amonites heteromorfos, los baculítidos, ya sí que serían grandes nadadores, aunque eso no significa que fuesen similares a los clados de amonites homomorfos. La concha de los baculítidos fue cónica y muy alargada, asemejándose en morfología al aspecto externo de un calamar. Esta forma es muy estable a la hora de moverse por el agua, por lo que permitiría a los baculítidos recorrer largas distancias en busca de presas, pero, por otro lado, no les dejaría realizar giros o cambios de dirección bruscos, tal y como sí podían hacer las conchas planiespiraladas de los amonites homomorfos.

Por lo tanto, ahora que ya hemos conocido a los clados más curiosos e importantes de amonites tardíos, ¿qué les sucedió? ¿Fue su extinción similar a la de los grandes amniotas marinos? Pues realmente no. Posiblemente el punto más crítico para los amonites no fuese el colapso de las redes tróficas, ya que no eran animales demasiado grandes, sino otro importante factor que aún no hemos comentado. Si recuerdas, al impactar el meteorito de Chicxulub lanzó millones de toneladas de polvo rico en azufre a la atmósfera. Esto inicialmente oscureció los cielos de la Tierra durante al menos una década, pero lo verdaderamente crítico para los amonites ocurriría justo después, cuando todos estos sulfuros atmosféricos comenzaron a precipitar. Cuando abunda el azufre en las nubes, puede darse un terrible episodio meteorológico: *lluvia ácida*. Estas indeseadas precipitaciones matan la vida vegetal sobre la que caen, destruyendo los tejidos que quedan más expuestos a sus corrosivas gotas. No obstante, si la lluvia ácida se da en cantidades importantes, puede hacer mucho daño también en los océanos. La capa más superficial de los mares, allí donde reside buena parte del plancton, se acidifica tras estas lluvias, y esto es letal para los pobres amonites. Resulta que estos animales construyen sus conchas con carbonato cálcico, un compuesto que es fácilmente disuelto en soluciones ácidas…

La nociva lluvia sulfurosa únicamente afectaría a las capas más superficiales del océano o, al menos, en el corto plazo; sin embargo, esta región poco profunda es vital para el desarrollo de los amonites. Antes de pasar a la vida adulta, los amonites tienen que pasar por un estado larvario en el que sus diminutas conchas en formación son parte del plancton más superficial. Estos pequeñísimos amonites recién salidos de los huevos se conocen como *amonitelas* y probablemente fuesen completamente diezmados por los episodios de lluvia ácida acontecidos años después del impacto de Chicxulub. No solo estaban falleciendo los grandes amonites adultos, sino que las generaciones venideras de estos moluscos también fueron condenadas.

No obstante, a pesar del oscuro escenario que se presentaba para estos animales, lo cierto es que lograron sobrevivir a los siglos o milenios venideros. Ya entrado el *Daniense*, el piso posterior al Maastrichtiense, aún tenemos vagos restos de estos animales. Géneros como *Baculites* u *Hoploscaphites*, pertenecientes a las dos exitosas familias heteromorfas que antes hemos introducido, pueden encontrarse más allá del fatídico límite K/Pg, de aquel estrato que simbolizaba el fin de una era. Por desgracia, estos grupos de supervivientes posiblemente fuesen muy reducidos y terminarían desapareciendo en, como mucho, unas pocas decenas de miles de años. Puede que fuesen borrados del mapa por los *algal blooms* que aún aparecían en los inestables océanos o puede que simplemente no pudiesen soportar la competencia de algún otro grupo de animales que saliese mejor parado de aquel devastador conjunto de crisis ecológicas. Sea como fuere, los amonites conocieron su amargo final a principios del período Paleógeno, después de haber prosperado en los mares por más de 200 millones de años.

Pero ¿qué les ocurrió a los amniotas acuáticos? Está claro que las tortugas marinas lograron sobrevivir a la extinción del final del Cretácico, ya que aún podemos encontrarlas surcando los océanos de hoy en día, pero ¿qué hay de los demás? Y, ya de paso, ¿cuáles fueron los últimos mosasaurios reportados? ¿Logró alguna solitaria comunidad resistir unos miles de años más, tal y como habían hecho los amonites? Está bien, vayamos por partes.

Allá por los últimos pisos del Cretácico superior, hubo otros amniotas que también se lanzaron a los océanos: los cocodrilos[88].

88 El término *cocodrilo* lo utilizamos aquí para referirnos no solo a los cocodrilos modernos (clado Crocodilia), sino también a otros grupos cercanos.

Tenemos reportes de varios clados de la época viviendo no solo en ecosistemas lacustres y estuarinos, sino también en ambientes puramente marinos. ¿Y cómo les fue a estos saurios? Pues, aunque los cocodrilos no llegasen a desaparecer en la extinción del final del Mesozoico, lo cierto es que sufrieron pérdidas muy importantes, especialmente los clados terrestres del continente europeo. No obstante, parece que varios linajes de estos animales, especialmente aquellos que lograron hacerse un hueco en los ambientes marinos, no solo sobrevivieron a la extinción, sino que prosperaron enormemente después. Esto último en el fondo no es algo tan extraño, pues si recuerdas de las primeras páginas de este libro, tras un evento de extinción, los supervivientes a veces experimentan una explosión en diversidad, algo que denominamos *radiación adaptativa*. Sin embargo, después de ver lo que les ocurrió a los amonites, queda claro que no todos aquellos que sobreviven a estos cataclismos terminan prosperando. Entonces, ¿qué linajes de cocodrilos marinos sobrevivieron al impacto de Chicxulub?

Pues en primer lugar tenemos a los *dirosáuridos*[89], un clado algo primitivo que, generalmente, suele considerarse como uno de los grandes beneficiados por la crisis que marcó el final del Mesozoico. Estos cocodrilos habían hecho su aparición bastante avanzado el Cretácico superior, posiblemente ya bien entrado el piso Campaniense. Lograron mantener una moderada diversidad durante el resto del Cretácico, adaptándose a un modo de vida semiacuático en aguas marinas y, en cuanto la extinción masiva les allanó el camino, supieron aprovechar su oportunidad. Durante los primeros millones de años del Paleógeno, los dirosáuridos originaron una gran cantidad de especies, tanto en Norteamérica y Sudamérica como al otro lado del charco. Conocidos géneros como *Chenanisuchus* aparecen, por ejemplo, en las facies fosfáticas marroquíes del Paleógeno, en la continuación cenozoica de las ricas facies de mosasaurios maastrichtienses. Más adelante algunos dirosáuridos llegarían incluso a tallas cercanas a los 10 metros de longitud, tal y como nos muestra la especie *Phosphatosaurus gavialoides*, del Eoceno norteafricano. No obstante, hace algo menos de 50 millones

89 La familia Dyrosauridae.

de años, cuando los ecos de la extinción del final del Cretácico ya eran cosa del pasado, este curioso linaje de cocodrilos desapareció.

Pero existen otros cocodrilos marinos que también lograron sobrevivir a la crisis del meteorito y entre ellos se encuentran representantes de los cocodrilos modernos de la actualidad, es decir, del clado Crocodilia. Un ejemplo de esto es el longirrostrino *Thoracosaurus macrorhynchus*, un cocodrilo muy cercano a los gaviales de hoy en día que estuvo presente en facies europeas y americanas tanto previas como posteriores al límite K/Pg. Un auténtico superviviente nato. Sin embargo, este libro no está dedicado a los cocodrilos, ni tampoco a los amonites, por lo que vayamos al fin sobre nuestros auténticos protagonistas, los mosasaurios. ¿Hubo supervivientes tardíos? ¿Cuáles son los mosasaurios más recientes reportados?

En primer lugar, resulta verdaderamente complicado, sino imposible, responder con seguridad a la primera pregunta. Por el momento, todo parece indicar que los mosasaurios no lograron sobrevivir al colapso de las redes tróficas marinas causado por la nube de polvo estratosférica. Aunque, eso sí, un hipotético hallazgo puntual podría cambiar nuestra visión actual del final de estos animales, quizá sugiriéndonos una extinción más tardía como la de los amonites. No obstante, este tipo de hallazgos no existen a fecha de edición de este libro. Así que ¿quiénes fueron los últimos?

Imagen 106: Reconstrucción del dirosáurido *Chenanisuchus lateroculi*, del Paleoceno de Marruecos.

Merece la pena pasearse una vez más por las facies americanas de Tetis septentrional para abordar esta cuestión. En la formación Hornerstown, que se extiende por los estados de Delaware y Nueva Jersey, se han encontrado restos de mosasaurios muy fragmentados en estratos ya claramente pertenecientes al Paleógeno. Pero... ¿quiere esto decir que hubo algún grupo que logró sobrevivir unos miles de años más a la extinción? Pues desgraciadamente no. Todo parece indicar que estos restos de mosasaurios proceden de estratos inferiores, de edad maastrichtiense, y que posteriormente algún evento geológico o biológico hizo que terminasen redepositándose en sedimentos de edad paleógena. Una pena, pero tendremos que seguir buscando.

Pero, si viajamos un poco más hacia el oeste, nos toparemos ya con el que quizá sea el mosasaurio más reciente descubierto. Además, este vivió en un entorno también condenado a desaparecer, pero no precisamente por el impacto del meteorito de Chicxulub. Estamos hablando de un brazo marino estrecho y cada vez más pequeño, del remanente de un grandioso y antiguo mar que durante millones de años vio prosperar a la gloriosa dinastía de los mosasaurios, del infame Western Interior Sea (o de lo que quedaba de él, más bien). El mar Interior Norteamericano ya no sería más que una sombra, un efímero brazo de agua salada que, durante ciertas transgresiones marinas, lograría inundar una estrecha franja del interior de América del Norte. La parte más septentrional de este estrecho entrante marino sería la que vería a este último mosasaurio. El ejemplar fue un mosasaurino de buen tamaño, probablemente del orden de 10 o 11 metros de longitud. No se sabe con certeza si este pudo pertenecer al género *Mosasaurus*, a *Prognathodon* o incluso a otro aún por nombrar, ya que sus restos son bastante fragmentarios. Únicamente se conserva parte de la mandíbula inferior y algunas vértebras, por lo que *a priori* no es un hallazgo demasiado revelador. Este espécimen misterioso e incompleto, conocido como el *ejemplar de Breien*, procede de estratos inmediatamente anteriores al límite K/Pg y posiblemente se trate de una de las últimas generaciones de mosasaurios en surcar los mares de nuestro planeta... Más adelante, todo es polvo, oscuridad y desolación.

Larga vida a los reyes del mar.

Epílogo

Han pasado unos 15 millones de años desde el impacto de Chicxulub. Después de tanto tiempo, la vida ya ha logrado recuperarse del cataclismo del final del Cretácico. Donde antes vagaban enormes saurópodos, temibles tiranosaurios o intrigantes ceratópsidos con tres cuernos, ahora hay grandes aves terrestres y curiosos mamíferos. Algunos de estos últimos son parientes muy lejanos de caballos, elefantes o félidos, pero otros son simplemente inverosímiles criaturas cuyo linaje no ha tenido recorrido hasta la actualidad. Ahora el mundo vivía una nueva era, la era de las aves y los mamíferos, pero, mientras todo esto sucedía en tierra firme, ¿qué ocurría en los mares?

Hacía ya varios millones de años que un nuevo grupo de depredadores se había lanzado a la conquista de los océanos. Estos también habían tenido que adaptarse poco a poco a la vida marina, convirtiendo sus patas en aletas, obteniendo una flotabilidad neutra y desarrollando nuevos sistemas de natación. Y por estos momentos ya contábamos con algún que otro gigante, con grupos que una vez más volvieron a conseguir la supremacía de los mares. Hablamos de géneros como *Basilosaurus*, un alargado amniota de varias toneladas de peso y más de 15 metros de longitud que surcaría las aguas del globo en busca de algo que llevarse a la boca. El nombre de esta bestia depredadora literalmente significa *reptil rey*, pues posiblemente nadie osase plantarle cara a este titán carnívoro. Se trataba de una nueva bestia hegemónica... Pero ¿quiénes fueron estos antiguos depredadores? ¿Quiénes fueron los herederos de los temibles mosasaurios?

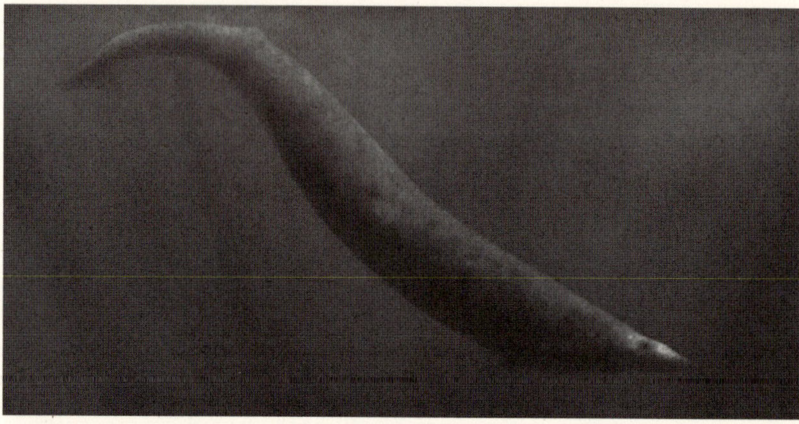

Imagen 107: Aquí podemos ver al gigantesco *Basilosaurus cetoides*, un implacable superdepredador oceánico.

No te dejes engañar por su nombre. Aunque *Basilosaurus* signifique *reptil rey*, realmente fue un mamífero. Y es que estos masivos cazadores, aquellos que sin duda pueden catalogarse como los amniotas que les cogieron el testigo a los mosasaurios, no son otros que los ancestros de los cetáceos actuales. Los parientes de estas gigantescas criaturas darán origen, tras decenas de millones de años, a simpáticos delfines, intrépidos cachalotes o fascinantes ballenas barbadas. La convergencia evolutiva es tan extrema entre los amniotas acuáticos que, una y otra vez, volvemos a ver cómo nuevos clados se lanzan a la conquista de los océanos y adoptan una forma externa prácticamente idéntica. Primero fueron los ictiosaurios, luego llegaron los mosasaurios y ahora tenemos a los cetáceos. Estos grupos son muy lejanos entre sí, al menos en lo que a ancestría respecta, pero todos ellos han pasado por morfologías muy similares, desarrollando prácticamente las mismas adaptaciones evolutivas para hacer frente a unos desafíos muy parecidos. Simplemente impresionante.

Los mosasaurios ya son cosa del pasado. No hay modo de saber qué pudo haber sido de ellos si, hace 66 millones de años, el asteroide de Chicxulub hubiese decidido tomar una trayectoria distinta y no impactar contra nuestro planeta. No obstante, aún podemos admirar en mares, océanos e incluso ríos a los orgullosos herederos de los mosasaurios. Puede que, en cierto modo, la mejor manera de responder a qué pudo haber sido de estos antiguos lepidosaurios sea contemplando a los cetáceos. Ellos son uno de los grupos de mamíferos más diversos de la actualidad, habiendo adoptado formas, tamaños y modos de vida muy distintos entre sí. Por desgracia, prácticamente todas las especies de cetáceos de nuestros días se encuentran amenazadas, muchas de ellas en serio peligro de extinción. No dejemos que desaparezca la última gran dinastía de fascinantes amniotas marinos…

Conceptos importantes

En esta pequeña sección podrás encontrar los conceptos más destacados introducidos en este libro, ordenados en orden de aparición capítulo a capítulo. ¿Recuerdas que significan todos ellos?

¿Qué es un mosasaurio?
Conceptos principales: clado, agrupación parafilética, sinapomorfía, amniota, huevo amniótico, arcosaurio, lepidosaurio, Mesozoico, Cretácico.
Conceptos secundarios: cladograma, nodo, fenestra anteorbital, articulación intermandibular, articulación intramandibular, dentición del hueso pterigoideo.

Carrera hacia el mar
Conceptos principales: Cenomaniense, plesiosaurio, ictiosaurio, amonite, simoliófido, dolicosaurio, aigialosaurio, paquiostosis, osteosclerosis, evento anóxico oceánico (OAE), máximo térmico del Cenomaniense-Turoniense.
Conceptos secundarios: peces ictiodéctidos, peces saurodóntidos, peces paquicormiformes, nautiloideo, evento del Cenomaniense medio (MCE),

El origen de una dinastía
Conceptos principales: mosasaurio plesiopedálico/hidropedálico y plesiopélvico/hidropélvico, mar de Tetis, Western Interior Sea (mar Interior Norteamericano), mar Trans-andino, Turoniense, yaguarasaurino, tetisaurino, pliosaurio bracauquenino.

Conceptos secundarios: paquiosteosclerosis, nadador apendicular, nadador axial, crestas apicobasales, taxón cajón de sastre.

Supremacía
Conceptos principales: policotílido, radiación adaptativa, mosasaurio ruselosaurino, mosasaurio mosasaurino, Coniaciense, primer evento de diversificación de los mosasaurios, tilosaurino, *rostrum* premaxilar, ley de Cope, ontogenia, sinontomorfía, ontograma, dimorfismo sexual, línea anagenética, depredador oportunista, callo óseo.
Conceptos secundarios: morfología pliosauriforme/plesiosauriforme, cladogénesis, anagénesis, heterocronía, peramorfosis, pedomorfosis o neotenia, encoteutino, *gladius*.

Una nueva vida
Conceptos principales: plioplatecarpino, Santoniense, morfología fusiforme, aleta caudal hipocerca, nadador anguiliforme, nadador carangiforme, convergencia evolutiva, escamas aquilladas, esqueletocronología, ectotermo, endotermo, fraccionamiento isotópico, equilibrio osmótico.
Conceptos secundarios: nadador tuniforme, unidad de desplazamiento, pedúnculo caudal, epidermis, dermis, dentículos dérmicos, *annulus*, LAG (*line of arrested growth*).

Cuestión de dientes
Conceptos principales: mosasaurio halisaurino, vértebra *procele*, caída de ballena (*whale fall*), gremios de Massare, gremio *Cut*, carina, depredador generalista, gremio *Pierce generalista*, gremio *Pierce*, especialización dental.
Conceptos secundarios: tiburones hibodóntidos, gremio *Smash*, línea lateral, relación de aspecto.

Bajo una dura coraza
Conceptos principales: parte lingual de la mandíbula, alveolo dental, dentición tecodonta, líneas de Von Ebner, durofagia, gremio *Crush*, mosasaurios globidensinos, peces picnodóntidos, tiburones pticodóntidos, bivalvos inocerámidos, bivalvos ostréidos, bival-

vos pectínidos, sesgo de supervivencia, bivalvos rudistas, gremio *Crunch*, mosasaurios prognatodontinos, mandíbula prognata, tortugas protostéguidas.
Conceptos secundarios: dentición pleurodonta, líneas de Andersen, líneas de contorno de Owen, tribu, r-*strategos*, K-*strategos*, corales escleractinios, dentalito.

Los nuevos reyes del mar
Conceptos principales: Campaniense, tribu Mosasaurini, crisis del Campaniense medio, macrofagia, partición de nichos ecológicos, kinesis craneal, estreptostilia, hueso cuadrado, alimentación trinquete (*ratchet feeding*), audición por conducción ósea, canales semicirculares, nadador acrobático, anillo esclerótico, visión estereoscópica, corchete filogenético actual (EPB, *extant phylogenetic bracket*), lengua bífida esbelta/robusta, órgano de Jacobson o vomeronasal, vomerolfato, tragado inercial, fenestras vomeronasales.
Conceptos secundarios: regresión marina, proceso óseo, mesokinesis, metakinesis, acomodación visual, caracter ancestral, aparato hioideo, alimentación por succión, segunda diversificación de los mosasaurios, tercera diversificación de los mosasaurios.

El gélido mundo polar
Conceptos principales: cráneo longirrostrino, piscivoría, ritmos circadianos, foramen parietal, ojo pineal o parietal, migrador estacional, ley del cuadrado-cubo, gigantotermia, contrasombreado, provincia Weddeliana, emanaciones frías, partenogénesis, viviparismo, huevo vestigial, euxinia, diente de huevo, coprolito.
Conceptos secundarios: nervio trigeminal, elasmosaurios aristonectinos, emanaciones calientes, bacterias quimiosintéticas, eumelanina, hemipene, teoría del cierre y la llave, icnofósil, icnotaxonomía, ooespecie.

Legado africano
Conceptos principales: Maastrichtiense, regionalización, especialización ecológica, endemismo, región de Tetis meridional, cinturón latitudinal, tortugas quelonioideas, tortugas botremídidas, cuenca de Iullemmeden, mar Trans-sahariano, tribu Pluridensini, tribu Halisaurini, arenas fosfáticas marroquíes, zona de surgencias mari-

nas, cráneo akinético, tribu Plioplatecarpini, tribu Selmasaurini, especialización visual, mecanorrecepción, comportamiento intraespecífico, selección sexual, heterodoncia, flotabilidad neutra estática/dinámica, índice de compactidad (CI, *compactness index*), deriva continental, regurgitalito.
Conceptos secundarios: arenas fosfáticas, cuenca sedimentaria carbonatada, tortugas criptodiras, tortugas pleurodiras, hemimandíbula, sustitución dental posteromedial, sustitución dental medial, crenulaciones, osteoporosis, hueso compacto, hueso esponjoso, trabéculas, bentos, aguas neríticas.

Bestias avanzadas
Conceptos principales: región de Tetis septentrional, proceso supraestapédico, disco timpánico calcificado, síndrome de descompresión, osteomielitis, kinesis intracraneal, hiperfalangia, mosasaurios avanzados, aleta dorsal, espina neural.
Conceptos secundarios: transgresión marina, mar de Kawas, *columella auris*, *extracolumella*, necrosis avascular, signos de vaciado, tierras raras, dientes facetados.

La muerte vino del cielo
Conceptos principales: hesperornítidos, aves enantiornitas, mar de Turgai, vulcanismo, Paleógeno, traps del Deccán, cráter de Chicxulub, límite K/Pg, pulso infrarrojo, aerosoles, estratosfera, capa de inversión térmica, inercia térmica oceánica, proliferación de algas (*algal bloom*), eutrofización, amonites escafítidos, amonites baculítidos, lluvia ácida, amonitelas, Daniense, dirosáuridos.
Conceptos secundarios: ley de Bergmann, ictiornitos, grupo de Wai, iridio, tsunamita, cráter de Nadir, rocas evaporíticas sulfurosas, troposfera, tropopausa, factor limitante, fósforo, necton, plancton.

Bibliografía

-Aaron R. H. LeBlanc, Michael W. Caldwell & Johan Lindgren (2013): Aquatic adaptation, cranial kinesis, and the skull of the mosasaurine mosasaur Plotosaurus bennisoni.

-Aaron R. H. LeBlanc, Michael W. Caldwell & Nathalie Bardet (2012): A new mosasaurine from the Maastrichtian (Upper Cretaceous) phosphates of Morocco and its implications for mosasaurine systematics.

-Aaron R. H. LeBlanc, Sydney R. Mohr & Michael W. Caldwell (2019): Insights into the anatomy and functional morphology of durophagous mosasaurines (Squamata: Mosasauridae) from a new species of Globidens from Morocco.

-Adrian P. Hunt & Spencer G. Lucas (2018): Mosasaur coprolites from the Bearpaw Formation (Upper Cretaceous) of Saskatchewan, Canada.

-Adrian P. Hunt & Spencer G. Lucas (2021): The ichnology of vertebrate consumption: dentalites, gastroliths and bromalites.

-Ahmed A. Shaker et al. (2024): A new species of Halisaurus (Mosasauridae: Halisaurinae) from the lower Maastrichtian (Upper Cretaceous) of the Western Desert, Egypt.

-Amelia R. Zietlow (2020): Craniofacial ontogeny in Tylosaurinae.

-Amelia R. Zietlow et al. (2023): Jormungandr walhallaensis: a new mosasaurine (Squamata, Mosasauroidea) from the Pierre Shale Formation (Pembina Member: Middle Campanian) of North Dakota.

-Andrew M. Connolly (2016): Exploring the Relationship between Paleobiogeography, Deep-Diving Behavior, and Size Variation of the Parietal Eye in Mosasaurs.

Alessandro Palci, Michael W. Caldwell & Cesare A. Papazzoni (2013): A new genus and subfamily of mosasaurs from the Upper Cretaceous of northern Italy.

-Alex R. Dutchak & Michael W. Caldwell (2009): A redescription of Aigialosaurus (= Opetiosaurus) bucchichi (Kornhuber, 1901) (Squamata: Aigialosauridae) with comments on mosasauroid systematics.

-Alexander J. Willman, Takuya Konishi & Michael W. Caldwell (2020): A new species of Ectenosaurus (Mosasauridae: Plioplatecarpinae) from western Kansas, USA, reveals a novel suite of osteological characters for the genus.

-Alexandra Houssaye & Nathalie Bardet (2011): Rib and vertebral micro-anatomical characteristics of hydropelvic mosasauroids.

-Alexandra Houssaye et al. (2010): A review of Pachyvaranus crassispondylus

Arambourg, 1952, a pachyostotic marine squamate from the latest Cretaceous phosphates of Morocco and Syria.

-Alexandra Houssaye et al. (2019): Adaptation of the vertebral inner structure to an aquatic life in snakes: Pachyophiid peculiarities in comparison to extant and extinct forms.

-Alexandra Houssaye, Vivian de Buffrenil, Jean-Claude Rage & Nathalie Bardet (2008): An analysis of vertebral 'pachyostosis' in Carentonosaurus mineaui (Mosasauroidea, Squamata) from the Cenomanian (early Late Cretaceous) of France, with comments on its phylogenetic and functional significance.

-Andrzej Kaim, Yoshitsugu Kobayashi, Hiroki Echizenya, Robert G. Jenkins & Kazushige Tanabe (2008): Chemosynthesis-Based Associations on Cretaceous Plesiosaurid Carcasses.

-A. S. Schulp (2005): Feeding the Mechanical Mosasaur: what did Carinodens eat?

-A. S. Schulp, H. B. Vonhof, J. H. J. L. van der Lubbe, R. Janssen & R. R. van Baal (2013): On diving and diet: resource partitioning in type-Maastrichtian mosasaurs.

-A. S. Schulp, N. Bardet and B. Bouya (2009): A new species of the durophagous mosasaur Carinodens (Squamata, Mosasauridae) and additional material of Carinodens belgicus from the Maastrichtian phosphates of Morocco.

-A. S. Schulp et al. (2005): Did mosasaurs have forked tongues?

-A. S. Schulp et al. (2006): Chronic bone infection in the jaw of Mosasaurus hoffmanni (Squamata).

-A. S. Schulp et al. (2008): A new species of Prognathodon (Squamata, Mosasauridae) from the Maastrichtian of Angola, and the affinities of the mosasaur genus Liodon.

-B. M. Rothschild & L. D. Martin (2005): Mosasaur ascending: the phytogeny of bends.

-Bruce A. Schumacher, Kenneth Carpenter & Michael J. Everhart (2013): A new Cretaceous Pliosaurid (Reptilia, Plesiosauria) from the Carlile Shale (middle Turonian) of Russell County, Kansas.

-Bruce Rothschild & Michael J. Everhart (2015): Co-ossification of vertebrae in mosasaurs (Squamata, Mosasauridae); Evidence of habitat interactions and susceptibility to bone disease.

-Caitlin R. Kiernan & Jun A. Ebersole (2023): Two new plioplatecarpine mosasaurs (Mosasauridae; Plioplatecarpinae) of the genus Ectenosaurus from the Upper Cretaceous of North America.

-Catherine R. C. Strong, Michael W. Caldwell, Takuya Konishi & Alessandro Palci (2020): A new species of longirostrine plioplatecarpine mosasaur (Squamata: Mosasauridae) from the Late Cretaceous of Morocco, with a re-evaluation of the problematic taxon 'Platecarpus' ptychodon.

-Charlotte L. O'Brien et al. (2017): Cretaceous sea-surface temperature evolution: Constraints from TEX86 and planktonic foraminiferal oxygen isotopes.

-Christopher Strganac et al. (2014): Carbon isotope stratigraphy, magnetostratigraphy, and 40Ar/39Ar age of the Cretaceous South Atlantic coast, Namibe Basin, Angola.

-Christopher Strganac et al. (2014): Geological setting and paleoecology of the Upper Cretaceous Bench 19 Marine Vertebrate Bonebed at Bentiaba, Angola.

-Christopher Strganac et al. (2015): Stable oxygen isotope chemostratigraphy and paleotemperature regime of mosasaurs at Bentiaba, Angola.

-Christian Neumann & Oliver Hampe (2018): Eggs for breakfast? Analysis of a probable mosasaur biting trace on the Cretaceous echinoid Echinocorys ovata Leske, 1778.

-Christina Ifrim et al. (2021): Ontogeny, evolution and palaeogeographic distribution of the world's largest ammonite Parapuzosia (P.) seppenradensis (Landois, 1895).

-Claire E. Dobson (2019): Morphology, Systematics & Palaeoecology of Pachycormid Fishes.

-Claudia C. Johnson (2015): The Rise and Fall of Rudist Reefs.

-Daniel Hontecillas et al. (2015): Reworked marine pythonomorph (Reptilia, Squamata) remains in Late Pleistocene cave deposits in central Spain.

-Daniel J. Field et al. (2015): Pelagic neonatal fossils support viviparity and precocial life history of cretaceous mosasaurs.

-Daniel Madzia (2016): A reappraisal of Polyptychodon (Plesiosauria) from the Cretaceous of England.

-Daniel Madzia et al. (2018): Morphological and phylogenetic aspects of the dentition of Megacephalosaurus eulerti, a pliosaurid from the Turonian of Kansas, USA, with remarks on the cranial anatomy of the taxon.

-Daniel Madzia & Andrea Cau (2019): Estimating the evolutionary rates in mosasauroids and plesiosaurs: discussion of niche occupation in Late Cretaceous seas.

-Danielle J. Serratos, Patrick Druckenmiller & Roger B. J. Benson (2017): A new elasmosaurid (Sauropterygia, Plesiosauria) from the Bearpaw Shale (Late Cretaceous, Maastrichtian) of Montana demonstrates multiple evolutionary reductions of neck length within Elasmosauridae.

-Dmitry V. Grigoriev (2013): Redescription of Prognathodon lutugini (Squamata, Mosasauridae).

-Dmitry V. Grigoriev (2014): Giant Mosasaurus hoffmannii (Squamata, Mosasauridae) from the Late Cretaceous (Maastrichtian) of Penza, Russia.

-Dmitry V. Grigoriev & Alexander A. Grabovskiy (2020): Arctic mosasaurs (Squamata, Mosasauridae) from the Upper Cretaceous of Russia.

-Dirk Fuchs et al. (2019): The Muensterelloidea: Phylogeny and character evolution of mesozoic stem octopods.

-Douglas S. Robertson et al. (2013): K-Pg extinction: Reevaluation of the heat-fire hypothesis.

-Dylan Bastiaans et al. (2020): Cranial palaeopathologies in a Late Cretaceous mosasaur from the Netherlands.

-Eduardo Puértolas-Pascual et al. (2015): Review of the Late Cretaceous-early Paleogene crocodylomorphs of Europe: Extinction patterns across the K-PG boundary.

-Elizabeth L. Nicholls & Dirk Meckert (2002): Marine reptiles from the Nanaimo Group (Upper Cretaceous) of Vancouver Island.

-Elizabeth L. Nicholls & Stephen J. Godfrey (1994): Subaqueous flight in mosasaurs—a discussion.

-Eric W.A. Mulder (1999): Transatlantic latest Cretaceous mosasaurs (Reptilia, Lacertilia) from the Maastrichtian type area and New Jersey.

-Finn Surlyk & Jesper Milan Nielsen (1999): The last ammonite?

-G. L. Bell Jr. & M.J. Polcyn (2005): Dallasaurus turneri, a new primitive mosasauroid from the Middle Turonian of Texas and comments on the phylogeny of Mosasauridae (Squamata).

-Gerardo Álvarez-Herrera, Federico Agnolin & Fernando Novas (2020): A rostral neurovascular system in the mosasaur Taniwhasaurus antarcticus.

-Hallie P. Street & Michael W. Caldwell (2017): Rediagnosis and redescription of Mosasaurus hoffmannii (Squamata: Mosasauridae) and an assessment of species assigned to the genus Mosasaurus.

-Hani F. Kaddumi (2006): A new genus and species of gigantic marine turtles (Chelonioidea: Cheloniidae) from the Maastrichtian of the Harrana Fauna–Jordan.

-Hani F. Kaddumi (2009): A new species of Prognathodon (Squamata: Mosasauridae) from the Maastrichtian of Harrana.

-Hani F. Kaddumi (2009): A new species of Globidens (Squamata-Mosasauridae) from the late Campanian-early Maastrichtian of Jordan.

-Hani F. Kaddumi (2009): The first and most complete Carinodens (Squamata: Mosasauridae) skeleton yet with a description of a new species from the Harrana Fauna.

-Héctor E. Rivera-Sylva et al. (2024): A new species of Yaguarasaurus (Mosasauridae: Plioplatecarpinae) from the Agua Nueva Formation (Upper Turonian - ?Lower Coniacian) of Nuevo Leon, Mexico.

-Henry S. Sharpe, Mark J. Powers & Michael W. Caldwell (2024): Reassessment of Xenodens calminechari with a discussion of tooth morphology in mosasaurs.

-James E. Martin (2007): A new species of the durophagous mosasaur Globidens (Squamata: Mosasauridae) from the Late Cretaceous Pierre Shale Group of central South Dakota, USA.

-James E. Martin & James E. Fox (2007): Stomach contents of Globidens, a shell-crushing mosasaur (Squamata), from the Late Cretaceous Pierre Shale Group, Big Bend area of the Missouri River, central South Dakota.

-Jean-Claude Rage (2003): The Cenomanian: Stage of hindlimbed snakes.

-Johan Gren (2011): Dental histology of Cretaceous mosasaurs (Reptilia, Squamata): incremental growth lines in dentine and implications for tooth replacement.

-Johan Lindgren (2004): Stratigraphical distribution of Campanian and Maastrichtian mosasaurs in Sweden – evidence of an intercontinental marine extinction event?

-Johan Lindgren (2009): Cranial osteology of the giant mosasaur Plesiotylosaurus (Squamata, Mosasauridae).

-Johan Lindgren, Hani F. Kaddumi & Michael J. Polcyn (2013): Soft tissue preservation in a fossil marine lizard with a bilobed tail fin.

-Johan Lindgren, Michael J. Everhart & Michael W. Caldwell (2011): Three-Dimensionally Preserved Integument Reveals Hydrodynamic Adaptations in the Extinct Marine Lizard Ectenosaurus (Reptilia, Mosasauridae).

-Johan Lindgren, Michael J. Polcyn & Bruce A. Young (2011): Landlubbers to leviathans: evolution of swimming in mosasaurine mosasaurs.

-Johan Lindgren, Michael W. Caldwell, Takuya Konishi & Luis M. Chiappe (2010):

Convergent Evolution in Aquatic Tetrapods: Insights from an Exceptional Fossil Mosasaur.

-Johan Lindgren & Mikael Siverson (2002): Tylosaurus ivoensis: a giant mosasaur from the early Campanian of Sweden.

-Johan Lindgren & Mikael Siverson (2004): The first record of the mosasaur Clidastes from Europe and its palaeogeographical implications.

-Johan Lindgren & Mikael Siverson (2005): Halisaurus sternbergi, a small mosasaur with and intercontinental distribution.

-Johan Lindgren et al. (2009): Skin of the Cretaceous mosasaur Plotosaurus: implications for aquatic adaptations in giant marine reptiles.

-Johan Lindgren et al. (2014): Skin pigmentation provides evidence of convergent melanism in extinct marine reptiles.

-José Patricio O'Gorman, Karen M. Panzeri, Marta S. Fernández, Sergio Santillana, Juan J. Moly & Marcelo Reguero (2018): A new elasmosaurid from the upper Maastrichtian López de Bertodano Formation: new data on weddellonectian diversity.

-José Patricio O'Gorman, Paula Bona, Juan Ignacio Canale, David Eric Tineo, Marta Susana Fernández, Magali Cárdenas & Marcelo Reguero (2023): A new mosasaurine specimen (Squamata, Mosasauridae) from the Upper Cretaceous of Antarctica with comments on the Weddellian diversity of Mosasaurinae.

-José P. O'Gorman, Zulma Gasparini & Leonardo Salgado (2012): Postcranial morphology of Aristonectes (Plesiosauria, Elasmosauridae) from the Upper Cretaceous of Patagonia and Antarctica.

-Joseph T. Flannery-Sutherland et al. (2024): Late Cretaceous ammonoids show that drivers of diversification are regionally heterogeneous.

-Joshua R. Lively (2020): Redescription and phylogenetic assessment of 'Prognathodon' stadtmani: implications for Globidensini monophyly and character homology in Mosasaurinae.

-Judy A. Massare (1987): Tooth Morphology and Prey Preference of Mesozoic Marine Reptiles.

-Julia Brugger, Georg Feulner & Stefan Petri (2017): Baby, it's cold outside: Climate model simulations of the effects of the asteroid impact at the end of the Cretaceous.

-Kenneth R. Wright & Samuel Wayne Shannon (1988): Selmasaurus russelli, a new plioplatecarpine mosasaur (Squamata, Mosasauridae) from Alabama.

-Krister T. Smith & Marie-Céline Buchy (2008): A New Aigialosaur (Squamata: Anguimorpha) with Soft Tissue Remains from the UpperCretaceous of Nuevo León, Mexico.

-Laászló Makádi et al. (2012): The First Freshwater Mosasauroid (Upper Cretaceous, Hungary) and a New Clade of Basal Mosasauroids.

-Larry D. Martin et al. (2012): A new evolutionary lineage of diving birds from the Late Cretaceous of North America and Asia.

-Leah Travis Taylor et al. (2021): Oxygen isotopes from the teeth of Cretaceous marine lizards reveal their migration and consumption of freshwater in the Western Interior Seaway, North America.

-Leonardo Salgado, Marta Fernández & Marianella Talevi (2007): Observaciones histológicas en reptiles marinos (Elasmosauridae y Mosasauridae) del Cretácico Tardío de Patagonia y Antártida.

-Lucas J. Legendre et al. (2020): A giant soft-shelled egg from the Late Cretaceous of Antarctica.

-M. Friedman et al. (2010): 100-million-year dynasty of giant planktivorous bony fishes in the Mesozoic seas.

-Marcus R. Ross (2009): Charting the Late Cretaceous Seas: Mosasaur Richness and morphological diversification.

-María Eurídice Páramo-Fonseca (2013): Eonatator coellensis nov. sp. (Squamata: Mosasauridae), a new species from the Upper Cretaceous of Colombia.

-Mark A. Richards et al. (2015): Triggering of the largest Deccan eruptions by the Chicxulub impact.

-Marta S. Fernández & Marianella Talevib (2015): An halisaurine (Squamata: Mosasauridae) from the Late Cretaceous of Patagonia, with a preserved tympanic disc: Insights into the mosasaur middle ear.

-Marta S. Fernández & Zulma Gasparini (2012): Campanian and Maastrichtian mosasaurs from Antarctic Peninsula and Patagonia, Argentina.

-Masahiro Tanimoto (2005): Mosasaur remains from the Upper Cretaceous Izumi Group of southwest Japan.

-Matthew R. McCurry et al. (2019): The repeated evolution of dental apicobasal ridges in aquatic-feeding mammals and reptiles.

-Michael J. Everhart (2004): Late Cretaceous interaction between predators and prey. Evidence of feeding by two species of shark on a mosasaur.

-Michael J. Everhart (2008): A bitten skull of Tylosaurus kansasensis (Squamata: Mosasauridae) and a review of mosasaur-on-mosasaur pathology in the fossil record.

-Michael J. Everhart (2009): New Data on Cranial Measurements and Body Length of the Mosasaur, Tylosaurus nepaeolicus (Squamata; Mosasauridae), from the Niobrara Formation of Western Kansas.

-Michael J. Polcyn & James Lamb (2012): The snout of Halisaurus platyspondylus MARSH 1869: phylogenetic and functional implications.

-Michael J. Polcyn, Nathalie Bardet, L. Barry Albright & Alan Titus (2023): A new lower Turonian mosasaurid from the Western Interior Seaway and the antiquity of the unique basicranial circulation pattern in Plioplatecarpinae.

-Michael J. Polcyn et al. (2007): The possible occurrence of Angolasaurus in the Turonian of North and South America.

-Michael J. Polcyn et al. (2010): The North African Mosasaur Globidens phosphaticus from the Maastrichtian of Angola.

-Michael J. Polcyn et al. (2012): Description of new specimens of Halisaurus arambourgi BARDET & PEREDA SUBERBIOLA, 2005 and the relationships of Halisaurinae.

-Michael J. Polcyn et al. (2013): Physical drivers of mosasaur evolution.

-Michael J. Polcyn et al. (2023): Remarkably well-preserved in-situ gut-content in a specimen of Prognathodon kianda (Squamata: Mosasauridae) reveals multispecies intrafamilar predation, cannibalism, and a new mosasaurine taxon.

-Michael W. Caldwell (2006): Ontogeny, anatomy and attachment of the dentition in mosasaurs (Mosasauridae: Squamata).

-Michael W. Caldwell & Alessandro Palci (2007): A new basal mosasauroid from the Cenomanian (U. Cretaceous) of Slovenia with a review of mosasauroid phylogeny and evolution.

-Michael W. Caldwell & Gorden L. Bell Jr. (1995): Halisaurus sp. (Mosasauridae) from the Upper Cretaceous (?Santonian) of east-central Peru, and the taxonomic utility of mosasaur cervical vertebrae.

-Michael W. Caldwell & Michael S. Y. Lee (2001): Live birth in cretaceous marine lizards (mosasauroids).

-Michael W. Caldwell, Takuya Konishi, Ikuwo Obata & Kikuwo Muramoto (2008): A New Species of Taniwhasaurus (Mosasauridae, Tylosaurinae) from the Upper Santonian-Lower Campanian (Upper Cretaceous) of Hokkaido, Japan.

-Michelle Campbell Mekarski, Dražen Japundžić, Katarina Krizmanić & Michael W. Caldwell (2019): Description of a new basal mosasauroid from the Late Cretaceous of Croatia, with comments on the evolution of the mosasauroid forelimb.

-Molly M. Range et al. (2022): The Chicxulub Impact Produced a Powerful Global Tsunami.

-Momo Yamashita, Takuya Konishi & Tamaki Sato (2015): Sclerotic Rings in Mosasaurs (Squamata: Mosasauridae): Structures and Taxonomic Diversity.

-Nathalie Bardet (2012): Maastrichtian marine reptiles of the Mediterranean Tethys: a palaeobiogeographical approach.

-Nathalie Bardet et al. (2004): Mosasaurus beaugei Arambourg, 1952 (Squamata, Mosasauridae) from the Late Cretaceous phosphates of Morocco.

-Nathalie Bardet et al. (2005): A new species of Halisaurus from the Late Cretaceous phosphates of Morocco, and the phylogenetical relationships of the Halisaurinae (Squamata: Mosasauridae).

-Nathalie Bardet et al. (2008): The Cenomanian-Turonian (late Cretaceous) radiation of marine squamates (Reptilia): the role of the Mediterranean Tethys.

-Nathalie Bardet et al. (2012): A Giant Chelonioid Turtle from the Late Cretaceous of Morocco with a Suction Feeding Apparatus Unique among Tetrapods.

-Nathalie Bardet & Xabier Pereda Suberbiola (2001): The basal mosasaurid Halisaurus sternbergii from the Late Cretaceous of Kansas (North America): a review of the Uppsala type specimen.

-Nathan E. Van Vranken & Clint A. Boyd (2021): The first in situ collection of a mosasaurine from the marine Breien Member of the Hell Creek Formation in south-central North Dakota, USA.

-Neal L Larson (2010): Enchoteuthididae: Giant cephalopods from the Upper Cretaceous of the Western Interior.

-Neil H. Landman et al. (2011): Mode of life and habitat of scaphitid ammonites.

-Neil H. Landman et al. (2015): Ammonites on the Brink of Extinction: Diversity, Abundance, and Ecology of the Order Ammonoidea at the Cretaceous/Paleogene (K/Pg) Boundary.

-Nicholas R. Longrich (2016): A new species of Pluridens (Mosasauridae: Halisaurinae) from the upper Campanian of Southern Nigeria.

-Nicholas R. Longrich et al. (2021): Pluridens serpentis, a new mosasaurid (Mosasauridae: Halisaurinae) from the Maastrichtian of Morocco and implications for mosasaur diversity.

-Nicholas R. Longrich et al. (2022): Thalassotitan atrox, a giant predatory mosasaurid (Squamata) from the upper Maastrichtian phosphates of Morocco.

-Nicholas R. Longrich et al. (2022): Xenodens calminechari, a bizarre mosasaurid (Mosasauridae, Squamata) with shark-like cutting teeth from the upper Maastrichtian of Morocco, North Africa.

-Nicholas R. Longrich et al. (2023): Stelladens mysteriosus: A Strange New Mosasaurid (Squamata) from the Maastrichtian (Late Cretaceous) of Morocco.

Nicholas R. Longrich et al. (2024): A bizarre new plioplatecarpine mosasaurid from the Maastrichtian of Morocco.

-Nicholas R. Longrich et al. (2024): A New Species of the Durophagous Mosasaurid Carinodens from the Late Maastrichtian Phosphates of Morocco and Implications for Maastrichtian Mosasaurid Diversity.

-Olivier Rieppel & Maureen Kearney (2005): Tooth Replacement in the Late Cretaceous Mosasaur Clidastes.

-Oscar Castillo-Visa, Àngel H. Luján, Àngel Galobart & Albert Sellés (2022): A gigantic bizarre marine turtle (Testudines: Chelonioidea) from the Middle Campanian (Late Cretaceous) of South-western Europe.

-Patrick L. Jambura & Jürgen Kriwet (2020): Articulated remains of the extinct shark Ptychodus (Elasmobranchii, Ptychodontidae) from the Upper Cretaceous of Spain provide insights into gigantism, growth rate and life history of ptychodontid sharks.

-Paulina Jimenez-huidobro & Michael W. Caldwell (2016): Reassessment and reassignment of the early Maastrichtian mosasaur Hainosaurus bernardi Dollo, 1885, to Tylosaurus Marsh, 1872.

-Paulina Jiménez-Huidobro & Michael W. Caldwell (2019): A New Hypothesis of the Phylogenetic Relationships of the Tylosaurinae (Squamata: Mosasauroidea).

-Paulina Jiménez-Huidobro, Michael W. Caldwell, Ilaria Paparella & Timon S. Bullard (2018): A new species of tylosaurine mosasaur from the upper Campanian Bearpaw Formation of Saskatchewan, Canada.

-Paulina Jiménez-Huidobro, Tiago R. Simões & Michael W. Caldwell (2017): Mosasauroids from Gondwanan Continents.

-Paulina Jiménez-Huidobro, Rodrigo A. Otero, Sergio Soto-Acuña & Michael W. Caldwell (2019): Reassessment of cf. Plotosaurus from the upper Maastrichtian of Chile, with comments on the South American distribution of halisaurine mosasaurs.

-Per Christiansen & Niels Bonde (2002): A new species of gigantic mosasaur from the Late Cretaceous of Israel.

-R. Coccioni, S. Galeotti (2003): The mid-Cenomanian Event: prelude to OAE 2.

-R. Mark Leckie et al. (2002): Oceanic anoxic events and plankton evolution: Biotic response to tectonic forcing during the mid-Cretaceous.

-René Hoffmann et al. (2021): Recent advances in heteromorph ammonoid palaeobiology.

-Robin S. Cuthberson et al. (2015): The Braincase and Endosseous Labyrinth of

Plioplatecarpus peckensis (Mosasauridae, Plioplatecarpinae), With Functional Implications for Locomotor Behavior.

-Robert Holmes, Michael W. Caldwell & Stephen L. Cumbaa (1998): A new specimen of Plioplatecarpus (Mosasauridae) from the lower Maastrichtian of Alberta: comments on allometry, functional morphology, and paleoecology.

-Robert V. Hill et al. (2008): Dyrosaurid (Crocodyliformes: Mesoeucrocodylia) Fossils from the Upper Cretaceous and Paleogene of Mali: Implications for Phylogeny and Survivorship across the K/T Boundary.

-Rodrigo A. Otero, David Rubilar-Rogers & Carolina S. Gutstein (2020): Un nuevo mosasaurio (Squamata, Mosasauroidea) del Cretácico Superior de Antártica.

-Rodrigo A. Otero, Sergio Soto-Acuña, David Rubilar-Rogers & Carolina S. Gutstein (2017): Kaikaifilu hervei gen. et sp. nov., a new large mosasaur (Squamata, Mosasauridae) from the upper Maastrichtian of Antarctica.

-Rodrigo A. Otero, Sergio Soto-Acuña & Frank R. O'keefe (2018): Osteology of Aristonectes quiriquinensis (Elasmosauridae, Aristonectinae) from the upper Maastrichtian of central Chile.

-Rodrigo Pellegrini (2009): Skeletochronology of the limb elements of mosasaurs (Squamata; Mosasauridae).

-Rudy W. Dortangs et al. (2002): A large mosasaur from the Upper Cretaceous of the Netherlands.

-Samuel R. R. Cross (2021): Climate, competition, and the rise of mosasauroid ecomorphological disparity.

-Samuel T. Garvey (2020): A new high latitude Tylosaurus (Squamata, Mosasauridae) from Canad with unique dentition.

-Steffen Kiel (2008): Fossil evidence for micro- and macrofaunal utilization of large nekton-falls: Examples from early Cenozoic deep-water sediments in Washington State, USA.

-T. Ikejiri & S. G. Lucas (2014): Osteology and taxonomy of Mosasaurus conodon Cope 1881 from the Late Cretaceous of North America.

-T. L. Harrell, Jr & A. Pérez-Huerta (2014): Habitat preference of mosasaurs indicated by rare earth element (REE) content of fossils from the Upper Cretaceous marine deposits of Alabama, New Jersey, and South Dakota (USA).

-T. Lynn Harrell Jr, Alberto Pérez Huerta & Celina A. Suarez (2016): Endothermic mosasaurs? Thermoregulation of Late Cretaceous Mosasaurs (Reptilia, Squamata) indicated by Stable Oxygen Isotopes in Fossil Bioapatite in comparison with Coeval Marine Fish and Pelagic Seabirds.

-Taichi Kato et al. (2021): Advanced mosasaurs from the Upper Cretaceous Nakaminato Group in Japan.

-Takehito Ikejiri, YueHan Lu & Bo Zhang (2020): Two-step extinction of Late Cretaceous marine vertebrates in northern Gulf of Mexico prolonged biodiversity loss prior to the Chicxulub impact.

-Takuya Konishi et al. (2011): New exceptional specimens of Prognathodon overtoni (Squamata, Mosasauridae) from the Upper Campanian of Alberta, Canada, and the systematics and ecology of the genus.

-Takuya Konishi, Masaaki Ohara, Akihiro Misaki, Hiroshige Matsuoka, Hallie P.

Street & Michael W. Caldwell (2023): A new derived mosasaurine (Squamata: Mosasaurinae) from south-western Japan reveals unexpected postcranial diversity among hydropedal mosasaurs.

-Takuya Konishi, Michael G. Newbrey & Michael W. Caldwell (2014): A small, exquisitely preserved specimen of Mosasaurus missouriensis (Squamata, Mosasauridae) from the upper Campanian of the Bearpaw Formation, western Canada, and the first stomach contents for the genus.

-Takuya Konishi & Michael W. Caldwell (2011): Two New Plioplatecarpine (Squamata, Mosasauridae) Genera from the Upper Cretaceous of North America, and a Global Phylogenetic Analysis of Plioplatecarpines.

-Takuya Konishi, Michael W. Caldwell, Tomohiro Nishimura, Kazuhiko Sakurai & Kyo Tanoue (2015): A new halisaurine mosasaur (Squamata: Halisaurinae) from Japan: the first record in the western Pacific realm and the first documented insights into binocular vision in mosasaurs.

-Takuya Konishi, Paulina Jiménez-Huidobro & Michael W. Caldwell (2018): The Smallest-Known Neonate Individual of Tylosaurus (Mosasauridae, Tylosaurinae) Sheds New Light on the Tylosaurine Rostrum and Heterochrony.

-Theagarten Lingham-Soliar (1988): The mosasaur Goronyosaurus from the Upper Cretaceous of Sokoto State, Nigeria.

-Theagarten Lingham-Soliar (1992): A New Mode of Locomotion in Mosasaurs: Subaqueous Flying in Plioplatecarpus marshi.

-Theagarten Lingham-Soliar (1994): The Mosasaur Plioplatecarpus (Reptilia, Mosasauridae) from the Upper Cretaceous of Europe.

-Theagarten Lingham-Soliar (1995): Anatomy and functional morphology of the largest marine reptile known, Mosasaurus hoffmannii (Mosasauridae, Reptilia) from the Upper Cretaceous, Upper Maastrichtian from The Netherlands.

-Theagarten Lingham-Soliar (1996): The first description of Halisaurus (Reptilia Mosasauridae) from Europe, from the Upper Cretaceous of Belgium.

-Theagarten Lingham-Soliar (1998): A new mosasaur Pluridens walkeri from the Upper Cretaceous, Maastrichtian of the Iullemmeden Basin, southwest Niger.

-Theagarten Lingham-Soliar (1998): Unusual death of a Cretaceous giant.

-Tiago R. Simões et al. (2017): Mosasauroid phylogeny under multiple phylogenetic methods provides new insights on the evolution of aquatic adaptations in the group.

-Timon S. Bullard & Michael W. Caldwell (2010): Redescription and Rediagnosis of the Tylosaurine Mosasaur Hainosaurus pembinensis, as Tylosaurus pembinensis.

-Tod W. Reeder et al. (2015): Integrated Analyses Resolve Conflicts over Squamate Reptile Phylogeny and Reveal Unexpected Placements for Fossil Taxa.

-Trevor H. Rempert, Brennan P. Martens & Alexander P. M. Vinkeles Melchers (2022): First Record of a Tylosaurine Mosasaur from the Latest Cretaceous Phosphates of Morocco.

-Trevor H. Rempert et al. (2022): Occurrence of Mosasaurus hoffmannii Mantell, 1829 (Squamata, Mosasauridae) in the Maastrichtian Phosphates of Morocco.

-Uisdean Nicholson et al. (2022): The Nadir Crater offshore West Africa: A candidate Cretaceous-Paleogene impact structure.

-Valentin Fischer (2016): Taxonomy of Platypterygius campylodon and the diversity of the last ichthyosaurs.

-Valentin Fischer et al. (2016): Extinction of fish-shaped marine reptiles associated with reduced evolutionary rates and global environmental volatility.

-Valentin Fischer et al. (2018): The evolutionary history of polycotylid plesiosaurians.

-Walter Scott Persons IV, Hallie P. Street & Amanda Kelley (2022): A long-snouted and long-necked polycotylid plesiosaur from the Late Cretaceous of North America.

-William B. Gallagher (2005): Recent mosasaur discoveries from New Jersey and Delaware, USA: stratigraphy, taphonomy and implications for mosasaur extinction.

-William B. Gallagher et al. (2005): Mosasaur (Reptilia, Squamata) material from the Cretaceous-Tertiary Boundary interval in Missouri.

Licencias de imágenes

Fotografías: 4, 20 (Marc, CC 2.0), 7 (Bill Abbott, CC 2.0), 32 (Mason Hintermeister, CC 4.0), 33 (ARetzler11, CC 3.0), 37 (Ichthyovenator, CC 4.0), 38 (National Marine Sanctuaries, CC 2.0), 45 (Mike Beauregard, CC 2.0), 49 (Roland Tanglao, CC 2.0), 50 (Ghedoghedo, CC 3.0), 53 (Bloopityboop, CC 4.0), 55 (Loozrboy, CC 2.0), 57 (David Wipf, CC 2.0), 58 (MCDinosaurhunter, CC 2.0), 65 (Markus Trienke, CC 2.0), 68 (U.S. Fish and Wildlife Service Southeast Region, CC 2.0), 77 (Ghedoghedo, CC 3.0), 79 (氏子, CC 4.0), 82 (NickLongrich, CC 4.0), 85 (NickLongrich, CC 4.0), 87 (NickLongrich, CC 4.0), 88 (NickLongrich, CC 4.0), 89 (Jonathan Chen, CC 4.0), 90 (Tim Evanson, CC 2.0), 91 (Ghedoghedo, CC 4.0), 94 (Ghedoghedo, CC 4.0), 104 (Sfortis, CC 3.0), 105 (Ghedoghedo, CC 4.0).

Paleoarte: 3 (Jørn H. Hurum & Karol Sabath, CC 2.0), 5 (ABelov2014, CC 3.0), 6 (cedida por Fernando Báez Núñez), 8 (Jean-Claude Rage & François Escuillié, CC 3.0), 9 (Ghedoghedo, CC 2.5), 10 (Dmitry Bogdanov, CC 3.0), 12 (Julian Johnson, CC 2.0), 13 (Mannion P. D., CC 3.0), 14 (László Makádi, Michael W. Caldwell & Attila Ősi, CC 2.5), 15 (Dmitry Bogdanov, CC 3.0), 17 (Nobu Tamura, CC 3.0), 18 (BoneSharpe, CC 4.0), 21 (Dmitry Bogdanov, CC 3.0), 25 (Macrophyseter, CC 4.0), 27 (Dmitry Bogdanov, CC 3.0), 34 (Fishboy86164577, CC 4.0), 41 (Dmitry Bogdanov, CC 4.0), 46 (Jaime A. Headden, CC 3.0), 47 (Dmitry Bogdanov, CC 3.0), 56 (Nobu Tamura, CC 4.0), 59 (Fishboy86164577, CC 4.0), 61 (Ichthyovenator, CC 4.0), 69 (Dmitry Bogdanov, CC 3.0), 70 (Dmitry Bogdanov, CC 3.0), 74 (Francisco Hueichaleo, CC 4.0), 78 (Ichthyovenator, CC 4.0), 81 (Nobu Tamura, CC 3.0), 83 (Dmitry Bogdanov, CC 3.0), 86 (Charlene Letenneur, CC 2.5), 96 (Ron Blakely, CC 1.0), 97 (DiBgd, CC 4.0), 101 (UnexpectedDinoLesson, CC 4.0), 102 (El fosilmaníaco, CC 4.0), 106 (Nobu Tamura, CC 3.0), 107 (Dominik Hammelsbruch, CC 4.0).

Otras: 11 (Description of a new basal mosasauroid from the Late Cretaceous of Croatia, with comments on the evolution of the mosasauroid forelimb), 16 (The repeated evolution of dental apicobasal ridges in aquatic-feeding mammals and reptiles), 22 (Craniofacial ontogeny in Tylosaurinae),

24 (Co-Ossification of Vertebrae in Mosasaurs (Squamata, Mosasauridae); Evidence of Habitat Interactions and Susceptibility to Bone Disease), 26 (Convergent Evolution in Aquatic Tetrapods: Insights from an Exceptional Fossil Mosasaur), 28 (Lindsey, C. Form, function and locomotory habits in fish. 1978), 29 (Form, function and locomotory habits in fish), 30, 31 (Three-Dimensionally Preserved Integument Reveals Hydrodynamic Adaptations in the Extinct Marine Lizard Ectenosaurus (Reptilia, Mosasauridae)), 42 (Ontogeny, anatomy and attachment of the dentition in mosasaurs (Mosasauridae: Squamata)), 48 (The evolution of functional design in rudists (Hippuritacea) and its taxonomic implications), 63 (The evolution of the tongue of snakes, and its bearing on snake origins), 73 (Life birth in Cretaceous marine reptiles (mosasauroids)), 75 (Mosasaur Coprolites from the Bearpaw Formation (Upper Cretaceous) of Saskatchewan, Canada), 80 (A bizarre new plioplatecarpine mosasaurid from the Maastrichtian of Morocco), 84 (A new mosasaurine from the Maastrichtian (Upper Cretaceous) phosphates of Morocco and its implications for mosasaurine systematics), 92 (The Mosasaur Plioplatecarpus (Reptilia, Mosasauridae) from the Upper Cretaceous of Europe), 93 (The Mosasaur Plioplatecarpus (Reptilia, Mosasauridae) from the Upper Cretaceous of Europe), 98 (Aquatic adaptation, cranial kinesis, and the skull of the mosasaurine mosasaur Plotosaurus bennisoni). Colofón: Dotted Yeti/Shutterstock